●統計ライブラリー

概説 標本調査法

土屋隆裕

[著]

朝倉書店

まえがき

　標本調査の分野では大きな変革が迫られている．IT 化の進展とともに新たな調査手法が登場する一方で，悪化した調査環境の中で回収率は低迷を続けている．こうした状況の下で，これまで築き上げられてきた標本調査の理論と方法をまとめておくことは，新たな展開の基礎として必要不可欠であろう．

　本書は標本調査の企画・設計や調査データの解析に携わりながら，標本調査の理論面を体系的に学び，各手法に対する理解を深めたいと考えている実務家や，標本調査の考え方を概観したいと考えている大学生・大学院生に向けたものである．そのため執筆にあたっては二つのことを心掛けた．

　第一に理論を厳密に記述することよりも，各方法論の考え方や手順，数式の意味や調査設計における含意を理解してもらうことに説明の重点を置くよう努めた．したがって多くの数式は出てくるが，それらの導き方や，何故その式でよいのかといった理論的な背景にはあまり触れていない．代わりにオリジナルやそれに近い文献，詳細な解説がある文献をなるべく多く引用した．関心がある読者はそれらの文献をたどることで，本書の不足分を補えるであろう．なお，本書は統計学のごく初歩的な知識のみを前提としているが，第 12 章以降ではクロス表や回帰分析に関する一般的な知識が必要である．

　第二に標本調査に関する他の多くの和書とは異なり，本書では抽出ウェイト（デザインウェイト）を中心に話をすすめた．これは実際のデータ分析では統計ソフトウェアの利用が必須だからである．近年は標本抽出デザインを考慮した分析を行える統計ソフトウェアが充実してきており，その多くは抽出ウェイトの使用を前提としている．本書にはソフトウェアの利用法は一切記されていないが，抽出ウェイトの考え方に慣れた上で各マニュアルを参照すれば，ソフトウェアの扱い方は直ちに理解できるはずである．実のところ本書は，R を用いた標本

調査データの解析法について，統計数理研究所で行った公開講座のテキストを大幅に加筆・修正したものである．また本書を補うため，朝倉書店のホームページ (http://www.asakura.co.jp/) からは，ソフトウェアによる分析例をダウンロードできるよう取り計らっていただいた．

本書を読み進めるに当たっては，二つの点に留意していただきたい．第一は，本書で示す小さな例題はあくまでも説明のための例に過ぎないという点である．本書の特に前半部分では，同一の小さな母集団や標本を例題として使い続けた．同じデータを繰り返し使うことで，各方法の特徴や方法間の違いがより鮮明になるであろうとの考えからである．例示のための標本が小さいと，数式の具体的な計算例において，その手順や結果を追いやすいという利点もある．しかし一方で弊害も生じる．特に比推定量や回帰推定量では，標本サイズがある程度大きいことが要件であり，その点は本文や脚注でも繰り返し触れている．例題の標本が小さいからといって，必ずしも小さな標本に適用してよいわけではない．また計算途中の数値には丸め誤差があることにも注意されたい．

第二は著者自身が訳出した用語や，英語のままの用語をいくつか用いている点である．EU 統計局 (2003) をはじめ，先行する日本語文献をできる限り調べたものの，例えば標本抽出の手順など十分定着した訳語を見出せないものもあった．著者の管見ゆえ，より適切な訳語が存在するかもしれないが，それらについては読者の指摘を待ちたい．

最後になるが，統計数理研究所の中村隆教授と後藤由美子さんには本書の原稿に目を通していただき，有益なコメントをいただいた．また朝倉書店編集部の方々には，編集上の細かな点に至るまでアドバイスをいただいた．この場を借りて感謝いたします．

2009 年 7 月

土屋隆裕

目　　次

標本調査を学ぶ前に ･･･ 1

1. **標本調査の基礎知識** ･･･ 5
   1.1 母集団と母集団特性値 ･･･ 5
      1.1.1 母　集　団 ･･･ 5
      1.1.2 変　　　数 ･･･ 6
      1.1.3 母集団特性値 ･･･ 6
   1.2 標　本　抽　出 ･･･ 8
      1.2.1 全数調査と標本調査 ･･･ 8
      1.2.2 抽　出　枠 ･･･ 8
      1.2.3 復元抽出法と非復元抽出法 ･････････････････････････････････ 10
      1.2.4 全ての可能な標本 ･･･ 10
      1.2.5 確率抽出法と非確率抽出法 ･････････････････････････････････ 12
      1.2.6 包　含　確　率 ･･･ 14
   1.3 推定と誤差評価 ･･･ 16
      1.3.1 統計量と推定量 ･･･ 16
      1.3.2 誤　差　評　価 ･･･ 17
      1.3.3 不偏推定量 ･･･ 19
      1.3.4 推定量の分散・標準誤差 ･････････････････････････････････ 21
      1.3.5 信　頼　区　間 ･･･ 24

2. **線形推定量** ･･･ 26
   2.1 Horvitz-Thompson 推定量 ･･････････････････････････････････････ 26

  2.1.1 Horvitz-Thompson 推定量 ······························ 26
  2.1.2 Horvitz-Thompson 推定量の性質 ······················ 27
 2.2 Hansen-Hurwitz 推定量 ·· 30
  2.2.1 復元抽出の方法 ·· 30
  2.2.2 Hansen-Hurwitz 推定量 ·································· 31
  2.2.3 Hansen-Hurwitz 推定量の性質 ························· 32
 2.3 抽出ウェイト ·· 33
  2.3.1 抽出ウェイト ··· 33
  2.3.2 抽出ウェイトの役割 ······································· 34
  2.3.3 抽出ウェイトを用いた分散の推定量 ···················· 36
 2.4 補 遺 ·· 37

3. 単純無作為抽出法 ··· 39
 3.1 単純無作為抽出法 ·· 39
  3.1.1 単純無作為抽出の方法 ···································· 39
  3.1.2 単純無作為抽出法における推定 ························ 41
  3.1.3 抽出ウェイトを用いた推定量の表現 ··················· 43
 3.2 系統抽出法 ··· 45
  3.2.1 系統抽出の方法 ·· 45
  3.2.2 系統抽出法の性質 ··· 46
  3.2.3 系統抽出法における推定 ································· 47
 3.3 部分母集団に関する推定 ······································· 47
  3.3.1 部分母集団とは ·· 47
  3.3.2 部分母集団総計の線形推定 ······························ 48

4. 確率比例抽出法 ··· 51
 4.1 確率比例抽出法 ··· 51
  4.1.1 確率比例抽出法とは ······································ 51
 4.2 復元確率比例抽出の方法 ······································· 53
  4.2.1 復元確率比例抽出法 ······································ 53
  4.2.2 復元確率比例抽出法における線形推定 ················ 55

- 4.3 非復元確率比例抽出の方法 ········· 57
  - 4.3.1 非復元確率比例抽出法 ········· 57
  - 4.3.2 Poisson 抽出法 ········· 58
  - 4.3.3 Sunter の方法 ········· 61
  - 4.3.4 Sampford の方法 ········· 61
  - 4.3.5 Midzuno の方法 ········· 62
  - 4.3.6 系統抽出法 ········· 63
  - 4.3.7 Rao-Hartley-Cochran の方法 ········· 65
- 4.4 デザイン効果 ········· 66
  - 4.4.1 デザイン効果とは ········· 66
  - 4.4.2 デザイン効果の推定 ········· 68

5. 比推定量 ········· 70
- 5.1 比推定量 ········· 70
  - 5.1.1 比推定量とは ········· 70
  - 5.1.2 比推定量の性質 ········· 72
  - 5.1.3 サイズを用いた比推定量 ········· 78
- 5.2 線形化による推定量の分散の近似 ········· 80
  - 5.2.1 線形化変数 ········· 80
  - 5.2.2 比推定量の分散の近似 ········· 82
- 5.3 母集団平均と母集団割合の推定 ········· 84
  - 5.3.1 母集団平均の推定 ········· 84
  - 5.3.2 母集団割合 ········· 87
  - 5.3.3 母集団割合の推定 ········· 88
- 5.4 母集団分散の推定 ········· 89
  - 5.4.1 母集団分散 ········· 89
  - 5.4.2 母集団分散の推定 ········· 90
  - 5.4.3 母集団共分散・母集団相関係数の推定 ········· 92
- 5.5 母集団中央値の推定 ········· 93
  - 5.5.1 母集団中央値 ········· 93
  - 5.5.2 母集団中央値の推定 ········· 94

   5.6 補　　遺 ……………………………………………………… 96

6. 層化抽出法 ……………………………………………………… 97
  6.1 層化抽出法 …………………………………………………… 97
    6.1.1 層化抽出法とは ………………………………………… 97
    6.1.2 層化抽出の方法 ………………………………………… 98
    6.1.3 層化抽出法における線形推定 ………………………… 100
  6.2 層の構成 ……………………………………………………… 101
    6.2.1 各層への標本サイズの割当法 ………………………… 101
    6.2.2 層化抽出法のデザイン効果 …………………………… 104
    6.2.3 層の構成 ………………………………………………… 105
    6.2.4 標本サイズが1の層 …………………………………… 107
  6.3 層化抽出法における比推定量 ……………………………… 108
    6.3.1 結合比推定量と個別比推定量 ………………………… 108
    6.3.2 比推定量の分散 ………………………………………… 109
  6.4 事後層化 ……………………………………………………… 111
    6.4.1 事後層化とは …………………………………………… 111
    6.4.2 母集団総計の事後層化推定 …………………………… 112
    6.4.3 事後層化ウェイト ……………………………………… 113
    6.4.4 事後層化推定量の分散の推定 ………………………… 114
    6.4.5 母集団平均の事後層化推定 …………………………… 115
    6.4.6 レイキング ……………………………………………… 115

7. 回帰推定量 ……………………………………………………… 119
  7.1 差分推定量 …………………………………………………… 119
    7.1.1 差分推定量とは ………………………………………… 119
    7.1.2 差分推定量の性質 ……………………………………… 121
  7.2 一般化回帰推定量 …………………………………………… 124
    7.2.1 一般化回帰推定量とは ………………………………… 124
    7.2.2 一般化回帰推定量の性質 ……………………………… 125
    7.2.3 部分母集団と一般化回帰推定 ………………………… 129

7.3 キャリブレーション推定量 ………………………………… 130
　7.3.1 キャリブレーション推定量とは ………………………… 130
　7.3.2 キャリブレーションウェイト ……………………………… 131
　7.3.3 いくつかの推定量間の関係 ………………………………… 133

8. 集落抽出法 ……………………………………………………… 135
8.1 集落抽出法 ……………………………………………………… 135
　8.1.1 集落抽出法とは ……………………………………………… 135
　8.1.2 集落抽出の方法 ……………………………………………… 137
8.2 集落抽出法における推定 ……………………………………… 139
　8.2.1 集落抽出法における推定 …………………………………… 139
　8.2.2 単純無作為集落抽出法 ……………………………………… 141
　8.2.3 確率比例集落抽出法 ………………………………………… 143
8.3 級内相関係数 …………………………………………………… 145
　8.3.1 級内相関係数と推定量の分散 ……………………………… 145
　8.3.2 集落抽出法のデザイン効果 ………………………………… 146

9. 多段抽出法 ……………………………………………………… 150
9.1 多段抽出法 ……………………………………………………… 150
　9.1.1 多段抽出法とは ……………………………………………… 150
　9.1.2 二段抽出の方法 ……………………………………………… 151
9.2 二段抽出法における推定 ……………………………………… 152
　9.2.1 二段抽出法における線形推定量 …………………………… 152
　9.2.2 線形推定量の分散 …………………………………………… 156
　9.2.3 線形推定量の分散の推定量 ………………………………… 157
9.3 多段抽出法と層化抽出法 ……………………………………… 161
　9.3.1 多段抽出法における推定量 ………………………………… 161
　9.3.2 多段抽出法における層化抽出法 …………………………… 163
9.4 補　　遺 ………………………………………………………… 165

10. 二相抽出法 167
10.1 二相抽出法 167
10.1.1 二相抽出法とは 167
10.1.2 二相抽出の方法 169
10.2 二相抽出法における推定量 169
10.2.1 二相抽出法における推定量 169
10.2.2 確率比例抽出のための二相抽出法 171
10.2.3 層化抽出のための二相抽出法 171
10.2.4 比推定のための二相抽出法 172
10.2.5 一般化回帰推定のための二相抽出法 173
10.3 継続調査 175
10.3.1 継続調査 175
10.3.2 ローテーション抽出法 176
10.3.3 母集団総計の差の推定量 177

11. その他の話題 180
11.1 標本サイズの定め方 180
11.1.1 目標精度 180
11.1.2 標本サイズの定め方 181
11.2 分散の推定法 185
11.2.1 副標本法 185
11.2.2 Balanced Repeated Replication 法 187
11.2.3 ジャックナイフ法 188
11.2.4 ブートストラップ法 189
11.2.5 一般化分散関数 190
11.3 区間推定 191
11.3.1 区間推定 191
11.3.2 分散の自由度 192
11.4 非標本誤差 194
11.4.1 非標本誤差 194
11.4.2 間接質問法 196

- 11.5 無回答 ·· 198
  - 11.5.1 無回答の影響 ·· 198
  - 11.5.2 再調査 ·· 200
  - 11.5.3 回答確率 ·· 201
  - 11.5.4 キャリブレーション ·· 205
  - 11.5.5 代入法 ·· 207

12. クロス表 ·· 210
- 12.1 クロス表 ·· 210
  - 12.1.1 クロス表の推定 ··· 210
  - 12.1.2 一般化デザイン効果 ··· 211
- 12.2 適合度検定 ·· 213
  - 12.2.1 適合度検定 ·· 213
  - 12.2.2 Wald 検定 ··· 214
  - 12.2.3 Bonferroni 検定 ··· 215
  - 12.2.4 Rao-Scott 修正 ·· 215
  - 12.2.5 検定方法間の比較 ··· 216
- 12.3 クロス表の検定 ··· 217
  - 12.3.1 等質性の検定 ··· 217
  - 12.3.2 独立性の検定 ··· 219
- 12.4 補遺 ·· 220

13. 回帰分析 ·· 222
- 13.1 重回帰分析 ·· 222
  - 13.1.1 重回帰モデル ··· 222
  - 13.1.2 デザインに基づく考え方とモデルに基づく考え方 ··········· 223
  - 13.1.3 回帰係数の推定 ··· 224
  - 13.1.4 回帰係数に関する仮説検定 ···································· 226
- 13.2 ロジスティック回帰分析 ·· 229
  - 13.2.1 ロジスティック回帰分析 ·· 229
  - 13.2.2 回帰係数の推定 ··· 229

参 考 文 献 ………………………………………………… 231

索　　引 ………………………………………………… 243

標本調査を学ぶ前に

なぜ標本調査か

経済活動の実態を知る上で企業の売上高や経常利益，設備投資などの動向は重要な情報である．例えば図 0.1 は金融・保険業を除く我が国の営利法人の売上高総計の推移である．売上高は 1990 年頃まで増加の一途をたどったが，その後停滞している様子がうかがえる．

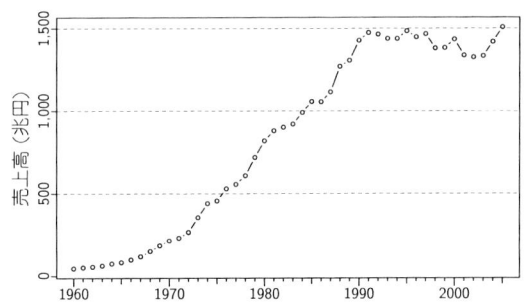

図 0.1　売上高総計の推移 (出典：財務省 法人企業統計 年次別調査)

高度に複雑化した現代社会では，人々の意志決定はこのような**統計情報** (statistical information) に基づき行われることが多い．例えば内閣支持率の調査結果が毎月あるいは毎週のように報道され，時には政局を左右する．社会の持続的な安定と成長を図るには健全な雇用状況が不可欠であり，失業者数の推移からは目を離せない．テレビ関係者や番組提供企業にとって視聴率は意志決定における最大の拠り所の一つである．

当然，統計情報には正確さが求められる．実態を正しく反映していない情報は人々を混乱に陥れる．ところが統計情報は必ずしも全てを漏れなく調査し，集計した結果ではない．**標本**という一部分だけを調べた結果であることが少なくない．

図 0.1 の調査でも，全国に数百万ある企業のうち，実際に調べたのはわずか数万社である．はたして全てを調べずに正確な情報が得られるのだろうか．

もちろん，一部の標本を調べただけで，全体の情報を誤りなく知ることはまず不可能である．ある程度のズレ，**誤差**はどうしても生じてしまう[*1)]．誤差のない情報を得るには全てを調べ尽くすしかない．しかしここで，調査によって得た情報をどのように利用するのか考えてみよう．誤差の全くない情報が本当に必要だろうか．図 0.1 で一千兆円を超える売上高の総額が，例えば億の単位でズレていたところで，実用上不都合が生じることはほとんどない．情報の利用目的に照らせば，ある程度の誤差は容認できることも多いのである．むしろ誤差は生じるとしても，標本だけを調べる**標本調査**には以下の利点がある (Kish, 1979; Kish and Verma, 1983)．

1) 全てを調べ尽くす**全数調査**に比べ，費用・時間・労力を節約できる．
2) 全体が大きすぎて全数調査が現実には不可能なときでも実施可能である．
3) 調べる対象の数が限られることで，調査の管理が容易となり，より行き届いた調査を行える．

一般に多くの調査対象を調べるほど，結果の正確性は高まる．しかしそれと同時に，調査にかかる労力・費用も増すことになる．不必要に高い精度は追求せず，許容できる範囲で誤差を認めるのであれば，統計情報を得る手段として全数調査よりも標本調査の方が現実的な方途といえることが少なくないのである．

標本調査理論とは

本書で解説する**標本調査理論**は，標本調査を適切に行うための統計理論である．標本調査理論によって，一部の企業の売上高から日本全国の企業の総売上高を，一定の誤差の範囲内で知ることができる[*2)]．理論は大きく分けて標本抽出，推定，誤差評価という三つの方法論から成る．図 0.2 には企業の一社当たり売上高平均を調べることを例として，この三つの方法論の関係を示した．

まず，対象とする企業全体 (**母集団**) の中から実際に調査する企業 (**標本**) を選

[*1)] 一般に誤差には標本誤差と非標本誤差が含まれるが，ここでいう誤差とは標本誤差のことである．詳細は 1.3.2 節を参照のこと．

[*2)] もちろん統計理論だけによって質の高い調査ができるわけではなく，実査の方法を含めた幅広い観点から統計調査の質を高めていく必要がある．この点に関しては Platek and Särndal (2001), Groves et al. (2004) を参照のこと．

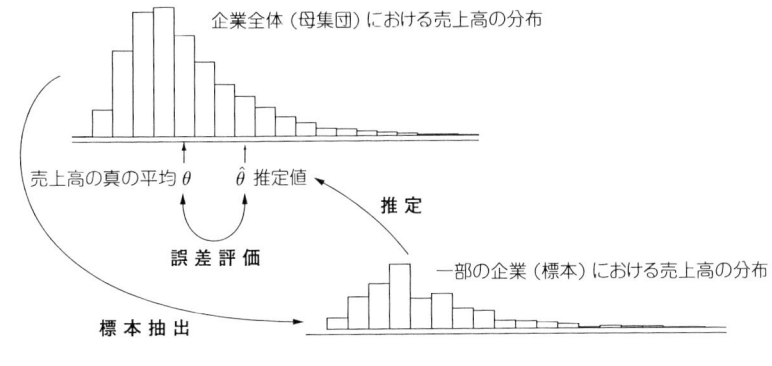

図 0.2　標本調査理論とは

び出すのが**標本抽出**である．図 0.3 には本書で解説する標本抽出法を大きく三つに分け，整理してある．いくつもの方法が考案されているのは，抽出の際に利用可能な情報の種類や性質，調査実施上の制約などに応じて適切な方法を使い分けたり組み合わせたりするためである．具体的には第 3 章以降で各々見ていく．

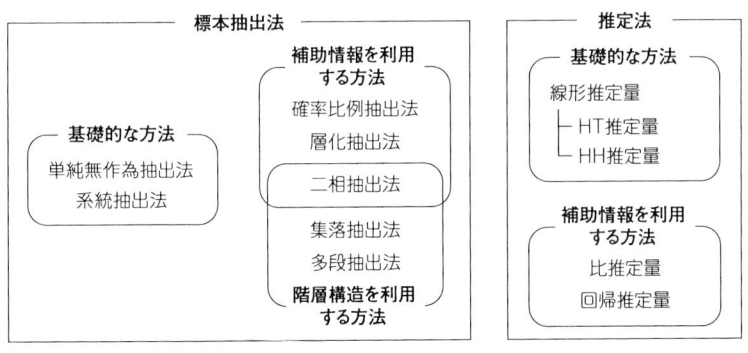

図 0.3　標本抽出法と推定法の概観

　次に，抽出した標本企業の情報から，母集団企業における一社当たり売上高平均を推測するのが**推定**である．推定の方法と標本抽出の方法とは密接に関連しており，推定は標本の抽出方法を考慮しながら行う．また売上高の平均を推定するにしても，標本企業の売上高だけでなく，資本金や従業員数など他の補助的な情報を利用することもある．図 0.3 には本書で解説する推定方法を挙げておく．ま

た 7.3.3 節にはより詳細な関係図がある．各推定方法の考え方は第 2 章以降で詳述する．

最後に，結果の精度あるいは誤差の大きさを見積もるのが**誤差評価**である．標本調査は，誤差が生じることを容認した上で，企業全体の売上高平均を知ろうとする方法である．結果には当然，誤差が含まれる．結果を正しく解釈するには，この誤差の大きさを評価しておく必要がある．推定値のいわば有効桁数を知っておくのである．ただし真の売上高平均と推定値との間のズレの大きさを直接知ることはできない．それを知るには真の売上高平均も必要だからである．推定値はどの程度ズレている可能性があるのかという形で評価する．また誤差の大きさは，選択した標本抽出法や推定法に依存する．そのため誤差評価を念頭に置いておくことは，適切な標本抽出法や推定法の選択につながる．

なお，実際の標本抽出や推定は必ずしも理想的な状況下で行えるわけではない．現実の状況や制約に応じて様々な工夫や，本来あるべき形を知った上での妥協も，ときとして必要となる．本書では紙幅の都合もあり，具体的な応用事例はほとんど取り上げていない．実際の標本調査への適用事例については鈴木 (1981)，鈴木・高橋 (1998)，津村 (1956)，津村・築林 (1986)，豊田 (1998)，西平 (1985)，畑村・奥野 (1949)，林・多賀 (1985)，林 (2002)，原・海野 (2004)，松田・伴・美添 (2000) をはじめ，本書の末尾に掲げた文献を参照のこと．

1

標本調査の基礎知識

標本調査は，一部を調べて全体を知るための方法である．この章では標本調査理論の理解に必要な用語や基礎概念を紹介する．標本抽出とはどういうことか，調査結果の誤差をどう評価するのかといった標本調査理論を支える基本的な枠組みを説明する．

1.1 母集団と母集団特性値

1.1.1 母集団

統計調査では，調査対象の数は非常に多いのがふつうである．しかしこの第1章では，説明のための小さな例として，表1.1にある企業5社が調査対象全てであるものとする．5社の売上高総計は

$$576 + 380 + 74 + 292 + 94 = 1,416 \tag{1.1}$$

であり，同様に資本金の総計は159である．

表 1.1 5 社の売上高と資本金

企業	1	2	3	4	5	母集団総計	母集団平均
売上高 y	576	380	74	292	94	$\tau_y = 1,416$	$\mu_y = 283.2$
資本金 x	47	31	25	34	22	$\tau_x = 159$	$\mu_x = 31.8$

調査対象全てから成る集団を**母集団** (population) といい，U で表す．表1.1では企業5社が母集団 $U = \{1, 2, 3, 4, 5\}$ である．また表1.1の企業など，調査対象一つ一つを**要素** (element) という．母集団に含まれる要素の数を**母集団サイズ** (population size) と呼び，N で表す[*1]．表1.1では $N = 5$ である．本書では，N はどんなに大きくとも有限とする．つまり**有限母集団** (finite population) を考える．

[*1] N を"母集団の数"と呼ぶのは正しくない．母"集団"は集合を表す用語だからである．母集団の数はふつう一つである．

母集団の一部分を**部分母集団** (subpopulation, domain, small area) という．例えば日本の成人全体が母集団であれば，成人男性は部分母集団である．表 1.1 では企業 3 と 5 の 2 社は，資本金 30 未満の企業という部分母集団となる．

1.1.2 変　　　数

変数 (variable) とは，個々の要素に応じて変わり得る特性のことをいう．企業の売上高や個人の身長・体重，ある意見への賛否などである．目的とする変数を y で表し，第 i 要素の変数値を y_i で表す．表 1.1 では，企業 1 の売上高 y の値は $y_1 = 576$ である．なお，調査ではふつう目的とする変数は複数個ある．本書では J 個の変数の区別が必要なときは，添字を使って $y_{(1)}, y_{(2)}, \ldots, y_{(J)}$ と表す．第 i 要素の第 j 変数の値は $y_{i(j)}$ である．

表 1.2　変数

要素	変数 $y_{(1)}$	変数 $y_{(2)}$	$\cdots$	変数 $y_{(J)}$	補助変数 $x_{(1)}$	$\cdots$	補助変数 $x_{(K)}$
1	$y_{1(1)}$	$y_{1(2)}$	$\cdots$	$y_{1(J)}$	$x_{1(1)}$	$\cdots$	$x_{1(K)}$
2	$y_{2(1)}$	$y_{2(2)}$	$\cdots$	$y_{2(J)}$	$x_{2(1)}$	$\cdots$	$x_{2(K)}$
$\vdots$	$\vdots$	$\vdots$		$\vdots$	$\vdots$		$\vdots$
i	$y_{i(1)}$	$y_{i(2)}$	$\cdots$	$y_{i(J)}$	$x_{i(1)}$	$\cdots$	$x_{i(K)}$
$\vdots$	$\vdots$	$\vdots$		$\vdots$	$\vdots$		$\vdots$
N	$y_{N(1)}$	$y_{N(2)}$	$\cdots$	$y_{N(J)}$	$x_{N(1)}$	$\cdots$	$x_{N(K)}$

調査前に値が分かっている変数を特に**補助変数** (auxiliary variable) という．上場企業を母集団とすれば，公表された各企業の資本金は補助変数といえる．値が既知である補助変数は，変数 y に関する調査結果の精度を高めるため，標本抽出や推定の際に利用される．補助変数を x で表す．補助変数が K 個のときは，$x_{(1)}, \ldots, x_{(K)}$ と表す．

1.1.3 母集団特性値

表 1.1 において，調査目的の一つは 5 社の売上高総計 1,416 を知ることである．あるいは 1 社当たりの平均 $1{,}416/5 = 283.2$ を知りたいこともあろう．このような，母集団の変数値 $y_1, \ldots, y_N$ を要約した値を**母集団特性値** (population characteristic, parameter) という．母集団特性値を一般に θ で表す．統計調査

の目的は θ を知ることである．各企業の売上高など個々の y_i を調べることは，θ を知るための手段に過ぎず，各 y_i を知ること自体が目的ではない．

以下に具体的な母集団特性値をいくつか挙げる[*2)]．例えば母集団総計を知ることが目的であれば，一般的な表記における θ を τ_y で置き換えればよい．

$$\text{母集団総計：} \quad \tau_y = \sum_U y_i \tag{1.2}$$

$$\text{母集団平均：} \quad \mu_y = \frac{1}{N}\tau_y \tag{1.3}$$

$$\text{母集団分散：} \quad \sigma_y^2 = \frac{1}{N-1}\sum_U (y_i - \mu_y)^2 \tag{1.4}$$

$$\text{母集団標準偏差：} \quad \sigma_y = \sqrt{\sigma_y^2} \tag{1.5}$$

$$\text{母集団共分散：} \quad \sigma_{yx} = \frac{1}{N-1}\sum_U (y_i - \mu_y)(x_i - \mu_x) \tag{1.6}$$

$$\text{母集団相関係数：} \quad \rho_{yx} = \frac{\sigma_{yx}}{\sigma_y \sigma_x} \tag{1.7}$$

$$\text{母集団割合：} \quad p_y = \frac{1}{N}\sum_U y_i = \mu_y \tag{1.8}$$

$$\text{母集団比：} \quad R = \frac{\tau_y}{\tau_x} \tag{1.9}$$

$$\text{母集団分位数：} \quad Q_{y,q} = F^{-1}(q) \tag{1.10}$$

$\sum_A$ は集合 A の全要素について和をとることを表す．本来は $\sum_{i \in A}$ とすべきであるが，スペースの都合上略記する．τ_y などの添字 y は変数を表す．どの変数の母集団特性値なのか区別するためである．表1.1も参照のこと．

各母集団特性値の意味については，例えば第5章などでも簡単に説明するが，詳しくは統計学の入門書等を参照のこと．いくつかの母集団特性値についてはここで少し説明を加えておく．まず母集団分散 σ_y^2 は N で割ることもあるが，本書では $N-1$ を用いる．これは単なる定義の違いであり，いずれかが正しいわけではない．$N-1$ とするのは，その方が多くの式が簡潔となるからである．

母集団割合 p_y とは，黒字企業の割合やある意見に賛成の人の割合など，ある

[*2)] これらを例えば母平均，母分散などと呼ぶこともある．本書の用語は字数は多くなるが，"母集団"特性値であることを明示するためである．

属性を持つ要素の割合である．この p_y は，値として 1 または 0 をとる以下の変数 y の母集団平均 μ_y である (5.3.2 節)．

$$y_i = \begin{cases} 1, & \text{第 } i \text{ 要素がある属性を持つ場合} \\ 0, & \text{第 } i \text{ 要素がある属性を持たない場合} \end{cases} \tag{1.11}$$

母集団分位数 $Q_{y,q}$ は，0 と 1 の間の任意の q に対する値である．$q = 0.5$ のとき**母集団中央値**という (5.5 節)．q を百分率で表すとき**百分位数**と呼び，1 から 4 の自然数 α を用いて $q = \alpha/4$ であるとき第 α **四分位数**と呼ぶ．

目的とする母集団特性値 θ が，**推定方程式**の解として表現されることもある．つまり G をある関数とすると，

$$\sum_U G(y_{i(1)}, \ldots, y_{i(J)}, x_{i(1)}, \ldots, x_{i(K)}, \theta) = 0 \tag{1.12}$$

を満たす θ を知ることが調査の目的である．例えば第 13 章で解説する回帰分析の回帰係数 β がこれに当たる．

1.2 標 本 抽 出

1.2.1 全数調査と標本調査

調査の目的は母集団特性値 θ を知ることである．θ の値を求めるには，母集団の全ての要素の変数値 $y_1, \ldots, y_N$ を調べればよい．これを**全数調査**あるいは**悉皆調査** (census) という．

一方，母集団から抽出した**標本** (sample) だけを調べる調査を**標本調査** (sample survey) という．標本調査の利点は本書の冒頭で述べたとおりである．抽出した標本を s で表す．例えば表 1.1 の母集団企業 5 社のうち，企業 1 と企業 3 が標本であれば，$s = \{1, 3\}$ である．標本 s に含まれる要素の数を**標本サイズ** (sample size) という．標本サイズを n で表す[3]．

1.2.2 抽 出 枠

標本を抽出するときには，個々の要素を直に選び出すこともあれば，要素のまとまりを単位として選び出すこともある．標本を選ぶときの単位を**抽出単位**

---

[3] n は "標本数" や "標本の数" ではない．"標本" も集合を表す用語だからである．標本の数もふつう一つである．

(sampling unit) と呼び，要素のまとまりを**集落**という．子どもを調査対象とするとき，子どもを直接選び出せば，抽出単位は子どもである．学校を選び，選ばれた学校の子ども全員を標本とすれば，抽出単位は学校という集落である．

枠あるいは**抽出台帳** (frame) とは，母集団における抽出単位のリストである．理想的な標本抽出には，**目標母集団** (target population) に対応した枠が必要である．目標母集団とは本来の調査対象の要素全てを含み，かつ他の要素を含まない母集団をいう．調査の目的は，目標母集団における母集団特性値 θ を知ることである．しかし現実の枠には以下のような不完全さがある．

例えば住民を調査対象とするとき，台帳の更新時期によっては既に転居や死亡した人が枠に残っていることがある．目標母集団に含まれない要素が枠に含まれていることを **overcoverage** という (図 1.1)．逆に目標母集団に含まれる要素が枠から漏れていることを **undercoverage** という．一年前の企業名簿を枠とすれば，この一年間に新設された企業は標本とはなり得ない．**duplicate listings** とは同一の要素が重複して枠に掲載されていることをいう．電話番号によって世帯を抽出するとき，複数の電話番号が同一の世帯に対応することがある．

枠がこのように不完全なときには，その枠によって標本となり得る要素の集合を母集団として定義し直すことがある．これを**枠母集団** (frame population) という．枠母集団が目標母集団に一致するよう努めることが重要である．

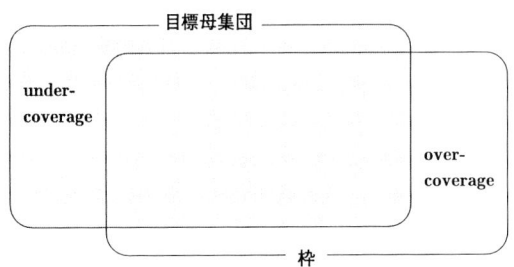

図 1.1　枠の不完全さ

1.2.3　復元抽出法と非復元抽出法

標本を抽出したとき，同一の要素が重複して標本に含まれる可能性がある標本抽出方法を**復元抽出法** (sampling with replacement) という．これに対し，同一の要素は決して重複して選ばれない標本抽出方法を**非復元抽出法** (sampling without replacement) という．

両者の違いは壺の喩えで考えればよい．壺の中に 1 から N までの一連番号が振られた N 個の玉が入っているものとする．壺から玉を一つ取り出し，その番号を記録する．復元抽出法では，ここで取り出した玉を壺に戻す．つまり復元する．これを n 回繰り返し，記録した番号の要素を標本とする．同一の玉が何度か繰り返し選ばれる可能性があり，標本における異なる要素の数[*4)]は標本サイズ n 以下となる．一方，非復元抽出法では一度取り出した玉は壺に戻さない．つまり非復元である．同一の玉は一度までしか選ばれない．

現実の調査ではふつう非復元抽出法を採用し，復元抽出法を用いることは稀である．しかし復元抽出法には，多くの理論式を簡潔に表現できるという利点がある．一般に非復元抽出法の理論式は複雑になりやすい．母集団特性値によっては理論式を導出できないこともある．仮に**抽出率** (sampling fraction) $f = n/N$ が小さければ，復元抽出であっても同一の要素が重複して選ばれる可能性は低い．そこで実際には非復元抽出した標本を，復元抽出をしたがたまたま要素が重複しなかった標本とみなし，復元抽出法の簡便な理論式を利用するのである．

1.2.4　全ての可能な標本

ここで**標本抽出** (sampling) とはどういうことか改めて考えてみよう．サイズ N の母集団から標本を選び出すとき，標本に含まれる要素の組み合わせは何通りも考えられる．組み合わせの総数が天文学的になるとしても，有限母集団であれば，理論上は**全ての可能な標本** (all possible samples) を列挙することができる．それら全ての可能な標本 T 通りからなる集合を $\mathcal{S} = \{1, \ldots, T\}$ とし，t 番目の標本を $s_{(t)}$ とする．

例えば表 1.1 の $N = 5$ 社から $n = 3$ 社を非復元抽出するものとする．一般に N 個の要素から重複を許さず n 個を選ぶ組み合わせは全部で

[*4)] これを**有効標本サイズ** (effective sample size) ということがある．4.4.1 節の脚注も参照のこと．

$$_N C_n = \frac{N!}{n!(N-n)!} 通り \tag{1.13}$$

となる．ただし $n! = n \times (n-1) \times \cdots \times 1$ である．$N = 5$ と $n = 3$ であれば，全ての可能な標本の数 T は，表 1.3 に示すように

$$T = {}_5C_3 = \frac{5!}{3! \times (5-3)!} = \frac{5 \times 4 \times 3 \times 2 \times 1}{(3 \times 2 \times 1) \times (2 \times 1)} = 10 通り \tag{1.14}$$

となる．

表 1.3　$n = 3$ の全ての可能な標本の集合 $\mathcal{S}$

標本	企業	パターン a	パターン b	パターン b の累積
1	1, 2, 3	$p_{(1)} = .100$	$p_{(1)} = .108$	.108
2	1, 2, 4	$p_{(2)} = .100$	$p_{(2)} = .117$	.225
3	1, 2, 5	$p_{(3)} = .100$	$p_{(3)} = .105$	.330
4	1, 3, 4	$p_{(4)} = .100$	$p_{(4)} = .111$	.441
5	1, 3, 5	$p_{(5)} = .100$	$p_{(5)} = .099$	.540
6	1, 4, 5	$p_{(6)} = .100$	$p_{(6)} = .108$	.648
7	2, 3, 4	$p_{(7)} = .100$	$p_{(7)} = .094$	.742
8	2, 3, 5	$p_{(8)} = .100$	$p_{(8)} = .082$	.824
9	2, 4, 5	$p_{(9)} = .100$	$p_{(9)} = .091$	.915
10	3, 4, 5	$p_{(10)} = .100$	$p_{(10)} = .085$	1.000

　$N = 5$ の母集団から $n = 3$ の標本を非復元抽出するということは，$T = 10$ 通りの全ての可能な標本 $\mathcal{S}$ の中から標本を一つ選び出すことに他ならない．選び出された一つの標本が s である．ただし実際の標本抽出作業において，全ての可能な標本を列挙することはない．T の数が膨大となるからである．全ての可能な標本という考え方は，推定や誤差評価の考え方を理解するとき必要となるのである．具体的な標本抽出の手順は第 3 章以降で説明する．

　表 1.3 の標本はいずれも標本サイズが $n = 3$ である．$\mathcal{S}$ に含まれる標本のサイズが全て等しい標本抽出法を**固定サイズデザイン** (fixed sample size design) という．**単純無作為抽出法** (第 3 章) がその一例である．これに対し，$n = 1$ など他のサイズの標本も $\mathcal{S}$ に含めることがある．例えば $N = 5$ であれば，$n = 1$ の標本は全部で 5 通り，$n = 2$ は 10 通り，$n = 4$ は 5 通り，$n = 5$ は 1 通りなので，$n = 0$ の 1 通りを加えて全部で $1 + 5 + 10 + 10 + 5 + 1 = 32$ 通りの標本の中から一つを選ぶのである．抽出される標本に応じてそのサイズ n は変わってくる．

Poisson抽出法 (4.3.2節) や**集落抽出法** (第8章) がその例である．固定サイズデザインか否かということは，特に第5章以降で推定量の選択と絡んでくる．

復元抽出法であっても考え方は同様である．ただし N 個の要素から重複を許して n 個を選ぶ組み合わせは，全部で

$$_N H_n = \frac{(N+n-1)!}{n!(N-1)!} 通り \tag{1.15}$$

となる．例えば $n=3$ であれば，**1,1,1** という組み合わせも可能である．$N=5$ かつ $n=3$ のとき，全ての可能な標本の数は $_5H_3 = 35$ 通りとなる．

1.2.5 確率抽出法と非確率抽出法

全ての可能な標本 $\mathcal{S}$ から標本を選ぶ方法には，大きく分けて確率抽出法と非確率抽出法の二つがある．本書で扱うのは確率抽出法である．

確率抽出法 (probability sampling) あるいは**無作為抽出法**[*5] (random sampling) では，$\mathcal{S}$ の各標本に対してそれが選ばれる確率 $p_{(t)}$ を与え，この既知の確率 $p_{(t)}$ に従って標本を選び出す．$p_{(t)}$ は非負の実数であり，その合計は $p_{(1)} + \cdots + p_{(T)} = \sum_{t \in \mathcal{S}} p_{(t)} = 1$ である．確率抽出法によって選ばれた標本を**確率標本** (probability sample) あるいは**無作為標本** (random sample) という．また確率 $p_{(t)}$ の与え方を**標本抽出デザイン** (sampling design) と呼ぶ．図0.3では本書で解説する様々な標本抽出法を紹介した．これらの標本抽出法は，確率 $p_{(t)}$ の与え方が異なるのである．

例えば表1.3のパターンaとパターンbは，2種類の $p_{(t)}$ の例である．いずれも $p_{(1)}, \ldots, p_{(T)}$ の合計は1である．パターンaは各標本に等しい $p_{(t)}$ を与えるもので**非復元単純無作為抽出法** (3.1.1節) と呼ばれる．パターンbは $p_{(t)}$ を標本企業の資本金合計に比例させるもので，**総規模比例抽出法** (4.3.5節) と呼ばれる．例えば標本1が選ばれる確率 $p_{(1)}$ を，3社の資本金合計 $x_1 + x_2 + x_3 = 103$ に比例させている．標本2や4は選ばれやすいが，標本8や10は選ばれにくい．なお**固定サイズデザイン**とは，$\mathcal{S}$ にはあらゆるサイズの標本を含めるが，ある特定サイズの標本にのみ正の確率 $p_{(t)}$ を与える標本抽出デザインと考えることもできる．

[*5] 本書では，無作為抽出法を確率抽出法と同義としたが，文献によってその定義は様々である (Kish, 1965)．したがって無作為抽出法という用語の使用は避けるのが無難である．

非確率抽出法 (nonprobability sampling) では，各標本が選ばれる確率は未知であり，したがって確率は用いない．例えば**機縁法**あるいは**雪だるま法** (snowball sampling) では，知人やその伝を頼って標本を集める．**応募法** (voluntary response, self-selection) は，標本となることを調査対象自らが買って出る方法である．**有意抽出法** (purposive sampling) は，いくつかの変数に着目し，それらの標本平均などが母集団のものと同一となるよう標本を選ぶ方法である[*6]．母集団に照らして代表的・典型的と考えられる標本の抽出がねらいである．**割当法** (quota sampling) もいくつかの変数を取り上げ，例えば20歳代男性など，それらの組み合わせで母集団を複数のグループに分割する．各グループ内ではあらかじめ割り当てたサイズとなるよう標本を選ぶ．有意抽出法，割当法ともに条件に合致さえすれば，標本となる要素の選び方は問わない．

確率抽出法の利点は，標本調査によって得られた結果の性質を理論的に評価できることである．そのため結果の誤差の大きさを見積もることができたり，より精度が高い標本抽出デザインを採用したりできる．一方の非確率抽出法では，得られた結果の性質を理論的に評価することができない．そのため誤差の大きさを見積もることができず，得られた結果が果たして母集団を適切に表しているのか知る術がない．抽出のときに着目した変数については，標本における分布が母集団と同じであっても，他の変数も同様とは限らない．しかも仮に目的とする変数に着目して母集団を代表するような標本を選べるのであれば，必要な母集団特性値は分かっていることになるので，そもそも標本調査は不要である．

例題 1.1　確率抽出法

表1.3のパターンbを使って確率抽出を行ってみよう．"無作為"抽出だからといって調査者が標本をデタラメに (haphazardly) 選んでよいわけではない．乱数を用いた一定の手続きに従って選ぶのである．以下はその一つの手順である．

1) 標本の並び順に従い，確率 $p_{(t)}$ を $\sum_{t \leq t'} p_{(t)}$ $(t' = 1, \ldots, T)$ と累積する．このとき $\mathcal{S}$ 内における標本の並び順を気にする必要はない．

[*6] 無作為抽出法に相対する用語として，非確率抽出法全体を有意抽出法と総称することも多い．これは，代表性を持った標本の抽出法として Neyman (1934) が確率抽出法の優位性を示すまで，purposive sampling がもう一つの有力候補であったことと (Jensen, 1926; Kruskal and Mosteller, 1980; 木村, 2001)，"有意"抽出法という訳語によるものと思われる．

2) 0 と 1 の間の一様乱数を一つ発生させ，a とする．標本が並んだ順に見ていって，$p_{(t)}$ の累積が a をはじめて超える標本を抽出する．

確率を累積する上記の抽出手順を**累計法** (cumulative total method) と呼ぶ．表 1.3 の最右列がパターン b の確率 $p_{(t)}$ の累積である．0 と 1 の間の一様乱数 a を一つ発生させたところ，$a = .305$ が得られたとする．標本を上から順に見ていって累積確率が $a = .305$ を超える最初の標本 3 を抽出する．つまり企業 1, 2, 5 の 3 社が標本である．

1.2.6　包 含 確 率

ここで各要素に注目し，標本としての選ばれやすさを考えてみよう．例として表 1.3 のパターン b を用いる．企業 1 を含む標本は $s_{(1)}$ から $s_{(6)}$ までの六つである．この六つの標本のいずれか一つが選ばれる確率は

$$\pi_1 = p_{(1)} + p_{(2)} + p_{(3)} + p_{(4)} + p_{(5)} + p_{(6)}$$
$$= .108 + .117 + .105 + .111 + .099 + .108 = .648 \qquad (1.16)$$

である．抽出を 1,000 回繰り返せば，648 回前後は企業 1 が標本に含まれる．この確率 π_1 を企業 1 の**包含確率** (inclusion probability) あるいは**一次の包含確率** (first-order inclusion probability) という．一般に第 i 要素の包含確率は，第 i 要素を含む標本 $s_{(t)}$ が選ばれる確率 $p_{(t)}$ の合計である．

$$\pi_i = \sum_{s_{(t)} \ni i} p_{(t)}, \quad (i \in U) \qquad (1.17)$$

包含確率が $\pi_i = 1$ ということは，その第 i 要素は標本として必ず選ばれることを意味する．$\pi_i = 0$ では，逆に決して選ばれない．

さらに，二つの要素 i と j が同時に標本に含まれる確率 π_{ij} を**二次の包含確率** (second-order inclusion probability) と呼ぶ．

$$\pi_{ij} = \begin{cases} \sum_{s_{(t)} \ni i} p_{(t)} = \pi_i, & i = j \text{ の場合} \\ \sum_{s_{(t)} \ni i \& j} p_{(t)}, & i \neq j \text{ の場合} \end{cases} \qquad (1.18)$$

例えば企業 1 と 2 を同時に含む標本は $s_{(1)}$ から $s_{(3)}$ の三つである．企業 1 と 2 の二次の包含確率は，この三つの標本のうちの一つが選ばれる確率 $\pi_{1,2} = p_{(1)} + p_{(2)} + p_{(3)} = .108 + .117 + .105 = .330$ である．

表 1.4 は，各標本が選ばれる確率を表 1.3 のパターン a あるいはパターン b としたときの，一次および二次の包含確率である．表の対角部分 (1 と 1，2 と 2 など) は第 i 要素の一次の包含確率 π_i であり，非対角部分は第 i 要素と第 j 要素の二次の包含確率 π_{ij} である．下三角部分は上三角部分と同じなので省略してある．

表 1.4　一次および二次の包含確率

パターン a

	1	2	3	4	5
1	.600	.300	.300	.300	.300
2		.600	.300	.300	.300
3			.600	.300	.300
4				.600	.300
5					.600

パターン b

	1	2	3	4	5
1	.648	.330	.318	.336	.311
2		.597	.284	.303	.278
3			.579	.290	.265
4				.607	.284
5					.569

包含確率 π_i や π_{ij} は，この後，推定や誤差評価において重要な役割を担う (2.1 節)．また包含確率の具体的な求め方は，各標本抽出法のところで説明する．包含確率は $p_{(t)}$ を使って計算されるものであり，$p_{(t)}$ の違いは標本抽出デザインの違いだからである．以下では包含確率の一般的な性質を見ておく．

性質 1. 一次の包含確率 π_i の値は $0 \leq \pi_i \leq 1$ である．ただし $\pi_i = 0$ である要素は決して標本に含まれず，**undercoverage** となる．そのため全ての要素について $\pi_i > 0$ となる標本抽出デザインを考えるべきである．

性質 2. 一次の包含確率の母集団総計は，標本サイズ n の期待値 (1.3.3 節) に一致する．

$$\sum_U \pi_i = E(n) = n_s \tag{1.19}$$

固定サイズではない標本抽出デザインにおいて，"平均的に" 得られる標本サイズを標本サイズ n の期待値といい，本書では n_s で表す．固定サイズデザインでは $\sum_U \pi_i = n$ である．例えば表 1.4 では，一次の包含確率 π_i である対角要素の合計は，両パターンともに標本サイズ $n = 3$ となる．なお復元抽出法では，(1.19) 式の n を，標本における異なる要素の数と読み替える必要がある．

性質 3. 二次の包含確率 π_{ij} の値は $0 \leq \pi_{ij} \leq 1$ である．ただし一次の包含確率

と同じく，二次の包含確率についても $\pi_{ij} > 0$ である方がよい (2.2.3 節). 固定サイズデザインでは次式が成り立つ.

$$\sum_{i \in U} \pi_{ij} = n\pi_j \tag{1.20}$$

1.3 推定と誤差評価

1.3.1 統計量と推定量

以下では推定と誤差評価に関する一般的な概念を説明していく．例として 1.2.5 節の例題 1.1 で抽出した 3 社を標本 s として用いる．表 1.5 に標本 3 社の売上高を示す．

表 1.5 非復元無作為抽出標本

企業 i	1	2	5	標本総計	標本平均
売上高 y_i	576	380	94	1,050	$\bar{y} = 350$

標本 s に含まれる要素の変数値 y_i ($i \in s$) から計算される量を**統計量** (statistic) と呼ぶ．以下は統計量の例である．

$$\text{標本総計：} \sum_s y_i \tag{1.21}$$

$$\text{標本平均：} \bar{y} = \frac{1}{n} \sum_s y_i \tag{1.22}$$

$$\text{標本分散：} S_y^2 = \frac{1}{n-1} \sum_s (y_i - \bar{y})^2 \tag{1.23}$$

$$\text{標本標準偏差：} S_y = \sqrt{S_y^2} \tag{1.24}$$

$$\text{標本共分散：} S_{yx} = \frac{1}{n-1} \sum_s (y_i - \bar{y})(x_i - \bar{x}) \tag{1.25}$$

例えば表 1.5 では，売上高 y の標本総計は $y_1 + y_2 + y_5 = 1,050$，標本平均は $\bar{y} = 1,050/3 = 350$ である．

調査の目的は母集団特性値 θ を知ることである．標本の変数値 y_i ($i \in s$) から母集団特性値 θ を推測することを**推定** (estimation) という．また θ を推定する具体的な方法・計算式を θ の**推定量** (estimator) と呼ぶ．推定量は標本の変数値

から計算される量なので統計量の一種である．具体的な変数値を推定量に当てはめ計算した結果，得られた数値を θ の**推定値** (estimate) と呼ぶ．

例として表 1.5 の標本を使って，売上高の母集団総計 τ_y を推定することを考えよう．図 0.3 にあるように推定量は何種類か考えられる．ここではとりあえず説明用の例として，標本企業 1 社当たりの売上高平均 $\bar{y}$ に母集団サイズ N を乗じるという方法を採用する．つまり単純な引き延ばしによる次式が推定量である．

$$\hat{\tau}_y = N\bar{y} = \frac{N}{n}\sum_s y_i \tag{1.26}$$

$\hat{\tau}_y$ のように，推定量や推定値は一般に母集団特性値の記号 θ に˄ (ハット) をつけて $\hat{\theta}$ で表す．表 1.5 の標本では推定値は次式となる．

$$\hat{\tau}_y = N\bar{y} = 5 \times \frac{1}{3}(576 + 380 + 94) = 5 \times 350 = 1,750 \tag{1.27}$$

1.3.2　誤　差　評　価

繰り返すが，調査の目的は母集団特性値 θ を知ることである．しかし調査ではふつう，推定値 $\hat{\theta}$ と真の θ とは完全には一致しない．両者の間にはズレが生じる．両者の差 $\hat{\theta} - \theta$ を**誤差** (error) という．例えば表 1.5 の標本では，(1.26) 式による売上高総計の推定値は $\hat{\tau}_y = 1,750$ となった．真の母集団総計は (1.1) 式の $\tau_y = 1,416$ であり，両者の差 $\hat{\tau}_y - \tau_y = 1,750 - 1,416 = 334$ が誤差である．調査結果を適切に利用するには，このような誤差の大きさを見積もっておくことが不可欠である．例えば継続調査では，誤差に過ぎない推定値の変化を実質的な変化と見誤らないようにしなければならない．

ところで推定値が持つ誤差は大きく二つに分けられる．**標本誤差** (sampling error) と**非標本誤差** (nonsampling error) である．標本誤差とは，標本だけを調べることから生じる誤差である．母集団全体を調べれば確実に分かる値が，標本調査ではズレて推定されてしまうということである．したがって全数調査では標本誤差は生じない．また確率標本では，後で説明する考え方に従い，標本誤差の大きさを理論的に見積もることができる．

非標本誤差とは，標本誤差以外の全ての誤差をいう．例えば記入ミスや**無回答**による誤差，**測定誤差**などである．より具体的な内容は 11.4 節で改めて紹介する．非標本誤差は標本調査に限らず全数調査でも生じる．記入ミスは，全数調査・標本調査を問わず常に起こり得よう．この非標本誤差の大きさを理論的に見積もる

ことは一般に困難である．

以下では誤差のうち標本誤差の評価方法を考えていく．先述のとおり，表 1.5 の標本に基づく推定値の誤差は $\hat{\tau}_y - \tau_y = 1,750 - 1,416 = 334$ であった．この誤差の大きさは，真の $\tau_y = 1,416$ が分かっているからこそ計算できる値である．実際には真の τ_y は分からず，誤差の大きさを直接求めることはできない．

そこで次のように考える．表 1.5 の標本では推定値 $\hat{\tau}_y = 1,750$ が得られた．仮に同様の標本調査をもう一度行えば，発生した乱数に応じて別の標本が得られ，同じ (1.26) 式の推定量であっても推定値は変わる．どのくらい変わり得るのだろうか．±10 程度しか変わらないのか，あるいは ±500 も変わるのだろうか．前者と後者とでは，同じ推定値 $\hat{\tau}_y = 1,750$ を得ていても，結果の見方・利用の仕方は全く異なる．±500 も変わるのであれば，推定値 $\hat{\tau}_y = 1,750$ は真の τ_y から大きくズレている可能性があるからである．実際は幸運にも $\hat{\tau}_y = 1,750$ は真の τ_y に近いかもしれない．しかし運に恵まれたか否かを知る術はない．

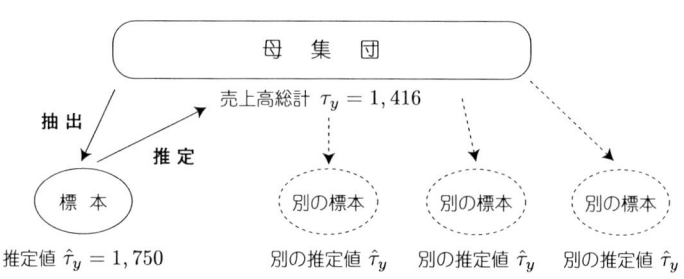

図 1.2　標本抽出と推定の繰り返し

このように標本調査をもう一度繰り返したとき，あるいは一度に限らず何度も繰り返したとき，推定値がどの程度変動するのかを調べ，変動の大きさで推定値の誤差を評価するのである．つまり誤差を評価するには，標本調査を繰り返したときに得られる推定値の分布の様子を調べる必要がある．

図 1.3 には 3 種類の推定値の分布を模式的に示した．推定値の分布が (a) であれば，標本調査を繰り返しても推定値 $\hat{\tau}_y$ は大きくは変わらず，真の τ_y に近い推定値が得られやすい．それに比べて分布 (b) では，推定値が真の τ_y に近いこともあるが，大きく離れることもある．標本調査を繰り返すたびに推定値は大きく

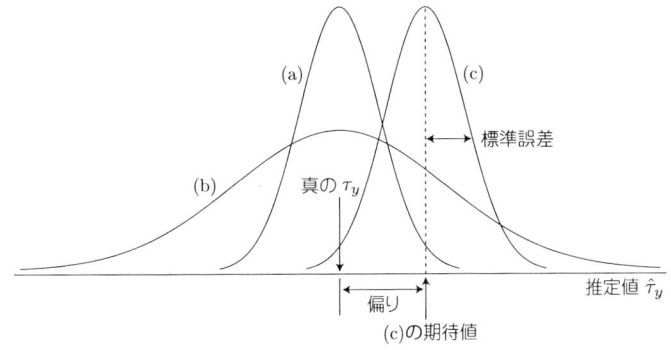

図 1.3 推定値の分布

変わってしまう．分布 (c) は，分布 (a) と推定値の変動の大きさは同じであるが，得られる推定値のほとんどは真の τ_y よりも大きい．

推定量の誤差の大きさは，このような推定値の分布の様子を指標化することで評価する．以下の節ではこれらの指標を詳しく説明していく．

1.3.3 不偏推定量

現実の調査では，得られる標本はふつう一つであり，推定値も一つである．この一つの標本や推定値から，標本調査を繰り返したときの推定値の分布を調べなければならない．ここでは説明の都合上，まず，母集団全体の変数値が分かっているものとして話をすすめる．つまり表 1.5 の標本企業 3 社だけでなく，表 1.1 の母集団企業全 5 社の売上高が分かっているものとする．

$N = 5$ 社から $n = 3$ 社を非復元抽出するとき，全ての可能な標本は $T = 10$ 通りある．表 1.6 の $\hat{\tau}_y$ は，(1.26) 式による推定値を標本ごとに求めたものである．表 1.6 の確率 $p_{(t)}$ に従って標本調査を仮に 1,000 回繰り返せば，そのうち 108 回前後は標本 1 が選ばれる．つまり標本 $s_{(1)}$ の企業 1, 2, 3 による推定値 $\hat{\tau}_{y(1)} = 1,716.7$ が 108 回前後得られる．

図 1.4 は，1,000 回にとどまらず，標本調査をさらに繰り返したときの推定値の分布である．得られる可能性がある推定値は全部で 10 通りなので，棒も 10 本描かれている．現実の調査では全ての可能な標本の数 T が膨大なため，図 1.4 が図 1.3 のようになると考えればよい．なお図 11.1 も参照のこと．

表 1.6　標本ごとの推定値と誤差

標本	企業	確率 $p_{(t)}$	推定値 $\hat{\tau}_y$	誤差 $\hat{\tau}_y - \tau_y$
1	1, 2, 3	.108	1,716.7	300.7
2	1, 2, 4	.117	2,080.0	664.0
3	1, 2, 5	.105	1,750.0	334.0
4	1, 3, 4	.111	1,570.0	154.0
5	1, 3, 5	.099	1,240.0	−176.0
6	1, 4, 5	.108	1,603.3	187.3
7	2, 3, 4	.094	1,243.3	172.7
8	2, 3, 5	.082	913.3	−502.7
9	2, 4, 5	.091	1,276.7	−139.3
10	3, 4, 5	.085	766.7	−649.3

標本調査を何度も繰り返したとき，得られる推定値 $\hat{\tau}_y$ の平均は次式となる．

$$E(\hat{\tau}_y) = p_{(1)}\hat{\tau}_{y(1)} + \cdots + p_{(10)}\hat{\tau}_{y(10)}$$
$$= .108 \times 1,716.7 + \cdots + .085 \times 766.7 = 1,456.2 \quad (1.28)$$

$p_{(1)} = .108$ など確率が乗じられているのは，標本調査を何度も繰り返すとき，確率 $p_{(t)}$ に応じた頻度でそれぞれの推定値が得られるからである．一般に次式を推定量 $\hat{\theta}$ の**期待値** (expected value) という．

$$E(\hat{\theta}) = p_{(1)}\hat{\theta}_{(1)} + \cdots + p_{(T)}\hat{\theta}_{(T)} = \sum_{\mathcal{S}} p_{(t)}\hat{\theta}_{(t)} \quad (1.29)$$

ただし $\hat{\theta}_{(t)}$ は標本 $s_{(t)}$ に基づく推定値である．

また，期待値 $E(\hat{\theta})$ と真の母集団特性値 θ との差を**偏り** (bias) という．

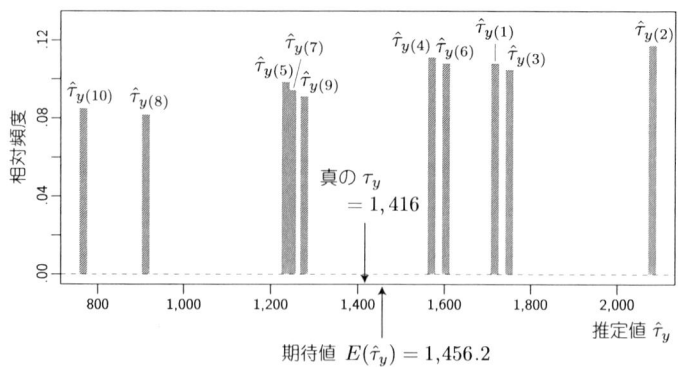

図 1.4　推定値の分布

1.3 推定と誤差評価

$$B(\hat{\theta}) = E(\hat{\theta}) - \theta \tag{1.30}$$

表 1.6 では，(1.26) 式の推定量の偏りは，(1.28) 式の結果を用いて

$$B(\hat{\tau}_y) = E(\hat{\tau}_y) - \tau_y = 1,456.2 - 1,416 = 40.2 \tag{1.31}$$

である．なお，ある一つの標本 $s_{(t)}$ から計算される推定値 $\hat{\theta}_{(t)}$ と真の θ との差 $\hat{\theta}_{(t)} - \theta$ は偏りではなく誤差である．表 1.6 には各推定値の誤差を示す．

偏りが $B(\hat{\theta}) = 0$ である推定量のことを**不偏推定量** (unbiased estimator) という．図 1.3 では，推定値が (a) や (b) の分布をする推定量は**不偏性** (unbiasedness) を持ち，(c) の分布をする推定量は不偏性を持たない．不偏推定量による推定値は，標本調査を繰り返したとき "平均的に" 母集団特性値 θ に一致する．そのため不偏性は推定量に望まれる性質の一つである．

ある推定量が不偏であるかどうかは標本抽出デザインに依存する．推定量の期待値 $E(\hat{\theta}) = \sum_S p_{(t)} \hat{\theta}_{(t)}$ は $p_{(t)}$ によって決まるからである．ある標本抽出デザインの下では不偏である推定量が，他のデザインの下では偏りを持つことがある．例えば (1.26) 式の推定量 $\hat{\tau}_y = N\bar{y}$ は，表 1.3 のパターン b の標本抽出デザインの下では偏りを持つ．しかしパターン a を用いれば不偏となる．一般的な不偏推定量の構成法は第 2 章で説明する．

なお母集団全体を用いて推定値 $\hat{\theta}$ を求めたとき，$\hat{\theta}$ が真の θ に一致する推定量を**一致推定量** (consistent estimator) という[*7]．この**一致性** (consistency) も推定量に望まれる性質の一つである．推定量が不偏性は持たなくとも，一致性を持つことはある．例えば**比推定量** (5.1.1 節) は一般に不偏推定量ではないが，一致推定量である．

1.3.4　推定量の分散・標準誤差

次に，表 1.6 の確率に従って標本抽出を繰り返すとき，次式は推定値のバラツキの大きさを表す一つの指標となる．

$$\begin{aligned} V(\hat{\tau}_y) &= p_{(1)} \left\{ \hat{\tau}_{y(1)} - E(\hat{\tau}_y) \right\}^2 + \cdots + p_{(10)} \left\{ \hat{\tau}_{y(10)} - E(\hat{\tau}_y) \right\}^2 \\ &= \underbrace{.108 \times (1,716.7 - 1,456.2)^2 + \cdots}_{10 \text{ 通りの推定値}} = 377.0^2 \end{aligned} \tag{1.32}$$

[*7] 一般に一致性は $n \to \infty$ として定義するが，有限母集団を対象とする標本調査では，$n = N$ として定義することが多い．

(1.32) 式の第 1 項の $\{\hat{\tau}_{y(1)} - E(\hat{\tau}_y)\}^2 = (1,716.7 - 1,456.2)^2$ は，標本 $s_{(1)}$ の推定値 $\hat{\tau}_{y(1)}$ が分布の平均である期待値 $E(\hat{\tau}_y)$ から隔たっている量を表す．$p_{(1)} = .108$ が乗じられているのは，標本 $s_{(1)}$ の推定値が得られる確率を考慮するためである．隔たりの小さな推定値が頻繁に得られるのであれば，全体としてバラツキは小さい．

一般に次式を**推定量の分散** (variance of an estimator) という．

$$V(\hat{\theta}) = \sum_{\mathcal{S}} p_{(t)} \left\{ \hat{\theta}_{(t)} - E(\hat{\theta}) \right\}^2 = E\left[\left\{\hat{\theta}_{(t)} - E(\hat{\theta})\right\}^2\right] \quad (1.33)$$

また $V(\hat{\theta})$ の平方根を**標準誤差** (standard error) という．

$$SE(\hat{\theta}) = \sqrt{V(\hat{\theta})} \quad (1.34)$$

期待値 $E(\hat{\theta})$ が標本調査を繰り返したときの推定値の"平均"であるのに対し，標準誤差 $SE(\hat{\theta})$ は標本調査を繰り返したときの推定値の"標準偏差"である．$V(\hat{\theta})$ と $SE(\hat{\theta})$ は，いずれも推定値が期待値 $E(\hat{\theta})$ の周囲でどのくらいバラツクのかを表す指標である．したがって $V(\hat{\theta})$ や $SE(\hat{\theta})$ が小さい推定量は，**精度** (precision) あるいは**信頼性** (reliability) が高いといえる．例えば図 1.3 では，分布 (a) と (c) の推定量の精度は等しい．これらに比べ，分布 (b) の推定量の精度は低い．なお調査結果を見るときは，推定量の分散 $V(\hat{\theta})$ よりも標準誤差 $SE(\hat{\theta})$ を用いることが多い．$V(\hat{\theta})$ は測定値の単位が二乗されており，値も大きくなりがちなのに対し，$SE(\hat{\theta})$ は元の測定値と同じ単位となるからである．

推定量の相対分散 (relative variance, relvariance) とは，期待値 (の二乗) に対する $V(\hat{\theta})$ の相対的な大きさを表す指標で，次式で定義する．

$$CV^2(\hat{\theta}) = \frac{V(\hat{\theta})}{E(\hat{\theta})^2} \quad (1.35)$$

同様に**標準誤差率**あるいは**変動係数** (coefficient of variation) とは，$SE(\hat{\theta})$ の相対的な大きさを表す指標である．

$$CV(\hat{\theta}) = \frac{SE(\hat{\theta})}{E(\hat{\theta})} \quad (1.36)$$

(1.32) 式では売上高総計の推定量 $\hat{\tau}_y$ の標準誤差は $SE(\hat{\tau}_y) = 377.0$ となったが，この値の大きさはそのままでは評価しにくい．売上高総計 τ_y が数億のオーダーであれば標準誤差の 377.0 は"小さい"といえるし，数百のオーダーであれば"大

きい"となるからである．標準誤差率 $CV(\hat{\theta})$ は標準誤差を測定の単位に依存せず相対的に評価するものであり，しばしば百分率で表される．一般に標準誤差率が数パーセント未満であれば，推定量の精度は十分に高いとされる．なお変数が正負いずれの値もとり得るときには，標準誤差率は指標として不適当である．$E(\hat{\theta})$ が 0 に近いときでも，$SE(\hat{\theta})$ は大きくなり得るからである．

ところで図 1.3 の分布 (a) と (c) とでは，標準誤差の大きさは同じであっても，分布 (a) の方が望ましい．偏りがないからである．推定量の分散 $V(\hat{\theta})$ が，期待値 $E(\hat{\theta})$ の周りでのバラツキの大きさを表す指標であるのに対し，真の θ の周りでのバラツキの大きさを表す指標を**平均二乗誤差** (mean square error) という．

$$MSE(\hat{\theta}) = \sum_{\mathcal{S}} p_{(t)} \left(\hat{\theta}_{(t)} - \theta\right)^2 \tag{1.37}$$

また，$MSE(\hat{\theta})$ が小さい推定量のことを**正確度** (accuracy) が高いという．

なお，平均二乗誤差 $MSE(\hat{\theta})$ は以下のように，分散 $V(\hat{\theta})$ と偏りの二乗 $\{B(\hat{\theta})\}^2$ とに分解することができる．

$$\begin{aligned} MSE(\hat{\theta}) &= \sum_{\mathcal{S}} p_{(t)} \left\{\hat{\theta}_{(t)} - E(\hat{\theta}) + E(\hat{\theta}) - \theta\right\}^2 \\ &= \sum_{\mathcal{S}} p_{(t)} \left\{\hat{\theta}_{(t)} - E(\hat{\theta})\right\}^2 + \left\{E(\hat{\theta}) - \theta\right\}^2 = V(\hat{\theta}) + \left\{B(\hat{\theta})\right\}^2 \end{aligned} \tag{1.38}$$

つまり不偏推定量では，$B(\hat{\theta}) = 0$ なので，平均二乗誤差 $MSE(\hat{\theta})$ と推定量の分散 $V(\hat{\theta})$ とは一致する．

推定量の誤差の大きさを評価する指標としては，$V(\hat{\theta})$ よりも $MSE(\hat{\theta})$ の方が本来の趣旨に適う．分散 $V(\hat{\theta})$ が小さくとも，偏り $B(\hat{\theta})$ が大きければ誤差 $\hat{\theta} - \theta$ は大きくなりがちだからである．しかし推定量の候補が複数あるとき，ふつうは不偏推定量あるいは不偏に近い推定量を採用する．そのため $V(\hat{\theta})$ を $MSE(\hat{\theta})$ に代用することが多い．

以上をまとめると，推定量 $\hat{\theta}$ の誤差の大きさを評価する指標としては，推定量の分散 $V(\hat{\theta})$ や標準誤差 $SE(\hat{\theta})$，標準誤差率 $CV(\hat{\theta})$ を用いればよい．これらは標本調査を繰り返したときの推定値のバラツキの大きさを表す指標だからである．具体的な $V(\hat{\theta})$ の算出式については，第 2 章以降で個々の標本抽出法や推定量に即して説明していく．

ところでいずれの指標にせよ，それらは母集団の全要素の変数値 $y_1, \ldots, y_N$ を使わなければ計算できない．つまり $V(\hat{\theta})$ や $SE(\hat{\theta})$ 自体が母集団特性値の一つで

ある．したがって目的とする母集団特性値 θ と同様に，$V(\hat{\theta})$ などについても標本から推定することになる．$V(\hat{\theta})$ の推定量を $\hat{V}(\hat{\theta})$ と表す．本書では母集団特性値 θ の推定量 $\hat{\theta}$, その分散 $V(\hat{\theta})$, さらにその推定量 $\hat{V}(\hat{\theta})$ の三つをセットとして説明していく．このうち $V(\hat{\theta})$ は標本抽出法や推定量の特性を理論的に理解するときに利用し，$\hat{\theta}$ や $\hat{V}(\hat{\theta})$ は実際の調査データから推定値を求めるときに利用するものである．$SE(\hat{\theta})$ の推定量は $\widehat{SE}(\hat{\theta}) = \sqrt{\hat{V}(\hat{\theta})}$ として，また $CV(\hat{\theta})$ の推定量は $\widehat{CV}(\hat{\theta}) = \widehat{SE}(\hat{\theta})/\hat{\theta}$ として求めればよい．$\hat{V}(\hat{\theta})$ も推定量の一つであるので，さらにその分散 $V\{\hat{V}(\hat{\theta})\}$ も考えられるが，際限がなくなるので $\hat{V}(\hat{\theta})$ を求めたところでとどめるのがふつうである．

1.3.5　信　頼　区　間

繰り返すが，標本調査では一般に推定値 $\hat{\theta}$ は真値 θ に一致しない．誤差 $\hat{\theta} - \theta$ が生じる．誤差を避けられないのであれば，θ を一つの値 $\hat{\theta}$ として推定するだけでなく，区間 $(L_{\hat{\theta}}, U_{\hat{\theta}})$ としても推定するのがよい．図 1.2 では誤差の大きさを考慮して，推定値 $\hat{\tau}_y = 1{,}750$ に例えば ±754 の幅を持たせ，売上高総計 τ_y は $L_{\hat{\tau}_y} = 1{,}750 - 754 = 996$ と $U_{\hat{\tau}_y} = 1{,}750 + 754 = 2{,}504$ の間と推定するのである．この区間を**信頼区間** (confidence interval) という．

信頼区間の幅は，ざっと見積もるのであれば，標準誤差 $SE(\hat{\theta})$ の 2 倍程度とすればよい．理由は以下のとおりである．ある程度大きなサイズの標本の抽出を繰り返したとき，不偏推定量による推定値 $\hat{\theta}$ は真の θ を中心として図 1.5 のような正規分布にほぼ従う．この $\hat{\theta}$ の分布のバラツキを表す指標の一つが標準誤差 $SE(\hat{\theta})$ であった．正規分布では，得られる推定値 $\hat{\theta}$ のうち 95% は真値 θ を中心とした $\theta - 1.96 SE(\hat{\theta})$ から $\theta + 1.96 SE(\hat{\theta})$ の間の値をとることが知られている（図 11.2）．そこで逆にある推定値 $\hat{\theta}$ が得られたとき，この $\hat{\theta}$ を中心として

$$\left(\hat{\theta} - 1.96 SE(\hat{\theta})\ ,\ \hat{\theta} + 1.96 SE(\hat{\theta})\right) \tag{1.39}$$

という信頼区間を考える．標本抽出と信頼区間の構成を何度も繰り返せば，100 回のうち 95 回は信頼区間が真値 θ を含むことになる．図 1.5 には 10 回繰り返したときの信頼区間を模式的に示す．この 95% という割合を**信頼水準** (confidence level) という．

信頼区間の幅 $\pm 1.96 SE(\hat{\theta})$ は，標準誤差 $SE(\hat{\theta})$ が大きいほど広がる．また信

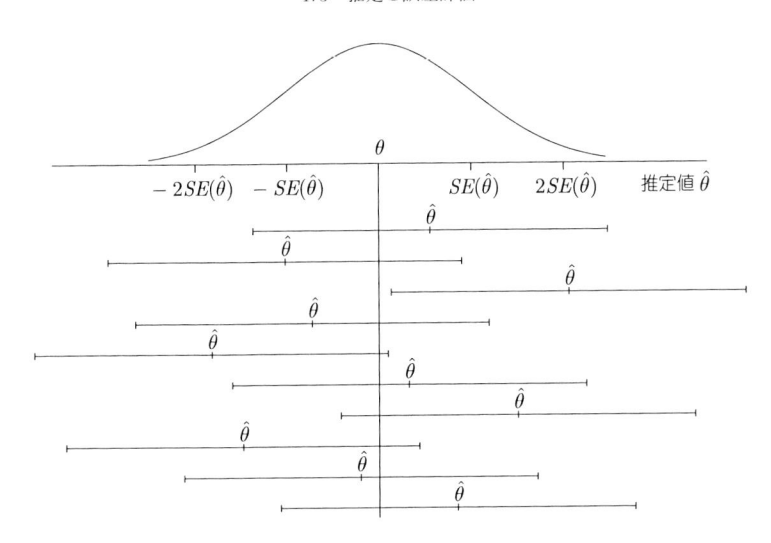

図 1.5 信頼区間の分布

頼水準を 99% とするのであれば，1.96 の代わりに 2.58 を用いる必要があり，信頼区間の幅は広がる．信頼水準が 90% であれば 1.64 とすればよく，逆に幅は狭まる．一般には 95% を使うことが多く，ざっと見積もるには標準誤差 $SE(\hat{\theta})$ の 2 倍程度とすればよい．

なお，現実には標準誤差 $SE(\hat{\theta})$ は知られておらず，その推定値 $\widehat{SE}(\hat{\theta})$ を用いる．標本サイズが小さく，$\widehat{SE}(\hat{\theta})$ 自体が大きな誤差を含む可能性があるときには，信頼区間の幅を $\widehat{SE}(\hat{\theta})$ の 2 倍よりも広げないと，信頼水準は 95% とはならない．詳細は 11.3 節で説明する．

2

線 形 推 定 量

この章では，一般的な不偏推定量として線形推定量を紹介する．線形推定量は，様々な標本抽出デザインに適用できるとともに，他の多くの推定量の基礎ともなっている．章の前半では，特定の標本抽出デザインに限定せずに，線形推定量の一般的な性質を紹介していく．また章の後半では，推定において重要な役割を担うことになる抽出ウェイトの定義と意味を説明する．

2.1 Horvitz-Thompson 推定量

2.1.1 Horvitz-Thompson 推定量

この第 2 章では，標本が既に得られているものとして，**母集団総計** (population total)

$$\tau_y = y_1 + \cdots + y_N = \sum_U y_i \tag{2.1}$$

の一般的な**不偏推定量** $\hat{\tau}_y$ を考えていく．第 3 章以降では様々な標本抽出デザインを紹介していくが，この章で説明する不偏推定量は，基本的にどのデザインに対しても適用可能である．また，目的とする母集団特性値は，ひとまず母集団総計 τ_y に限定する．他の母集団特性値の推定量の多くは，母集団総計の推定量 $\hat{\tau}_y$ を基礎とするからである．以下の説明は，非復元抽出法の場合と復元抽出法の場合とに分けて行う．

まず非復元抽出法の場合である．母集団総計 τ_y の不偏推定量として最もよく用いられるのが，**Horvitz-Thompson 推定量** (**HT 推定量**) である (Horvitz and Thompson, 1952)．

$$\hat{\tau}_y = \sum_s \frac{y_i}{\pi_i} \tag{2.2}$$

HT 推定量は，標本 s の全要素について，**包含確率** π_i に対する変数値 y_i の比を合計したものである．標本抽出デザインの違いとは，包含確率 π_i の定め方の違いである．したがって今後紹介する様々な非復元抽出法では，各デザインに応じた π_i を (2.2) 式に代入することで，具体的な不偏推定量を導くことができる．

例題 2.1 売上高総計の HT 推定

表 2.1 は,1.2.5 節の例題 1.1 で非復元抽出した $n=3$ の標本企業である. 各企業の売上高 y_i と包含確率 π_i は,それぞれ表 1.1 と表 1.4 に示されたものである.

表 2.1 非復元抽出した企業

企業 i	1	2	5	標本総計
売上高 y_i	576	380	94	1,050
包含確率 π_i	.648	.597	.569	1.814
二次の包含確率 π_{ij}				
1		.330	.311	
2			.278	

売上高の母集団総計 τ_y の HT 推定値は次式となる.

$$\hat{\tau}_y = \sum_s \frac{y_i}{\pi_i} = \frac{576}{.648} + \frac{380}{.597} + \frac{94}{.569} = 1,690 \qquad (2.3)$$

この例から分かるように,調査データを保存しておくときには各要素の変数値 y_i だけではなく,包含確率 π_i の値も残しておかなければならない. 推定値を再計算するには π_i が必要だからである.

2.1.2 Horvitz-Thompson 推定量の性質

性質 1. HT 推定量 $\hat{\tau}_y$ は τ_y の不偏推定量である[*1)].

$$E(\hat{\tau}_y) = \tau_y \qquad (2.4)$$

不偏性の証明は 2.4 節を参照のこと. 推定量が不偏ということは,同様の標本調査を繰り返したとき,誤差 $\hat{\tau}_y - \tau_y$ は正となったり負となったりするが,それらの誤差は "平均的に" 0 となるということである. HT 推定量 $\hat{\tau}_y = \sum_s y_i/\pi_i$ では,π_i が大きく標本として選ばれやすい要素に対しては小さな重み $1/\pi_i$ を与え,逆に π_i が小さく選ばれにくい要素には大きな重み $1/\pi_i$ を与える. これによって,仮に同様の抽出を繰り返し行ったとき,推定量に対して各要素が等しく寄与するよう "バランス" を調整していると考えればよい.

性質 2. HT 推定量 $\hat{\tau}_y$ の分散は次式となる (2.4 節).

[*1)] HT 推定量の性質について詳細は多賀 (1976),Sukhatme et al. (1984) を参照のこと.

$$V(\hat{\tau}_y) = \sum_{i \in U} \sum_{j \in U} (\pi_{ij} - \pi_i \pi_j) \frac{y_i}{\pi_i} \frac{y_j}{\pi_j} \qquad (2.5)$$

ただし π_{ij} は二次の包含確率であり，$\sum_{i \in U} \sum_{j \in U}$ は，母集団における要素の組み合わせ全てについて和をとることを表す．**固定サイズデザイン**では，(2.5) 式を以下のように表すこともできる．

$$V(\hat{\tau}_y) = -\frac{1}{2} \sum_{i \in U} \sum_{j \in U} (\pi_{ij} - \pi_i \pi_j) \left(\frac{y_i}{\pi_i} - \frac{y_j}{\pi_j} \right)^2 \qquad (2.6)$$

推定量の分散 $V(\hat{\tau}_y)$ とは，標本調査を何度も繰り返したときの推定値のバラツキの大きさを示すものである．この値が大きいほど，誤差の大きな推定値が得られる可能性が高いことになる．

(2.5) 式や (2.6) 式に関して着目すべき点は二つある．第一に，(2.6) 式では包含確率 π_i を変数値 y_i に比例させれば，$V(\hat{\tau}_y) = 0$ となる．y_i/π_i が一定のとき，$(y_i/\pi_i - y_j/\pi_j) = 0$ となるからである．例えば包含確率 π_i を売上高 y_i に比例させ，売上高の大きな企業ほど選ばれやすくすると，売上高総計 τ_y については標本誤差のない推定ができる．等確率で選ぶのが必ずしも常に最適なデザインではないということである．実際には y_i の値は，調査をしてはじめて分かる．そのため $\pi_i \propto y_i$ とはできない．しかし仮に変数 y との相関が高い補助変数 x を利用できれば，$\pi_i \propto x_i$ とすることで $\pi_i \propto y_i$ に近い標本抽出が可能となる (第 4 章)．

第二に，$V(\hat{\tau}_y)$ の値を求めるには，母集団の全要素の $y_1, \ldots, y_N$ が必要である．標本 s の変数値 y_i ($i \in s$) だけでは $V(\hat{\tau}_y)$ は求められず，$V(\hat{\tau}_y)$ の値は推定しなければならない．$V(\hat{\tau}_y)$ の推定量 $\hat{V}(\hat{\tau}_y)$ は後で紹介する．

例題 2.2　HT 推定値の分散

表 1.3 のパターン b を用いて標本を一つ抽出し，売上高総計 τ_y の HT 推定値を求める．この作業を繰り返したとき，HT 推定値の分散は次式となる．

$$\begin{aligned} V(\hat{\tau}_y) &= \sum_{i \in U} \sum_{j \in U} (\pi_{ij} - \pi_i \pi_j) \frac{y_i}{\pi_i} \frac{y_j}{\pi_j} \\ &= \underbrace{(.648 - .648 \times .648) \times \frac{576}{.648} \times \frac{576}{.648} + \cdots}_{\text{5×5 通りの組み合わせ}} = 348.3^2 \end{aligned} \qquad (2.7)$$

固定サイズデザインなので (2.6) 式を用いてもよい．同じ値が得られる．

性質 3. 母集団において二次の包含確率が全て $\pi_{ij} > 0$ のとき，次式は $V(\hat{\tau}_y)$ の不偏推定量となる (Horvitz and Thompson, 1952).

$$\hat{V}_{\mathrm{HT}}(\hat{\tau}_y) = \sum_{i \in s}\sum_{j \in s} \frac{\pi_{ij} - \pi_i \pi_j}{\pi_{ij}} \frac{y_i}{\pi_i} \frac{y_j}{\pi_j} \tag{2.8}$$

ただし，この推定量 $\hat{V}_{\mathrm{HT}}(\hat{\tau}_y)$ にはいくつか難点がある．まず，$\pi_1 = \cdots = \pi_N$ かつ $y_i = \cdots = y_N$ のときには，$\hat{V}(\hat{\tau}_y) = 0$ となることが期待されるが，一般に $\hat{V}_{\mathrm{HT}}(\hat{\tau}_y) \neq 0$ である．また推定値が不安定で，しばしば負の値となる．

固定サイズデザインでは，次式も $V(\hat{\tau}_y)$ の不偏推定量である (Yates and Grundy, 1953; Sen, 1953).

$$\hat{V}_{\mathrm{YG}}(\hat{\tau}_y) = -\frac{1}{2} \sum_{i \in s}\sum_{j \in s} \frac{\pi_{ij} - \pi_i \pi_j}{\pi_{ij}} \left(\frac{y_i}{\pi_i} - \frac{y_j}{\pi_j}\right)^2 \tag{2.9}$$

ただし固定サイズデザインであっても，一般に $\hat{V}_{\mathrm{HT}}(\hat{\tau}_y) \neq \hat{V}_{\mathrm{YG}}(\hat{\tau}_y)$ である．$\hat{V}_{\mathrm{YG}}(\hat{\tau}_y)$ も標本によっては負の値となるが，その可能性は $\hat{V}_{\mathrm{HT}}(\hat{\tau}_y)$ よりも低い．特に $\pi_{ij} \leq \pi_i \pi_j$ を満たす抽出法では，常に非負の値となる．

いずれの $\hat{V}(\hat{\tau}_y)$ に関しても，重要な点を二つ指摘しておく．まず，母集団において $\pi_{ij} = 0$ となる要素の組み合わせがあると，$V(\hat{\tau}_y)$ の不偏推定量は求まらず，(2.8) 式や (2.9) 式は $V(\hat{\tau}_y)$ の不偏推定量とはならない．**系統抽出法** (3.2 節) がその一例である．標本の値を (2.8) 式や (2.9) 式に代入すれば，数値は得られるが，その数値は不偏推定量による推定値ではない．

次に，(2.8) 式や (2.9) 式では，標本となった要素の全ての組み合わせについて，二次の包含確率 π_{ij} が必要である．例えば標本サイズが $n = 2{,}000$ であれば，組み合わせは全部で $2{,}000 \times 1{,}999/2 = 1{,}999{,}000$ 通りとなる．**単純無作為抽出法** (3.1 節) や **Poisson 抽出法** (4.3.2 節) のように π_{ij} を単純に表現できれば，(2.8) 式や (2.9) 式はより簡単な式に書き直せるので，実際に推定値 $\hat{V}(\hat{\tau}_y)$ は計算できる．しかし標本サイズが大きく，しかも表 1.4 のパターン b のように π_{ij} が i と j の組み合わせによって様々であれば，それらを全て指定するのは現実的ではない．(2.8) 式や (2.9) 式を直接用いて $V(\hat{\tau}_y)$ を推定することは稀である．代わりに復元抽出を便宜的に仮定し，$V(\hat{\tau}_y)$ を推定することが多い (4.3.1 節).

例題 2.3　HT 推定値の分散の推定

表 2.1 の標本では，推定量の分散 $V(\hat{\tau}_y)$ の推定値は，(2.8) 式を用いると

$$\hat{V}_{\mathrm{HT}}(\hat{\tau}_y) = \sum_{i \in s} \sum_{j \in s} \frac{\pi_{ij} - \pi_i \pi_j}{\pi_{ij}} \frac{y_i}{\pi_i} \frac{y_j}{\pi_j} = 396.2^2 \quad (2.10)$$

となる．また，(2.9) 式を用いると

$$\hat{V}_{\mathrm{YG}}(\hat{\tau}_y) = -\frac{1}{2} \sum_{i \in s} \sum_{j \in s} \frac{\pi_{ij} - \pi_i \pi_j}{\pi_{ij}} \left(\frac{y_i}{\pi_i} - \frac{y_j}{\pi_j} \right)^2 = 396.7^2 \quad (2.11)$$

である．この例のように，一般に $\hat{V}_{\mathrm{HT}}(\hat{\tau}_y)$ と $\hat{V}_{\mathrm{YG}}(\hat{\tau}_y)$ とは一致しない．

2.2 Hansen-Hurwitz 推定量

2.2.1 復元抽出の方法

次に復元抽出法の場合である．復元抽出法においても，全ての可能な標本を列挙し，そこから標本を一つ選ぶという考え方は有用である．しかし同一の要素を重複して選んでよい復元抽出法では，サイズ 1 の標本抽出を n 回繰り返すと考える方が分かりやすい．つまり母集団の各要素にそれが選ばれる確率 p_i を与える．ただし p_i の母集団総計は $y_1 + \cdots + y_N = \sum_U p_i = 1$ である．そして p_i に従って一つの要素を選び出す．この抽出手続きを n 回独立に繰り返すのである．なお，具体的な p_i の定め方や標本抽出の手順は，3.1 節や 4.2 節を参照のこと．

ここで念のため，各要素の**包含確率** π_i と抽出確率 p_i の違いを整理しておく．π_i は，T 通りの全ての可能な標本から "標本" を一つ選んだとき，その中に第 i 要素が含まれている確率である．一方 p_i は，サイズ N の母集団から "要素" を一つ選んだとき，それが第 i 要素である確率である．$\pi_i = 1$ であれば，第 i 要素以外にも標本となる要素はあるかもしれないが，$p_i = 1$ では第 i 要素以外の要素は決して標本とはならない．なお標本サイズが $n = 1$ であれば $\pi_i = p_i$ である．

例題 2.4 復元抽出法

表 2.2 に示す母集団企業 $N = 5$ 社から，**累計法**を利用して $n = 3$ の標本を復元抽出してみよう．各要素の抽出確率 p_i は，表 2.2 の値を用いるものとする．繰り返すが，具体的な p_i の定め方は第 3 章以降で後述する．p_i の母集団総計は $\sum_U p_i = 1$ であることに注意すること．表には p_i の累積も示した．

まず 0 と 1 の間の一様乱数 a として，$a = .161$ が得られたとする．企業を並

表 2.2 各企業の抽出確率

企業 i	1	2	3	4	5	母集団総計
売上高 y_i	576	380	74	292	94	$\tau_y = 1{,}416$
抽出確率 p_i	.296	.195	.157	.214	.138	$\tau_p = 1.000$
累積確率	.296	.491	.648	.862	1.00	

べた順に見て,累積確率が $a = .161$ を超える最初の企業,つまり累積確率が.296 である企業1を選び出す.一様乱数をさらに二つ発生させ,$a = .045$ と $a = .630$ が得られたとする.累積確率が.296 である企業1と,.648 である企業3が標本に加えられる.つまり企業 1, 1, 3 の延べ3社が標本 s である.

2.2.2 Hansen-Hurwitz 推定量

復元抽出法では第 i 要素の包含確率は

$$\pi_i = 1 - (1 - p_i)^n, \quad (i \in U) \tag{2.12}$$

となる.この π_i を用いれば,母集団総計 τ_y の HT 推定量を構成することができる.しかし復元抽出法では,理論式がより簡単な **Hansen-Hurwitz 推定量** (**HH 推定量**) を用いることが多い (Hansen and Hurwitz, 1943).

$$\hat{\tau}_y = \frac{1}{n} \sum_s \frac{y_i}{p_i} \tag{2.13}$$

復元抽出法では同一の要素が重複して選ばれる可能性があるので,本来は標本の要素にラベル i を付け直し,$\sum_{i=1}^{n}$ などと表すべきである.しかし本書では表記の簡略化のため,$\sum_s$ とする.(2.2) 式に示す HT 推定量との違いは,包含確率 π_i ではなく抽出確率 p_i を用いる点と,y_i/p_i の合計ではなく平均とする点である.

例題 2.5　HH 推定

前節の例題 2.4 で復元抽出した $n = 3$ の標本に基づいて,売上高の母集団総計 τ_y の HH 推定値を求めてみよう.表 2.3 は抽出された標本企業の売上高 y_i と抽出確率 p_i である.

表 2.3 復元抽出した企業

企業 i	1	1	3	標本平均	標本分散
売上高 y_i	576	576	74	$\bar{y} = 408.7$	$S_y^2 = 289.8^2$
抽出確率 p_i	.296	.296	.157		

HH 推定量は，各企業の売上高 y_i をその抽出確率 p_i で割った値の標本平均である．

$$\hat{\tau}_y = \frac{1}{n}\sum_s \frac{y_i}{p_i} = \frac{1}{3}\left(\frac{576}{.296} + \frac{576}{.296} + \frac{74}{.157}\right) = 1,456 \tag{2.14}$$

2.2.3　Hansen-Hurwitz 推定量の性質

性質 1. HH 推定量 $\hat{\tau}_y$ は不偏推定量である (2.4 節)．

$$E(\hat{\tau}_y) = \tau_y \tag{2.15}$$

復元抽出法における不偏推定量として，(2.12) 式の π_i を用いた HT 推定量と，(2.13) 式の HH 推定量のどちらがすぐれているか単純には決まらない．HH 推定量の利点は，後述のように，$V(\hat{\tau}_y)$ の不偏推定量の表現が簡単なことにある．

性質 2. HH 推定量の分散は次式となる (2.4 節)．

$$V(\hat{\tau}_y) = \frac{1}{n}\sum_U p_i\left(\frac{y_i}{p_i} - \tau_y\right)^2 \tag{2.16}$$

HT 推定量のときと同様に，HH 推定量の分散を小さくする p_i の定め方を，(2.16) 式に基づいて考えてみよう．仮にどの要素についても $y_i/p_i - \tau_y = 0$ となれば，$V(\hat{\tau}_y) = 0$ となる．つまり各要素の抽出確率を $p_i = y_i/\tau_y$ として，変数値 y_i に比例させるのがよい．現実には包含確率を $\pi_i \propto y_i$ とできないのと同じく，抽出確率についても厳密に $p_i \propto y_i$ とすることは不可能である．そのため補助変数値 x_i を用いて，$p_i \propto x_i$ とすることがある (第 4 章)．

例題 2.6　HH 推定量の分散
表 2.2 の母集団から $n = 3$ 社を復元抽出したときの HH 推定量 $\hat{\tau}_y$ の分散は

$$V(\hat{\tau}_y) = \frac{1}{n}\sum_U p_i\left(\frac{y_i}{p_i} - \tau_y\right)^2$$

$$= \frac{1}{3}\underbrace{\left\{.296 \times \left(\frac{576}{.296} - 1,416\right)^2 + \cdots\right\}}_{\text{母集団の 5 社}} = 344.2^2 \tag{2.17}$$

となる．仮に $n = 4$ 社を復元抽出するのであれば，(2.17) 式で乗じられている $1/3$

を 1/4 とすればよい. つまり $V(\hat{\tau}_y)$ は n に反比例する. また, $y_1/p_1 = 576/.296$ などの値が等しいほど, $V(\hat{\tau}_y)$ は小さくなる.

性質 3. HH 推定量の分散 $V(\hat{\tau}_y)$ の不偏推定量は次式となる (2.4 節).

$$\hat{V}(\hat{\tau}_y) = \frac{1}{n(n-1)} \sum_s \left(\frac{y_i}{p_i} - \hat{\tau}_y\right)^2 \tag{2.18}$$

HH 推定量の分散を推定するには, 標本の各要素の変数値 y_i ($i \in s$) と抽出確率 p_i さえ分かればよい. HT 推定量の分散を推定するには, 変数値 y_i と一次の包含確率 π_i だけでなく, 標本となった要素の全ての組み合わせについて二次の包含確率 π_{ij} が必要であった点に注意すること (2.1.2 節).

例題 2.7　HH 推定量の分散の推定

表 2.3 の標本を用いると, HH 推定量の分散 $V(\hat{\tau}_y)$ の推定値は以下となる.

$$\hat{V}(\hat{\tau}_y) = \frac{1}{n(n-1)} \sum_s \left(\frac{y_i}{p_i} - \hat{\tau}_y\right)^2$$

$$= \frac{1}{3 \times (3-1)} \underbrace{\left\{\left(\frac{576}{.296} - 1{,}456\right)^2 + \cdots\right\}}_{\text{標本の 3 社}} = 492.7^2 \tag{2.19}$$

HT 推定量の分散を推定した (2.10) 式や (2.11) 式に比べれば, HH 推定量の $\hat{V}(\hat{\tau}_y)$ は明らかに計算が容易である.

2.3　抽出ウェイト

2.3.1　抽出ウェイト

ここで以下の w_i を**抽出ウェイト** (sampling weight) あるいは**デザインウェイト** (design weight) と呼ぶ.

$$w_i = \begin{cases} \dfrac{1}{\pi_i}, & \text{非復元抽出法の場合} \\[2mm] \dfrac{1}{np_i}, & \text{復元抽出法の場合} \end{cases} \tag{2.20}$$

抽出ウェイトは明らかに $w_i > 0$ である．本書では抽出ウェイト w_i を中心として標本抽出法や推定量を説明していく．包含確率 π_i と抽出確率 p_i の使い分けが不要であり，推定量を簡潔に表現できるからである．なお抽出ウェイトとは，"抽出" のためのウェイトという意味ではない．"推定" 用のウェイトとして，標本抽出デザインだけを反映したことを意味する．本書では他に，事後層化ウェイト (6.4節) やキャリブレーションウェイト (7.3節) などを紹介する．

抽出ウェイト w_i を用いると，母集団総計 τ_y の HT 推定量と HH 推定量はいずれも次式で表すことができる．

$$\hat{\tau}_y = \sum_s w_i y_i = \sum_s \breve{y}_i \tag{2.21}$$

ただし $\breve{y}_i = w_i y_i$ である．母集団総計 τ_y の推定量 $\hat{\tau}_y$ は，変数値 y_i の抽出ウェイト w_i による加重標本総計である．そのため HT 推定量と HH 推定量をともに**線形推定量** (linear estimator) という．

例題 2.8　復元抽出における抽出ウェイト

表 2.4 は，2.2.2 節の例題 2.5 で用いた復元抽出標本である．復元抽出法では各企業の抽出ウェイトは $w_i = 1/np_i$ である．例えば企業 1 の抽出ウェイトは $w_1 = 1/(3 \times .296) = 1.13$ である．

表 2.4　復元抽出した企業の抽出ウェイト

企業 i	1	1	3	標本総計
売上高 y_i	576	576	74	1,226
抽出確率 p_i	.296	.296	.157	.748
抽出ウェイト w_i	1.13	1.13	2.12	4.38

売上高の母集団総計の推定値は，抽出ウェイトを用いると次式となる．

$$\hat{\tau}_y = \sum_s w_i y_i = 1.13 \times 576 + 1.13 \times 576 + 2.12 \times 74 = 1,456 \tag{2.22}$$

調査データとしては，包含確率 π_i や抽出確率 p_i の代わりに，抽出ウェイト w_i を保存しておいてもよい．

2.3.2　抽出ウェイトの役割

ここで抽出ウェイトの意味を明らかにするため，どの要素も値が 1 という変数 $y_i = 1 \ (i \in U)$ を考えよう．この変数 y の母集団総計 $\tau_y = \sum_U y_i = N$ は母集

団サイズである.また線形推定量 $\hat{\tau}_y = \sum_s w_i y_i = \sum_s w_i$ は,抽出ウェイトの標本総計となる.つまり抽出ウェイトの標本総計 $\sum_s w_i$ は,母集団サイズ N の線形推定量である.

$$\sum_s w_i = \hat{N} \tag{2.23}$$

このことから,抽出ウェイト w_i とは,第 i 要素が代表している母集団の要素の数と考えればよい.例えばある要素 i の抽出ウェイトが $w_i = 5$ であれば,その要素は母集団における要素 5 個を代表している.$w_i = 5$ を乗じた加重変数値 $\tilde{y}_i = w_i y_i$ は,母集団のうち要素 5 個分の合計の推定値となる.そして線形推定量 $\hat{\tau}_y = \sum_s \tilde{y}_i$ は,そのような加重変数値 $\tilde{y}_i$ を標本の全要素にわたって合計することで,母集団全体の総計を推定しているのである.なお抽出ウェイトが $w_i = 5$ だからといって,その要素が母集団のどれか特定の要素 5 個や,変数値が等しい要素 5 個を代表するわけではない.どの要素が 5 個を代表するのかによって推定値は変わってくる.この変動こそが標本誤差である.

調査データのチェック・審査を行うときには,変数 y_i の値を調べるだけでなく,加重変数 $\tilde{y}_i = w_i y_i$ の箱ヒゲ図などを描き,$\tilde{y}_i$ が極端な値をとる要素にも注目するとよい.現実の調査データは,例えば桁ズレなど回答者のミスや,入力ミスなどを含むことがある.限られた時間や労力でそのようなミスを見つけ,推定値の**非標本誤差**を減らすには,推定値に大きく影響する要素に重点を置くとよい.線形推定量は $\tilde{y}_i$ の標本総計であり,$\tilde{y}_i$ の値が極端な要素は推定値への影響が大きい.

母集団サイズの推定値 $\hat{N} = \sum_s w_i$ は,標本抽出デザインに応じて真の母集団サイズ N に一致することもあれば,一致しないこともある.例えば**単純無作為抽出法**(第 3 章)では一致するが,**確率比例抽出法**(第 4 章)ではふつう一致しない.一致する標本抽出デザインが必ずしも望ましいわけではない.なお,**キャリブレーション推定量**(7.3 節)は,$\hat{N} \neq N$ である抽出ウェイトを $\hat{N} = N$ となるよう調整し,推定値を求める方法と位置づけられる.

現実の調査では**無回答**は避けられない (11.4.1 節).無回答があるときでも,抽出ウェイト w_i は標本抽出デザインに基づき計算する[*2].例えば復元抽出法では,

---

[*2] 調査をしたところ,例えば死亡など目標母集団外の要素が標本に含まれていたとしても,抽出ウェイト w_i はあくまでも抽出した標本を基に算出する.つまり例えば n には死亡も含める.全数を抽出したのであれば常に $w_i = 1$ とする.

$w_i = 1/np_i$ の n は抽出標本 s のサイズである．回答標本 s_r のサイズ n_r ではない．そのため抽出ウェイトの回答標本総計 $\sum_{s_r} w_i$ は，ふつう母集団サイズ N より小さくなる．回答標本による線形推定量 $\hat{\tau}_y = \sum_{s_r} w_i y_i$ も過小となる．そこで無回答は完全に無作為であると仮定し (11.5.3節)，抽出ウェイトに回答率の逆数 n/n_r などを乗じることもある．11.5節では，無回答があるときのウェイト調整の考え方を紹介する．

例題 2.9　非復元抽出における抽出ウェイト

表 2.5 は，2.1.1 節の例題 2.1 で用いた非復元抽出標本である．

表 **2.5**　非復元抽出した企業の抽出ウェイト

企業 i	1	2	5	標本総計
売上高 y_i	576	380	94	1,050
包含確率 π_i	.648	.597	.569	1.814
抽出ウェイト w_i	1.544	1.674	1.757	4.974

例えば企業 1 の抽出ウェイトは $w_1 = 1/\pi_1 = 1.544$ である．母集団における企業 1.544 社を代表していると考えればよい．売上高の母集団総計の推定値は次式となる．

$$\hat{\tau}_y = \sum_s w_i y_i = 1.544 \times 576 + 1.674 \times 380 + 1.757 \times 94 = 1,498 \quad (2.24)$$

$w_1 y_1 = 1.544 \times 576$ は，企業 1 の売上高から推定した 1.544 社分の売上高合計である．(2.24) 式は，そのような値を標本の 3 企業について合計し，全社分の売上高総計 τ_y を推定している．

ところで抽出ウェイトの標本総計は $\hat{N} = \sum_s w_i = 4.974$ である．(2.24) 式の推定値 $\hat{\tau}_y = 1,498$ は，4.974 社分の売上高総計に相当するといえる．そこで仮に実際の母集団サイズ $N = 5$ が分かっていれば，(2.24) 式の $\hat{\tau}_y$ にさらに $N/\hat{N} = 5/4.974$ を乗じる方法が考えられる．母集団 1 社当たりの売上高平均を $\hat{\tau}_y/\hat{N}$ によって推定し，これに母集団サイズ N を乗じるのである．この推定量は**比推定量**の一つであり，5.1.3 節で説明する．

2.3.3　抽出ウェイトを用いた分散の推定量

母集団総計 τ_y の推定量 $\hat{\tau}_y$ については，HT 推定量と HH 推定量のいずれも，抽出ウェイト w_i を用いて $\hat{\tau}_y = \sum_s w_i y_i$ と表すことができる．しかし $\hat{\tau}_y$ の分

散の推定量 $\hat{V}(\hat{\tau}_y)$ に関しては，二つの推定量の間で事情が異なる．HT 推定量では $V(\hat{\tau}_y)$ の推定に二次の包含確率 π_{ij} が必要である．そのため抽出ウェイト w_i だけでは $\hat{V}(\hat{\tau}_y)$ を表現できないことが多い．例外は単純無作為抽出法 (3.1.3 節) や Poisson 抽出法 (4.3.2 節) などである．

HH 推定量については，$\hat{V}(\hat{\tau}_y)$ を次式で表すことができる．

$$\hat{V}(\hat{\tau}_y) = \frac{n}{n-1} \sum_s \left(w_i y_i - \frac{1}{n} \sum_s w_i y_i \right)^2$$
$$= \frac{n}{n-1} \sum_s \left(\breve{y}_i - \frac{1}{n} \sum_s \breve{y}_i \right)^2 = n S_{\breve{y}}^2 \quad (2.25)$$

つまり $\hat{V}(\hat{\tau}_y)$ は，加重変数 $\breve{y}_i = w_i y_i$ の標本分散 $S_{\breve{y}}^2$ に標本サイズ n を乗じればよい．ただし $\hat{V}(\hat{\tau}_y)$ が標本サイズ n に比例するわけではない．$S_{\breve{y}}^2$ が $(n-1)^{-1}$ を含むからである．$n/(n-1) \approx 1$ とすれば，$\hat{V}(\hat{\tau}_y)$ を小さくするには各 $\breve{y}_i = w_i y_i$ の絶対値を小さくする．そのためには標本サイズ n を大きくし，$w_i = 1/np_i$ を小さくする必要がある．

例題 2.10 **HH 推定量の分散の推定**

表 2.4 の標本を使って HH 推定量の分散を推定してみよう．売上高の母集団総計の推定値は，例題 2.5 で求めたように $\hat{\tau}_y = 1,456$ である．その分散 $V(\hat{\tau}_y)$ の推定値は次式となる．

$$\hat{V}(\hat{\tau}_y) = \frac{n}{n-1} \sum_s \left(w_i y_i - \frac{1}{n} \hat{\tau}_y \right)^2 = 492.7^2 \quad (2.26)$$

この結果は当然，抽出確率 p_i を用いて求めた (2.19) 式の結果と一致する．

2.4 補遺

HT 推定量 $\hat{\tau}_y$ の不偏性は以下のように導かれる．まず変数 I_i を，第 i 要素が標本 s に含まれれば 1，そうでなければ 0 をとる二値変数とする．

$$I_i = \begin{cases} 1, & i \in s \text{ のとき} \\ 0, & \text{そうではないとき} \end{cases} \quad (2.27)$$

I_i の期待値は $E(I_i) = \pi_i$ である．また $\hat{\tau}_y = \sum_s I_i y_i / \pi_i = \sum_U I_i y_i / \pi_i$ なので，以下のとおり HT 推定量は不偏推定量となる．

$$E(\hat{\tau}_y) = E\left(\sum_U I_i \frac{y_i}{\pi_i}\right) = \sum_U E(I_i)\frac{y_i}{\pi_i} = \sum_U y_i = \tau_y \qquad (2.28)$$

次に HT 推定量の分散 $V(\hat{\tau}_y)$ は以下のように導かれる．まず I_i と I_j の共分散は $C(I_i, I_j) = E(I_i I_j) - E(I_i)E(I_j) = \pi_{ij} - \pi_i \pi_j$ となる．これを

$$V(\hat{\tau}_y) = V\left(\sum_U I_i \frac{y_i}{\pi_i}\right) = \sum_{i \in U}\sum_{j \in U} C(I_i, I_j)\frac{y_i}{\pi_i}\frac{y_j}{\pi_j} \qquad (2.29)$$

に代入すれば，(2.5) 式が得られる．

HH 推定量 $\hat{\tau}_y$ の不偏性は以下のとおりである．確率 p_i に従って一つの要素を抽出するとき，y_i/p_i の期待値は $E(y_i/p_i) = \sum_U p_i y_i/p_i = \tau_y$ となる．復元抽出法では n 回の抽出は独立であるので，$\hat{\tau}_y$ の期待値は次式となる．

$$E(\hat{\tau}_y) = \frac{1}{n}\sum_s E\left(\frac{y_i}{p_i}\right) = \frac{n\tau_y}{n} = \tau_y \qquad (2.30)$$

次に，一つの要素を抽出するとき，y_i/p_i の分散が

$$V\left(\frac{y_i}{p_i}\right) = E\left[\left(\frac{y_i}{p_i} - \tau_y\right)^2\right] = \sum_U p_i \left(\frac{y_i}{p_i} - \tau_y\right)^2 \qquad (2.31)$$

となることから，ただちに (2.16) 式の HH 推定量の分散 $V(\hat{\tau}_y)$ が導かれる．

最後に，(2.18) 式の $\hat{V}(\hat{\tau}_y)$ の不偏性を導くには，まず以下の関係に注意する．

$$\sum_s \left(\frac{y_i}{p_i} - \hat{\tau}_y\right)^2 = \sum_s \left(\frac{y_i}{p_i} - \tau_y\right)^2 - n(\hat{\tau}_y - \tau_y)^2 \qquad (2.32)$$

$(y_i/p_i - \tau_y)^2$ の期待値は $nV(\hat{\tau}_y)$ なので，上式の第 1 項の期待値は $n^2 V(\hat{\tau}_y)$ となる．第 2 項の期待値は $nV(\hat{\tau}_y)$ である．これらを用いれば，(2.18) 式が $V(\hat{\tau}_y)$ の不偏推定量であることが導かれる．

3

単純無作為抽出法

単純無作為抽出法は最も基本的な標本抽出デザインである．最初に標本抽出の手順と母集団総計の推定量を説明する．特に抽出ウェイトを用いた推定量の表現は，他の標本抽出デザインにおける推定量の基礎となる．次に系統抽出法の手順と性質を紹介する．系統抽出法は単純無作為抽出法に替えて実際に用いられることが多い．最後に部分母集団総計の推定について考え方を説明する．

3.1 単純無作為抽出法

3.1.1 単純無作為抽出の方法

ここまでは標本抽出と推定量について，一般的な考え方を説明してきた．この 3.1 節と次の 3.2 節では，具体的な標本抽出の手順を見ていく．

まず，固定サイズデザインのうち，全ての可能な非復元抽出標本に対して等しい抽出確率 $p_{(s)}$ を与える標本抽出デザインを**非復元単純無作為抽出法**あるいは**非復元単純任意抽出法** (simple random sampling without replacement) という．全ての可能な標本の数は $T = {}_NC_n$ 個なので，各標本が選ばれる確率は $p_{(t)} = 1/T = 1/{}_NC_n$ となる．表 1.3 であれば，$p_{(t)} = 1/10$ とするパターン a が非復元単純無作為抽出法である．

実際に非復元単純無作為抽出を行う手順として，本書では三つを紹介する[*1)]．なお標本サイズ n の定め方に関しては，11.1 節を参照のこと．第一の手順は**逐一法** (draw by draw procedure) である．

1) 1 から N までの整数の一様乱数を一つ発生させ k とする．
2) 要素 k がまだ抽出されていなければ，標本として抽出する．
3) 標本サイズが n となるまで手順 1) と 2) を繰り返す．

第二の手順は**無作為ソート法** (random sorting procedure) である (Sunter, 1977b).

[*1)] 他の方法は Tillé (2006) を参照のこと．

1) 母集団の各要素に対し，0 と 1 の間の一様乱数をそれぞれ独立に与える．
2) 与えられた乱数の昇順 (降順) に要素を並び替える．
3) 先頭の n 個の要素を標本とする．

第三の手順は**選出棄却法** (selection-rejection procedure) である (Fan et al., 1962).

1) $n_0 = 0$ とする．
2) i を 1 から N まで一つずつ増やしながら，第 i 要素に対してそれぞれ以下の手続きを順に行う．なお，要素を並べておく順序は気にしなくてよい．
0 と 1 の間の乱数を一つ発生させ a_i とする．もし
$$a_i < \frac{n - n_{i-1}}{N - (i-1)} \tag{3.1}$$
であれば，第 i 要素を標本として抽出する．ただし n_{i-1} は，それまでに抽出された要素の数である．

逐一法は累計法を利用した抽出方法であり，手順の分かりやすさがその利点である．手順 2) で抽出された要素を枠から取り除いた上で，次の要素の抽出を行うこともある．無作為ソート法は特に抽出率 $f = n/N$ が高いとき，逐一法よりも効率的である．選出棄却法は，例えば行列に並んだ人から抽出する場合など，要素を一つ一つ順に処理するとき有用である．

なお逐一法の手順 2) で，一度抽出された要素であっても標本として再び選び出せば復元抽出となる．これを**復元単純無作為抽出法**あるいは**復元単純任意抽出法** (simple random sampling with replacement) という．

例題 3.1　非復元単純無作為抽出法

表 3.1 に示す $N = 20$ 社の母集団から，$n = 3$ の標本を非復元単純無作為抽出してみよう．無作為ソート法を用いることにする．

まず，各企業に独立に一様乱数を与える．表 3.1 の乱数の行がその結果である．乱数の値が最も大きい 3 企業は，企業 10, 2, 19 である．これら 3 企業が非復元単純無作為抽出標本 s である．

表 3.1 母集団 20 社の売上高

企業 i	1	2	3	4	5	6	7	8	9	10
売上高 y_i	576	380	74	292	94	158	636	479	236	639
乱数	.73	.89	.53	.41	.09	.58	.63	.04	.05	.90

	11	12	13	14	15	16	17	18	19	20	母集団総計	母集団分散
	465	133	84	565	25	660	65	148	209	62	$\tau_y = 5,980$	$\sigma_y^2 = 227.2^2$
	.27	.62	.19	.75	.11	.33	.36	.21	.88	.83		

3.1.2 単純無作為抽出法における推定

非復元単純無作為抽出法では，一次および二次の包含確率がそれぞれ次式となる．

$$\pi_i = \frac{{}_{N-1}C_{n-1}}{{}_N C_n} = \frac{n}{N}, \quad \pi_{ij} = \begin{cases} \dfrac{n}{N}, & i = j \text{ の場合} \\ \dfrac{n}{N}\dfrac{n-1}{N-1}, & i \neq j \text{ の場合} \end{cases} \quad (3.2)$$

また，復元単純無作為抽出法では各要素の抽出確率は $p_i = 1/N$ である．これらを用いて母集団総計 τ_y の HT 推定量あるいは HH 推定量を求めると，それぞれ以下のとおりとなる[*2]．

$$\begin{array}{cc}
\text{非復元単純無作為抽出法} & \text{復元単純無作為抽出法} \\
\hline
\hat{\tau}_y = N\bar{y} & \hat{\tau}_y = N\bar{y} \\
V(\hat{\tau}_y) = N^2(1-f)\dfrac{1}{n}\sigma_y^2 & V(\hat{\tau}_y) = N(N-1)\dfrac{1}{n}\sigma_y^2 \\
\hat{V}(\hat{\tau}_y) = N^2(1-f)\dfrac{1}{n}S_y^2 & \hat{V}(\hat{\tau}_y) = N^2\dfrac{1}{n}S_y^2
\end{array} \quad (3.3)$$

(3.3) 式に含まれる $\bar{y}$ は標本平均であり，σ_y^2 は母集団分散，S_y^2 は標本分散である．また $f = n/N$ は抽出率である．なお非復元単純無作為抽出法では，(2.8) 式の $\hat{V}_{\text{HT}}(\hat{\tau}_y)$ と (2.9) 式の $\hat{V}_{\text{YG}}(\hat{\tau}_y)$ とは一致する．

各式の意味を以下で見ていこう．まず母集団総計の推定量 $\hat{\tau}_y$ は，標本平均 $\bar{y}$ を母集団サイズ N で拡大すればよい．単純無作為抽出法では，どの要素も標本

[*2] 復元単純無作為抽出法で $V(\hat{\tau}_y) = N(N-1)\sigma_y^2/n$ となる理由は以下のように説明することもできる．要素を一つだけ単純無作為抽出することを繰り返すとき，抽出された要素の値 y_i の (N で割った) 分散は母集団分散 σ_y^2 にほぼ等しく，$N^{-1}\sum_U(y_i - \mu_y)^2 = (N-1)\sigma_y^2/N$ となる．そのため y_i に N/n を乗じた Ny_i/n の分散は $N^{-1}\sum_U(Ny_i/n - N\mu_y/n)^2 = N(N-1)\sigma_y^2/n^2$ となる．したがって n 個の独立な Ny_i/n の和である $\hat{\tau}_y = N\sum_s y_i/n$ の分散は $V(\hat{\tau}_y) = n \times N(N-1)\sigma_y^2/n^2 = N(N-1)\sigma_y^2/n$ となる．

としての選ばれやすさは等しい．そのため標本は，母集団をそのまま小さくした，いわば"縮図"になっていると期待できる．標本における変数 y の分布は，母集団における分布と同じような形をしているだろうということである．例えば母集団で男女の割合が半々であれば，標本においてもほぼ半々になると期待できる．したがって $\hat{\tau}_y = N\bar{y}$ が τ_y の合理的な推定量であることは直ちに了解できよう．

なお 1.3 節では，推定量の一つの例としてまさにこの $N\bar{y}$ を用いた．しかし (1.31) 式で不偏とならなかったのは，単純無作為抽出標本ではなかったためである．単純無作為抽出法では，$\hat{\tau}_y = N\bar{y}$ が τ_y の不偏推定量となる．

次に，推定量 $\hat{\tau}_y$ の分散 $V(\hat{\tau}_y)$ は σ_y^2 に比例し，n にほぼ反比例する．つまり標本サイズ n を大きくすれば，標本誤差は小さくなる．n は誤差の大きさを判断する一つの材料となるので，調査結果には n の値を付記する必要がある．母集団分散 σ_y^2 の方は，調査者がその大きさを決めることで標本誤差を小さくすることはできない．そこで**層化抽出法** (第 6 章) では，母集団を分割することで各グループ内の分散を小さくし，標本誤差を縮小しようとする．

非復元単純無作為抽出法では，$n = N$ とすれば $1 - f = 1 - n/N = 0$ なので，$V(\hat{\tau}_y) = 0$ となる．つまり全数調査とすれば標本誤差は生じない．この $1 - f$ を**有限母集団修正項** (finite population correction term; **fpc**) と呼ぶ．復元単純無作為抽出法では $1 - f$ が乗じられておらず，$n = N$ としても $V(\hat{\tau}_y) = 0$ とはならない．要素が重複し，全ての要素が選ばれるとは限らないからである．

推定量 $\hat{\tau}_y$ の分散 $V(\hat{\tau}_y)$ の推定量 $\hat{V}(\hat{\tau}_y)$ は，基本的に $V(\hat{\tau}_y)$ に含まれる母集団分散 σ_y^2 を標本分散 S_y^2 で置き換えればよい．ただし復元単純無作為抽出法ではさらに，$V(\hat{\tau}_y)$ の $N - 1$ を N で置き換える．なお $V(\hat{\tau}_y)$ と $\hat{V}(\hat{\tau}_y)$ を見比べれば，標本分散 S_y^2 は，非復元単純無作為抽出法では母集団分散 σ_y^2 の不偏推定量となっており，復元単純無作為抽出法では $(N-1)\sigma_y^2/N$ の不偏推定量となっていることが分かる．

例題 3.2　母集団総計の推定量の分散

表 3.1 に示す $N = 20$ 社から $n = 3$ 社を単純無作為抽出するとき，推定量 $\hat{\tau}_y$ の分散は次式となる．

$$V_{\text{SI}}(\hat{\tau}_y) = 20^2 \times \left(1 - \frac{3}{20}\right) \times \frac{227.2^2}{3} = 2{,}419^2 \tag{3.4}$$

$$V_{\text{SIR}}(\hat{\tau}_y) = 20 \times (20-1) \times \frac{227.2^2}{3} = 2,557^2 \qquad (3.5)$$

添字の SI は非復元単純無作為抽出法，SIR は復元単純無作為抽出法を表す．復元抽出では有限母集団修正項がないため，$V_{\text{SIR}}(\hat{\tau}_y)$ は $V_{\text{SI}}(\hat{\tau}_y)$ よりも若干大きくなる．

さらに図 3.1 は，標本サイズ n を 1 から $N = 20$ まで変えたときの標準誤差 $SE(\hat{\tau}_y) = \sqrt{V(\hat{\tau}_y)}$ である．n の増加とともに $SE(\hat{\tau}_y)$ は縮小する．しかしその縮小の程度は次第に緩やかとなる．また標本サイズ n が大きくなるほど，復元抽出法と非復元抽出法の差は広がる．非復元抽出法では $n = N$ とすると $SE(\hat{\tau}_y) = 0$ となるが，復元抽出法では $SE(\hat{\tau}_y) \neq 0$ である．

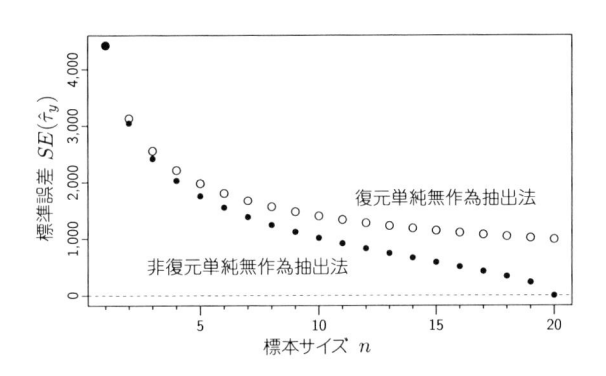

図 3.1 標本サイズに応じた推定量の標準誤差

3.1.3 抽出ウェイトを用いた推定量の表現

単純無作為抽出法では，復元・非復元ともに抽出ウェイト w_i は

$$w_i = \frac{N}{n}, \quad (i \in s) \qquad (3.6)$$

である．なお抽出ウェイトの標本総計 $\hat{N} = \sum_s w_i = N$ は母集団サイズに一致する．また (3.3) 式の推定量は，抽出ウェイト w_i を用いると以下のとおりとなる．

非復元単純無作為抽出法	復元単純無作為抽出法
$\hat{\tau}_y = \sum_s \breve{y}_i$	$\hat{\tau}_y = \sum_s \breve{y}_i$
$\hat{V}(\hat{\tau}_y) = (1-f)nS_{\breve{y}}^2$	$\hat{V}(\hat{\tau}_y) = nS_{\breve{y}}^2$

(3.7)

ただし $\check{y}_i = w_i y_i = N y_i / n$ であり，$S_{\check{y}}^2$ は $\check{y}_i$ の標本分散である．

$$S_{\check{y}}^2 = \frac{1}{n-1} \sum_s \left(\check{y}_i - \frac{1}{n} \hat{\tau}_y \right)^2 \tag{3.8}$$

(3.7) 式はいずれも覚えておくとよい表現である．まず母集団総計 τ_y の推定量は，加重変数 $\check{y}_i = w_i y_i$ の標本総計となる．また $V(\hat{\tau}_y)$ の推定量は，加重変数 $\check{y}_i$ の標本分散 $S_{\check{y}}^2$ に標本サイズ n を乗じたものとなる．ただし非復元抽出であれば有限母集団修正項 $1-f$ をさらに乗じる．あるいは非復元抽出法の $\hat{V}(\hat{\tau}_y) = (1-f) n S_{\check{y}}^2$ において $f = n/N$ の分母を $N \to \infty$ とし，$f = 0$ とおいたものが復元抽出法の $\hat{V}(\hat{\tau}_y) = n S_{\check{y}}^2$ であるとみなしてもよい．復元抽出法では $f = 0$ とするという考え方は，特に第 9 章の多段抽出法において有用となる．

例題 3.3　抽出ウェイトによる推定

3.1.1 節の例題 3.1 で非復元単純無作為抽出した標本を用いて，売上高の母集団総計 τ_y の推定値を求めてみよう．表 3.2 に標本企業の売上高 y_i と抽出ウェイト w_i，さらに抽出ウェイトによる加重売上高 $\check{y}_i = w_i y_i$ を示す．

表 3.2　線形推定のための加重売上高

企業 i	2	10	19	標本総計	標本分散
売上高 y_i	380	639	209	1,228	$S_y^2 = 216.5^2$
抽出ウェイト w_i	20/3	20/3	20/3	20	0
加重売上高 $\check{y}_i$	2,533	4,260	1,393	8,187	$S_{\check{y}}^2 = 1,443^2$

売上高の母集団総計 τ_y の推定値は，加重売上高 $\check{y}_i$ の標本総計である．

$$\hat{\tau}_y = \sum_s \check{y}_i = 2{,}533 + 4{,}260 + 1{,}393 = 8{,}187 \tag{3.9}$$

その分散の推定値は，加重売上高 $\check{y}_i$ の標本分散 $S_{\check{y}}^2$ に $(1-f)n$ を乗じればよい．

$$\hat{V}(\hat{\tau}_y) = (1-f) n S_{\check{y}}^2 = \left(1 - \frac{3}{20}\right) \times 3 \times 1{,}443^2 = 2{,}305^2 \tag{3.10}$$

仮に表 3.2 が復元単純無作為抽出法による標本であれば，母集団総計 τ_y の推定値は (3.9) 式と同じ $\hat{\tau}_y = 8{,}187$ である．$V(\hat{\tau}_y)$ の推定値は，(3.10) 式において $1-f$ を乗じなければよい．

$$\hat{V}(\hat{\tau}_y) = n S_{\check{y}}^2 = 3 \times 1{,}443^2 = 2{,}500^2 \tag{3.11}$$

3.2 系統抽出法

3.2.1 系統抽出の方法

系統抽出法 (systematic sampling) あるいは**等間隔抽出法**は,枠内の並び順に従い,一定の間隔で要素を次々と選び出す方法である (Madow and Madow, 1944). 後述のように好ましい性質をいくつか持つため,実際の調査では単純無作為抽出法に替えて系統抽出法を用いることも多い.

例えば表 3.1 に示す $N = 20$ 社から $n = 4$ 社を系統抽出するものとする.

1) まず,1 から N までの整数の乱数 a を一つ発生させる.この a を**スタート番号** (random start) と呼び,枠内で a 番目の要素を選び出す.例えば $a = 7$ であれば,企業 7 をまず標本として選ぶ.
2) 次に a から数えて d 番目,$2d$ 番目,$3d$ 番目,$\cdots$,$(n-1)d$ 番目の要素を標本に加える.この d を**抽出間隔** (sampling interval) と呼ぶ.例えば抽出間隔を $d = N/n = 5$ とすれば[*3)], $a + d = 12$ 番目,$a + 2d = 17$ 番目の企業を標本に加える.
3) さらに $a+3d = 22$ 番目の企業は存在しないので,先頭に戻って $a+3d-N = 2$ 番目の企業を標本に加える.
4) 以上の手順で選ばれた要素を標本とする.企業 2, 7, 12, 17 が標本である.

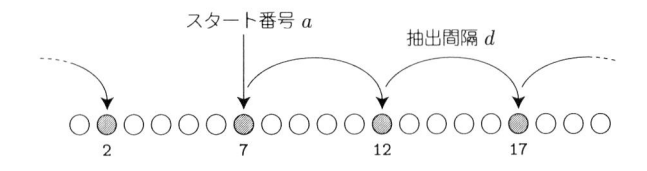

図 3.2 系統抽出法

[*3)] 抽出間隔は必ずしも $d = N/n$ に限るわけではないが,後述のとおり,枠内の要素の並び順に応じてなるべく広くとるのが望ましい.ただし地域内で調査員が標本を訪ね歩くときなど,実査上の都合から抽出間隔 d を小さくし,標本が広範囲に散らばらないようにすることもある.

3.2.2　系統抽出法の性質

性質 1. 実施が容易である．特に手作業で抽出を行わなければならないとき，乱数番目の要素を何度も数え直す必要がない．そのため単純無作為抽出法に比べ，系統抽出法の方が時間や手間がかからずに済む．

性質 2. 要素の並び順を工夫することで，特定の属性に偏ることなく標本を抽出できる．例えば標本を地域ごとや規模の順に並べておき，抽出間隔を広くとれば，標本は幅広い地域や規模をカバーする．そのため属性が偏るおそれのある単純無作為抽出法よりも，標本誤差は小さくなると期待できる．**層化抽出法** (第 6 章) と同様の効果が得られるのである．

　一方で要素の並び順に何らかの周期があり，それが抽出間隔と一致すると，かえって標本誤差は大きくなる．例えば枠内で個人が男女男女 $\cdots$ というように，男女が交互に並んでいるとき，抽出間隔を偶数とすると男性ばかり，あるいは女性ばかりの標本となってしまう．

性質 3. $V(\hat{\tau}_y)$ の不偏推定量を理論式によって表現することができない．例えば表 3.3 は，$N = 20$ 社から抽出間隔を $d = 5$ として，$n = 4$ 社を系統抽出するときの全ての可能な標本 $\mathcal{S}$ である．

表 3.3　全ての可能な系統抽出標本

標本	企業	推定値 $\hat{\tau}_y$
(1)	1, 6, 11, 16	9,295
(2)	2, 7, 12, 17	6,070
(3)	3, 8, 13, 18	3,925
(4)	4, 9, 14, 19	6,510
(5)	5, 10, 15, 20	4,100

　スタート番号を変えても，企業の組み合わせは全部で 5 通りに限られる．企業 1 と企業 2 が同時に標本として選ばれることはなく，二次の包含確率は $\pi_{1,2} = 0$ となる．母集団において要素の全ての組み合わせが $\pi_{ij} > 0$ という (2.8) 式や (2.9) 式の前提条件が満たされず，$V(\hat{\tau}_y)$ の不偏推定量は求められない．なお 8.2.1 節では，$\hat{V}(\hat{\tau}_y)$ が求まらない理由をより直観的に説明する．

3.2.3 系統抽出法における推定

母集団総計 τ_y を推定するには，抽出ウェイトを次式とすればよい．

$$w_i = \frac{N}{n}, \quad (i \in s) \tag{3.12}$$

例えば表 3.3 であれば，どの標本が選ばれても各企業の抽出ウェイトは $w_i = N/n = 20/4$ である．また表 3.3 には各標本から得られる推定値 $\hat{\tau}_y$ を示す．それらを用いると，推定量の分散 $V(\hat{\tau}_y)$ は以下となる．

$$V(\hat{\tau}_y) = \sum_{\mathcal{S}} \frac{1}{5}\left(\hat{\tau}_{y(s)} - \frac{1}{5}\sum_{\mathcal{S}}\hat{\tau}_{y(s)}\right)^2 = 1{,}951^2 \tag{3.13}$$

先述のとおり，この $V(\hat{\tau}_y)$ の不偏推定量は求められない．そのため実際には系統抽出標本であっても，単純無作為抽出標本とみなして $V(\hat{\tau}_y)$ を推定することが多い．他に $V(\hat{\tau}_y)$ の推定方法としては以下の方法もある[*4]．まず系統抽出標本 s からさらにサイズ $n' = n/R$ の標本を系統抽出し，標本 s を無作為に R 個に分割する (11.2.1 節)．r 個目の分割標本による推定値を $\hat{\tau}_y^{(r)}$ とすると，次式で $V(\hat{\tau}_y)$ を推定できる．

$$\hat{V}(\hat{\tau}_y) = \left(1 - \frac{n}{N}\right)\frac{1}{R(R-1)}\sum_{r=1}^{R}\left(\hat{\tau}_y^{(r)} - \hat{\tau}_y\right)^2 \tag{3.14}$$

あるいは母集団から標本を抽出する時点で，系統抽出を独立に R 回繰り返すこともある．系統抽出法の手順 1) を行う前に，要素を無作為に並び替えるのも一つの方法である (4.3.6 節)．並び替えによって企業 1 と企業 2 が抽出間隔 d やその倍数をおいて並ぶ可能性が出てくる．つまり要素の全ての組み合わせが $\pi_{ij} > 0$ となる．ただし無作為に並び替えると先の性質 2. で述べた層化の効果がなくなり，系統抽出法の利点が一つ失われる．

3.3 部分母集団に関する推定

3.3.1 部分母集団とは

ときには母集団全体の特性値だけではなく，母集団の一部である**部分母集団**の特性値を推定したいこともある．例えば日本全国ではなく，ある特定地域の企業の売上高総計や，日本人成人のうち男性あるいは女性の中でのある意見に対する

[*4] この他にも Wolter (2007) は系統抽出法における $V(\hat{\tau}_y)$ の推定法をいくつか紹介している．

賛成の割合などである．

例として表 3.4 を見てみよう．表は，母集団企業 $N=20$ 社の売上高に加え，各企業の所在地 (市・郡) を示したものである．

表 3.4 母集団 20 社の売上高と地域

企業 i	1	2	3	4	5	6	7	8	9	10
売上高 y_i	576	380	74	292	94	158	636	479	236	639
所在地	市	市	市	市	市	市	市	市	郡	郡
$\delta_{市,i}$	1	1	1	1	1	1	1	1	0	0

	11	12	13	14	15	16	17	18	19	20	母集団総計
	465	133	84	565	25	660	65	148	209	62	$\tau_y = 5{,}980$
	郡	郡	郡	郡	郡	郡	郡	郡	郡	郡	—
	0	0	0	0	0	0	0	0	0	0	8

ここでは母集団のうち，市部に属す 8 社の売上高総計

$$\tau_{y,\,市} = \overbrace{576 + 380 + \cdots + 636 + 479}^{市部の8社} = 2{,}689 \tag{3.15}$$

を推定したいものとする．もし郡部の企業には全く関心がないのであれば，市部の企業だけを含む枠を用いて標本抽出を行えばよい．以下では調査の主な目的は全地域の企業の売上高総計 τ_y の推定であり，それと同時に市部の企業についても推定したいという状況を考える．

3.3.2 部分母集団総計の線形推定

ところで (3.15) 式に示す市部の売上高総計 $\tau_{y,\,市}$ は，市部に属すか否かに応じて 1 または 0 を売上高 y_i に乗じた値の母集団総計として表せることに注意しよう．

$$\tau_{y,\,市} = \overbrace{1\times 576 + 1\times 380 + \cdots + 1\times 636 + 1\times 479}^{市部の8社}$$
$$+ \underbrace{0\times 236 + 0\times 639 + \cdots + 0\times 209 + 0\times 62}_{郡部の12社} = 2{,}689 \tag{3.16}$$

つまり部分母集団総計も母集団総計の一種とみなせる．

以下では記号を用いて問題を整理する．目的とする部分母集団を U_d とする．表 3.4 では $U_d = \{1, 2, \ldots, 8\}$ である．また，第 i 要素が部分母集団 U_d に属す

か否かを表す二値変数を $\delta_{d,i}$ とする.

$$\delta_{d,i} = \begin{cases} 1, & \text{第 } i \text{ 要素が } U_d \text{ に属す場合} \\ 0, & \text{第 } i \text{ 要素が } U_d \text{ に属さない場合} \end{cases} \quad (3.17)$$

表 3.4 には,各企業が市部にあるかどうかを表す二値変数 $\delta_{市,i}$ の値を示す.変数 y の部分母集団総計 $\tau_{y,d}$ は,この二値変数 $\delta_{d,i}$ を用いると次式となる.

$$\tau_{y,d} = \sum_{U_d} y_i = \sum_{U_d} 1 \times y_i + \sum_{U-U_d} 0 \times y_i = \sum_U \delta_{d,i} y_i \quad (3.18)$$

y_i に $\delta_{d,i}$ を乗じた新たな変数を $y_{d,i} = \delta_{d,i} y_i$ と表すことにしよう.$y_{d,i}$ は,第 i 要素が部分母集団 U_d に属していれば y_i,そうでなければ 0 という値をとる変数である.部分母集団総計 $\tau_{y,d}$ は,この新たな変数 $y_{d,i}$ の母集団総計 $\sum_U y_{d,i}$ となる.そのため変数 y_i の代わりに変数 $y_{d,i}$ を用いれば,これまでの説明の枠組みを使って部分母集団に関する推定を行えることになる[*5].

例えば非復元単純無作為抽出標本では,部分母集団総計 $\tau_{y,d}$ の HT 推定量 $\hat{\tau}_{y,d}$ およびその分散 $V(\hat{\tau}_y)$,さらにその推定量 $\hat{V}(\hat{\tau}_{y,d})$ は以下のとおりとなる.

$$\hat{\tau}_{y,d} = \sum_s \check{y}_{d,i} = \sum_s w_i y_{d,i} = \sum_s w_i \delta_{d,i} y_i = \frac{N}{n} \sum_s y_{d,i} \quad (3.19)$$

$$V(\hat{\tau}_{y,d}) = N^2(1-f)\frac{1}{n}\sigma^2_{y_d} \quad (3.20)$$

$$\hat{V}(\hat{\tau}_{y,d}) = (1-f)nS^2_{\check{y}_d} = N^2(1-f)\frac{1}{n}S^2_{y_d} \quad (3.21)$$

ただし $\check{y}_{d,i} = w_i y_{d,i} = N\delta_{d,i} y_i / n$ であり,$\sigma^2_{y_d}$ と $S^2_{y_d}$ はそれぞれ変数 $y_{d,i}$ の母集団分散と標本分散である.部分母集団に関する線形推定を行うときには,部分標本だけを取り出し,それに応じて抽出ウェイト w_i を変えるわけではないことに注意すること.抽出ウェイト w_i は標本抽出デザインを反映したものであるから,母集団全体に関する推定のときと同じ値を用いる.

例題 3.4　部分母集団総計の推定

表 3.5 の標本に基づいて,市部の企業の売上高総計 $\tau_{y,市}$ を推定してみよう.

標本は,表 3.4 に示すサイズ $N = 20$ の母集団から非復元単純無作為抽出したものである.企業 2 の 1 社だけが市部である.市部売上高 $y_{市,i} = \delta_{市,i} y_i$ は,市部であれば売上高 y_i,そうでなければ 0 という値をとる変数である.

[*5]　他の方法については Rao (2003) や Longford (2005) を参照のこと.

表 3.5 部分母集団に関する推定のための市部売上高

企業 i	2	10	19	標本総計
売上高 y_i	380	639	209	1,228
地域	市	郡	郡	—
市部売上高 $y_{\text{市},i}$	380	0	0	380
抽出ウェイト w_i	20/3	20/3	20/3	20

まず HT 推定値 $\hat{\tau}_{y,\text{市}}$ は,抽出ウェイト w_i による市部売上高 $y_{\text{市},i}$ の加重標本総計とすればよい.

$$\hat{\tau}_{y,\text{市}} = \sum_s w_i y_{\text{市},i} = \frac{20}{3}(380 + 0 + 0) = 2{,}533 \tag{3.22}$$

結果として,市部に属す企業 2 の $\check{y}_2 = w_2 y_2 = 20/3 \times 380$ が HT 推定値となる.仮に母集団において市部の企業は $N_\text{市} = 8$ 社であることが分かっているとしても,抽出ウェイトを $w_2 = 8/1$ とはしない.直感的に導かれる推定量 $\hat{\tau}_{y,d,\text{N}} = 8 \times 380$ については 5.1.3 節を参照のこと.

次に,HT 推定量の分散 $V(\hat{\tau}_{y,\text{市}})$ の推定値は以下のとおりとなる.

$$\hat{V}(\hat{\tau}_{y,\text{市}}) = (1-f)\frac{n}{n-1}\sum_s \left(w_i y_{\text{市},i} - \frac{1}{n}\hat{\tau}_{y,\text{市}}\right)^2 = 2{,}336^2 \tag{3.23}$$

郡部の企業 10 や企業 19 も,変数値を $y_{\text{市},i} = 0$ として $\hat{V}(\hat{\tau}_{y,\text{市}})$ の計算に用いる.(3.23) 式の n は抽出された標本サイズ $n = 3$ であり,市部に属する標本企業数ではない.市部の標本企業が 1 社であっても $\hat{V}(\hat{\tau}_{y,\text{市}})$ が求まるのはこのためである[*6].このような $V(\hat{\tau}_{y,d})$ の推定量は直感的には理解しにくいが,部分母集団総計 $\tau_{y,d}$ を (3.18) 式で定義すれば,論理的に導かれる結果である.

なお表 3.4 を用いると,$n = 3$ の標本を非復元単純無作為抽出したときの HT 推定量 $\hat{\tau}_{y,\text{市}}$ の分散は次式となる.

$$V(\hat{\tau}_{y,\text{市}}) = N^2(1-f)\frac{1}{n}\sigma^2_{y_\text{市}} = 2{,}282^2 \tag{3.24}$$

[*6] もちろん,標本企業が 1 社であっても問題ないといっているわけではない.この小さな例は説明のための例にすぎず,実際には十分な大きさの標本を確保するよう調査を設計する必要がある.

4

確率比例抽出法

確率比例抽出法は，補助変数を利用した標本抽出法の一つである．適切な補助変数を利用すれば，単純無作為抽出法よりも線形推定量の精度は向上する．章の前半では，確率比例抽出のための具体的な手順をいくつか紹介する．また後半では，標本抽出デザインの"非"効率性を表す指標であるデザイン効果を導入する．

4.1 確率比例抽出法

4.1.1 確率比例抽出法とは

再び企業の売上高を例とする．目的は，表 4.1 に示す母集団企業 $N = 20$ 社の売上高総計 $\tau_y = 5{,}980$ を知ることである．そこで標本調査を行うことにする．売上高 y については，標本となった n 社の値しか調べられない．しかし資本金 x については，あらかじめ 20 社全ての値が分かっているものとしよう．この資本金という情報を使って抽出方法を工夫し，単純無作為抽出を行うよりも推定量の精度を上げられないだろうか．

表 4.1 母集団 20 社の売上高と資本金

企業 i	1	2	3	4	5	6	7	8	9	10
売上高 y_i	576	380	74	292	94	158	**636**	479	236	**639**
資本金 x_i	47	31	25	34	22	19	**57**	42	36	**60**

	11	12	13	14	15	16	17	18	19	20	母集団総計
	465	133	84	**565**	25	**660**	65	148	209	62	$\tau_y = 5{,}980$
	51	15	15	**54**	19	**52**	19	15	28	22	$\tau_x = 663$

表 4.1 によれば，資本金 50 以上の大企業は 20 社のうち太字で示す 5 社であり，全体の 4 分の 1 に過ぎない．しかし売上高は，この 5 社の合計 $636 + \cdots + 660 = 2{,}965$ が母集団総計 $\tau_y = 5{,}980$ のほぼ半分を占める．単純無作為抽出法では，大企業もその他の中小企業も標本として選ばれる確率は等しい．仮に標本が中小企業ばかりとなれば，大企業も含めた母集団総計 τ_y を中小企業の売上高だけで推定し

なければならず，推定値 $\hat{\tau}_y$ は真値 τ_y から大きく外れる可能性が高い．

そこで，資本金が大きい企業をなるべく多く選んではどうだろう．母集団総計 τ_y のうちの大半は標本によって確実に調べられる．推定が必要な割合は小さくなり，推定量の精度は同じサイズの単純無作為抽出法よりも向上するであろう．つまり売上高と資本金の間に高い相関があることがあらかじめ分かっているのであれば，大企業ほど多く選ぶことで，推定量の精度はよくなると期待できる．もちろん，単純な引き延ばし $N\bar{y}$ では過大な推定値となってしまう．適切な不偏推定量が必要である．

大企業ほど多く選ぶ一つの方法は，母集団をあらかじめ大企業とそれ以外のグループとに分け，大企業グループの抽出率を高くすることである．グループに分割するこの方法を**層化抽出法**と呼ぶ (第6章)．もう一つの方法は，各企業の抽出確率 p_i あるいは包含確率 π_i を資本金 x_i に比例させることである．資本金 x_i が大きな企業ほど，標本として選ばれやすくするのである．

一般に各要素の抽出確率 p_i あるいは包含確率 π_i を補助変数 x_i に比例させる標本抽出デザインを，**確率比例抽出法**あるいは**規模比例確率抽出法** (probability proportional-to-size sampling) という．

$$p_i \propto x_i \quad \text{あるいは} \quad \pi_i \propto x_i, \quad (i \in U) \tag{4.1}$$

HT 推定量の分散を表現した (2.6) 式では，固定サイズの非復元抽出法において，包含確率 π_i を y_i に比例させると $V(\hat{\tau}_y) = 0$ となる．また，HH 推定量の分散を表現した (2.16) 式によれば，抽出確率 p_i を変数 y_i に比例させた復元抽出法では $V(\hat{\tau}_y) = 0$ となる．つまり各企業の π_i や p_i をその売上高 y_i に比例させれば，標本誤差のない推定ができる．しかし実際には，調査をしてはじめて売上高 y_i が分かる．$\pi_i \propto y_i$ や $p_i \propto y_i$ とすることは現実には不可能である．そこで y_i の代わりに，y_i との相関が高い補助変数 x_i を用いる．π_i や p_i を資本金 x_i に比例させ，$\pi_i \propto x_i$ あるいは $p_i \propto x_i$ とするのである．変数 x と y の間の相関が高ければ，単純無作為抽出法よりも推定量の精度は高くなると期待できる．

具体的な標本抽出の手順や推定量は後ほど述べることにして，ここでは重要な点を三つ指摘しておく．第一は，目的とする変数 y との相関が高い変数を補助変数 x にするという点である．資本金の大きな企業は売上高も大きいからこそ，選

ばれやすくする*1). また調査では，ふつう目的とする変数は複数個ある．それらの変数の多くが補助変数 x と相関が高いときに，確率比例抽出法は有用である．例えば規模の大きな企業は，一般に売上高に限らず利益など他の変数の値も大きい．また，要素を**集落**というまとまりごとに選ぶ**集落抽出法**でも，集落サイズを補助変数とした確率比例抽出法は有効である (8.2.3 節). 変数の集落総計は，集落サイズとの相関が高いことが多いからである．一方で個人を対象とする社会調査などでは，推定量の精度向上を目的として，対象者の間で包含確率を変えることは少ない．変数間の相関が必ずしも高くはなく，利用できる補助変数も限られるからである．個人の包含確率を等しくする方が，変数群全体としてみれば精度は高いことが多い．確率比例抽出法は，むしろ個人の包含確率を等しくする手段として，二段抽出法の一段目でよく用いられる (9.2.1 節).

重要な点の第二は，正の値を持つ変数を補助変数 x にするという点である．(4.1) 式において確率を負とするわけにはいかない．第三は，補助変数 x の値は母集団の全要素についてあらかじめ分かっている必要があるという点である．資本金は公表されており，前もって知ることができる．

4.2 復元確率比例抽出の方法

4.2.1 復元確率比例抽出法

まず復元抽出法の場合を考えよう．$\sum_U p_i = 1$ という制約があるので，抽出確率 p_i を補助変数 x_i に比例させると次式となる．

$$p_i = \frac{x_i}{\tau_x} \propto x_i, \quad (i \in U) \tag{4.2}$$

$\tau_x = \sum_U x_i$ は補助変数 x の母集団総計である．表 4.1 でいえば，母集団企業 20 社の資本金総計である．なお (4.2) 式の p_i を (2.20) 式に代入すれば，抽出ウェイト w_i は次式となる．

$$w_i = \frac{1}{np_i} = \frac{\tau_x}{nx_i}, \quad (i \in s) \tag{4.3}$$

(4.2) 式の確率 p_i に従って標本を復元抽出するには，**累計法**を利用すればよい (例題 2.4). あるいは以下の **Lahiri の方法**もある (Lahiri, 1951).

---

*1) したがって例えば従業者数の方が目的とする変数との相関が高いのであれば，従業者数を補助変数として利用する方がよい．

1) 補助変数 $x_1, \ldots, x_N$ の最大値を $X = \max x_i$ とする.
2) 1 から N までの整数の一様乱数を一つ発生させ, k とする. また, 0 と X の間の一様乱数を一つ発生させ, a とする.
3) 第 k 要素の補助変数値 x_k が $a \leq x_k$ であれば, 第 k 要素を標本として抽出し, そうでなければ抽出しない.
4) 上記 2) から 3) の手続きを, 重複も含めて n 個の要素が抽出されるまで繰り返す.

Lahiri の方法では, 確率 p_i の累積や, 乱数と累積確率との比較が不要である. そのため特に N が大きいとき有用である.

例題 4.1　復元確率比例抽出法

Lahiri の方法を用いて, 表 4.2 の母集団から $n = 3$ の標本を, 資本金で復元確率比例抽出してみよう. $N = 20$ 社の資本金 x の最大値は $X = 60$ である.

表 4.2　母集団 20 社の資本金

企業 i	1	2	3	4	5	6	7	8	9	10
資本金 x_i	47	31	25	34	22	19	57	42	36	60

	11	12	13	14	15	16	17	18	19	20	最大値
	51	15	15	54	19	52	19	15	28	22	$X = 60$

まず 1 から $N = 20$ までの一様乱数として $k = 11$ が得られたとする. また 0 と $X = 60$ との間の一様乱数として $a = 42$ が得られたとする. 企業 11 の資本金は $a = 42 \leq x_{11} = 51$ なので, 企業 11 を標本として抽出する. 同様に二つの乱数の組を発生させ, $k = 6$ と $a = 58$ が得られたとする. $a = 58 \leq x_6 = 19$ ではないので, この乱数の組は破棄する. 以上の手順を $n = 3$ 社が抽出されるまで繰り返した結果が表 4.3 である.

抽出ウェイトは, 例えば企業 7 は $w_7 = \tau_x/(nx_7) = 663/(3 \times 57) = 3.88$ となる. 企業 7 は母集団における 3.88 社を代表していると解釈できる. 企業 17 は抽出ウェイトが $w_{17} = 663/(3 \times 19) = 11.63$ であり, 企業 7 よりも多い 11.63 社を代表している. つまり, 資本金が小さい企業の方が抽出ウェイトが大きく, 多くの母集団企業を代表することになる.

資本金の違いに応じた抽出ウェイトの差は, 次のように考えればよい. 資本金

表 4.3 復元確率比例抽出標本の加重変数

企業 i	資本金 x_i	抽出確率 p_i	抽出ウェイト w_i	売上高 y_i	加重売上高 $w_i y_i$	加重資本金 $w_i x_i$
7	57	.086	3.88	636	2,466	221
11	51	.077	4.33	465	2,015	221
17	19	.029	11.63	65	756	221
標本総計	127	.192	19.84	1,166	5,237	663

で確率比例抽出をすると，資本金が大きい企業のほとんどは標本として選ばれている．そのため極端にいえば，大企業は自社だけを代表すればよい．他の大企業の分まで代表する必要はない．一方，資本金が小さな企業は標本として選ばれにくい．たまたま選ばれた1社が，他の多数の小企業を代表しなければならないのである．

抽出ウェイト w_i の標本総計は $\sum_s w_i = 19.84$ である．これは母集団サイズ $N = 20$ の推定値である (2.3.2節)．単純無作為抽出法では $\hat{N}$ が真の母集団サイズ N に一致したが，確率比例抽出法では必ずしも一致しない．

4.2.2 復元確率比例抽出法における線形推定

復元確率比例抽出法では，母集団総計 τ_y の不偏推定量として HH 推定量を用いればよい．HH 推定量は，抽出ウェイト $w_i = \tau_x/(nx_i)$ による加重変数 $\breve{y}_i = w_i y_i$ の標本総計である．

$$\hat{\tau}_y = \sum_s \breve{y}_i = \sum_s w_i y_i = \frac{\tau_x}{n} \sum_s \frac{y_i}{x_i} \tag{4.4}$$

なお，抽出に用いた補助変数 x に関しては，推定量 $\hat{\tau}_x$ が真値 τ_x に一致する．

$$\hat{\tau}_x = \sum_s w_i x_i = \frac{\tau_x}{n} \sum_s \frac{x_i}{x_i} = \tau_x \tag{4.5}$$

HH 推定量の分散 $V(\hat{\tau}_y)$ は，(2.16) 式に $p_i = x_i/\tau_x$ を代入して次式となる．

$$V(\hat{\tau}_y) = \frac{\tau_x}{n} \sum_U x_i \left(\frac{y_i}{x_i} - \frac{\tau_y}{\tau_x} \right)^2 \tag{4.6}$$

繰り返しになるが，ある係数 R を用いて $y_i/x_i = R$ であれば，$V(\hat{\tau}_y) = 0$ となる．さらにここでは，(4.6) 式の復元確率比例抽出法の $V_{\text{PPS}}(\hat{\tau}_y)$ と復元単純無作為抽出法の $V_{\text{SIR}}(\hat{\tau}_y)$ とを比較することで，確率比例抽出法が効率的となる条件を調べてみよう．両者の差は次式となる (Lehtonen and Pahkinen, 2004)．

$$V_{\text{SIR}}(\hat{\tau}_y) - V_{\text{PPS}}(\hat{\tau}_y) = \frac{N^2}{n}\sigma_{x,y^2/x}$$
$$= \frac{N^2}{n(N-1)} \sum_U \left(x_i - \frac{1}{N}\tau_x \right) \left(\frac{y_i^2}{x_i} - \frac{1}{N} \sum_U \frac{y_i^2}{x_i} \right) \quad (4.7)$$

確率比例抽出法の $V_{\text{PPS}}(\hat{\tau}_y)$ がより小さいのは，変数 x と y^2/x の母集団共分散 $\sigma_{x,y^2/x}$ が大きいときである．そのためには変数 x と y の相関が高いだけでは不十分である．y_i/x_i がある程度一定となる必要がある．つまり変数 x と y を使って散布図を描いたとき，要素がある程度直線的に分布するだけでなく，その真ん中を貫く直線が原点近くを通るときに確率比例抽出法はより効率的となる．

$V(\hat{\tau}_y)$ の推定量は，(2.18) 式あるいは (2.25) 式を用いて次式のとおりとなる．

$$\hat{V}(\hat{\tau}_y) = n S_{\tilde{y}}^2 = \frac{\tau_x^2}{n(n-1)} \sum_s \left(\frac{y_i}{x_i} - \frac{1}{n} \sum_s \frac{y_i}{x_i} \right)^2 = \frac{\tau_x^2}{n} S_{y/x}^2 \quad (4.8)$$

つまり $\hat{V}(\hat{\tau}_y)$ は y_i/x_i の標本分散 $S_{y/x}^2$ に比例する．

例題 4.2　母集団総計の推定

表 4.3 の標本を用いて，売上高 y の母集団総計 τ_y を推定してみよう．加重売上高 $\tilde{y}_i = w_i y_i$ の標本総計が τ_y の推定値であり，標本分散 $S_{\tilde{y}}^2$ に標本サイズ n を乗じた値が $V(\hat{\tau}_y)$ の推定値である．

$$\hat{\tau}_y = \sum_s w_i y_i = 2,466 + 2,015 + 756 = 5,237 \quad (4.9)$$

$$\hat{V}(\hat{\tau}_y) = n S_{\tilde{y}}^2 = 3 \times 886.2^2 = 1,535^2 \quad (4.10)$$

さらに (4.9) 式は，抽出時の補助変数である資本金 x_i を用いれば，

$$\hat{\tau}_y = \frac{\tau_x}{n} \sum_s \frac{y_i}{x_i} = 663 \times \frac{1}{3} \left(\frac{636}{57} + \frac{465}{51} + \frac{65}{19} \right) \quad (4.11)$$

と表すこともできる．この (4.11) 式の $\hat{\tau}_y$ は，抽出ウェイト w_i による解釈の他に，以下のような解釈もできる．まず，標本には大企業が多く含まれるので，標本における資本金や売上高の分布は母集団から見て歪んでいる．売上高の標本平均 $\bar{y}$ をそのまま母集団サイズ N で拡大するわけにはいかない．そこで売上高 y_i のままとするのではなく，各標本企業について資本金 1 円当たりの売上高 y_i/x_i を求める．これによって企業間の資本金の違いを帳消しにし，大企業と中小企業とを比較可能にする．そして y_i/x_i の標本平均 $n^{-1} \sum_s y_i/x_i$ によってまず資本金 1 円当たりの売上高を推定する．これを母集団における資本金総計 $\tau_x = 663$

で拡大するのである．なお単純無作為抽出法であっても，資本金という補助情報を使った推定ができるのではないかという考え方もあろう．第 5 章で説明する比推定量がその一つの方法である．

推定量の分散 $V(\hat{\tau}_y)$ は，表 4.1 と (4.6) 式を用いると次式となる．

$$V(\hat{\tau}_y) = \frac{\tau_x}{n} \sum_U x_i \left(\frac{y_i}{x_i} - \frac{\tau_y}{\tau_x} \right)^2 = 1,222^2 \quad (4.12)$$

復元単純無作為抽出法では，(3.5) 式のように $V_{\text{SIR}}(\hat{\tau}_y) = 2,557^2$ である．資本金 x で確率比例抽出すれば，標準誤差を約半分にできる (4.4.1 節)．

資本金 x の母集団総計 $\tau_x = 663$ はあらかじめ分かっている．あえて推定してみると，$\hat{\tau}_x = \sum_s w_i x_i = 221 + 221 + 221 = 663$ となって真値 τ_x に一致する．また加重変数値 $\check{x}_i$ は，3 企業全てが $\check{x}_i = w_i x_i = 221$ である．その標本分散は $S_{\check{x}}^2 = 0$ であり，$\hat{\tau}_x$ の分散 $V(\hat{\tau}_x)$ の推定値も $\hat{V}(\hat{\tau}_x) = 0$ となる．

4.3 非復元確率比例抽出の方法

4.3.1 非復元確率比例抽出法

次は非復元抽出法である．包含確率 π_i を補助変数 x_i に比例させると

$$\pi_i = \frac{E(n)x_i}{\tau_x} = \frac{n_s x_i}{\tau_x} \propto x_i, \quad (i \in U) \quad (4.13)$$

となる．$\sum_U \pi_i = E(n) = n_s$ だからである (1.2.6 節)．固定サイズデザインでは $\sum_U \pi_i = n$ なので，$\pi_i = n x_i / \tau_x$ となる．

なお包含確率 π_i は，確率なので $\pi_i \leq 1$ を満たす必要がある．しかし x_i が大きな要素では，$n_s x_i / \tau_x > 1$ となることがある．それらの要素は前もって枠から取り除いておき，抽出後に標本へ加えたり，全ての要素が $n_s x_i / \tau_x \leq 1$ となるよう母集団を補助変数 x で層化 (第 6 章) しておくなどの事前処置が必要である．以下では全ての要素が $n_s x_i / \tau_x \leq 1$ を満たすものとする．

母集団総計 τ_y の不偏推定量を求めるには，HT 推定量 $\hat{\tau}_y = \sum_s w_i y_i$ を利用すればよい．抽出ウェイトは次式となる．

$$w_i = \frac{1}{\pi_i} = \frac{\tau_x}{n_s x_i}, \quad (i \in s) \quad (4.14)$$

固定サイズデザインでは $w_i = \tau_x/(nx_i)$ であり，復元確率比例抽出法の w_i に等

しい．また，抽出に用いた補助変数 x については，HT 推定量は $\hat{\tau}_x = \tau_x$ となって真値に一致する．ただし固定サイズデザインでないときには，一般に $\hat{\tau}_x \neq \tau_x$ である．

ところで HT 推定量 $\hat{\tau}_y$ の分散 $V(\hat{\tau}_y)$ の推定には，二次の包含確率 π_{ij} が必要である．この π_{ij} は標本の抽出手続きに応じて決まる．手続きによっては要素の組み合わせごとに π_{ij} の計算が必要な上に，その計算式も非常に複雑なことがある．仮に全ての π_{ij} を求めても，$V(\hat{\tau}_y)$ の不偏推定値が負になることもある (2.1.2 節)．そのため抽出率 $f = n/N$ が小さいときには[*2]，実際の抽出は非復元抽出であっても復元抽出を仮定することが多い．HT 推定量の分散の推定量を，(4.8) 式に示す復元抽出法の $\hat{V}(\hat{\tau}_y)$ で代替するのである (Durbin, 1953)．一般に復元抽出法の方が推定量の分散が大きいため，標本誤差を過大に見積もることになる．しかし過小に見積もるよりは問題は少ないであろう．本書でも，第 5 章以降で確率比例抽出を扱うときには復元抽出を前提とする．

なお抽出率 f が高くなるときには，そもそも確率比例抽出法の採用自体を検討し直すのがよい．$n_s x_i / \tau_x > 1$ となる要素が増え，抽出がうまくいかないからである．補助変数 x_i で層化 (第 6 章) をして層内は単純無作為抽出としたり，場合によっては全数抽出とすることも選択肢の一つである．

包含確率を $\pi_i = n_s x_i / \tau_x$ とするような非復元抽出の手続きは数多く考案されてきた．包含確率が厳密に $\pi_i = n_s x_i / \tau_x$ とならなかったり，抽出手順や二次の包含確率の算出方法が難しいなど，いずれの方法も決定的ではないためである．また，抽出手続きによっては HT 推定量の他に適切な推定量がある．本書では代表的な方法をいくつか紹介する[*3]．

4.3.2 Poisson 抽出法

まず，**Poisson 抽出法** (Poisson sampling) を利用する方法である (Hájek, 1964)．手順は以下のとおりである．

1) 0 と 1 の間の一様乱数を一つ発生させ，a_1 とする．$a_1 < n_s x_1 / \tau_x = \pi_1$ ならば要素 1 を標本として抽出し，そうでなければ抽出しない．ただし n_s は

[*2] 目安として Research Triangle Institute (2008) は $f < 10\%$ を挙げている．
[*3] 詳細や他の方法は Hanif and Brewer (1980), Brewer and Hanif (1983), Chaudhuri and Vos (1988), Tillé (2006) を参照のこと．

目標とする標本サイズ $n_s = E(n)$ である.
2) 手順1) と同様の作業を母集団の全要素に対してそれぞれ独立に行う.
3) 選ばれた全要素を標本 s とする.

なお手順1) および手順2) において, $\pi_i = n_s x_i/\tau_x$ の代わりにどの要素も一定の包含確率を用いる抽出法を **Bernoulli 抽出法** (Bernoulli sampling) と呼ぶ. 例えば $\pi_i = 1/2$ であれば, 各人がそれぞれ独立にコインを投げ, 表が出た人だけを標本とすることに相当する.

Poisson 抽出法の利点は, 一次の包含確率が $\pi_i = n_s x_i/\tau_x$ であり, 二次の包含確率は $\pi_{ij} = \pi_i \pi_j$ と簡潔に表現できる点である. しかし難点は, 固定サイズデザインではない点である. 実際に抽出される標本のサイズ n は標本によって変わり, あらかじめ固定できない. $n = 0$ となる可能性さえある. さらに, 補助変数 x の母集団総計 τ_x であっても HT 推定量の分散は $V(\hat{\tau}_x) \neq 0$ である.

HT 推定量の分散 $V(\hat{\tau}_y)$ およびその推定量 $\hat{V}(\hat{\tau}_y)$ は, (2.5) 式と (2.8) 式に $\pi_{ij} = \pi_i \pi_j$ を代入して以下となる.

$$V(\hat{\tau}_y) = \sum_U \left(\frac{1}{\pi_i} - 1\right) y_i^2 \qquad (4.15)$$

$$\hat{V}(\hat{\tau}_y) = \sum_s (1 - \pi_i) \frac{y_i^2}{\pi_i^2} = \sum_s w_i(w_i - 1) y_i^2 \qquad (4.16)$$

なお, 抽出される標本サイズ n のバラツキを抑える方法として**配列抽出法** (collocated sampling) がある (Brewer et al. 1972; 1984). 手順1) で独立に発生させた一様乱数 a_i を用いる代わりに, $a_i = (L_i - \varepsilon)/N$ を用いるのである. ただし L_i は N 個の要素を無作為に並び替えたときの第 i 要素の順番 ($L_i = 1, \ldots, N$) であり, ε は 0 と 1 の間の一様乱数である. $a_1, \ldots, a_N$ が一様に "配列" されるため, Poisson 抽出法よりは n の変動が小さいと期待できる.

例題 4.3　Poisson 抽出法

表 4.4 に示す $N = 20$ 社を母集団として, 資本金 x で Poisson 抽出をしてみよう. 目標とする標本サイズは $n_s = E(n) = 3$ とする. 各企業の包含確率は $\pi_i = n_s x_i/\tau_x = 3x_i/663$ となる. 表 4.4 には, 各企業に対してそれぞれ独立に与えた 0 と 1 の間の一様乱数 a_i も示す. $a_i < \pi_i$ となる企業 $4, 8, 14, 16$ の $n = 4$ 社が標本である. 目標とした標本サイズ $n_s = 3$ に対して, 実際には $n = 4$ 社が

表 4.4 Poisson 抽出のための包含確率

企業 i	1	2	3	4	5	6	7	8	9	10
資本金 x_i	47	31	25	34	22	19	57	42	36	60
包含確率 π_i	.213	.140	.113	.154	.100	.086	.258	.190	.163	.271
乱数 a_i	.259	.695	.481	.008	.342	.239	.416	.187	.823	.292

	11	12	13	14	15	16	17	18	19	20	母集団総計
	51	15	15	54	19	52	19	15	28	22	$\tau_x = 663$
	.231	.068	.068	.244	.086	.235	.086	.068	.127	.100	3.000
	.611	.125	.899	.171	.733	.113	.578	.957	.203	.452	

抽出された. 抽出を再び行えば, n はまた異なる可能性がある.

表 4.5 に示す標本を用いると, 売上高 y の母集団総計 τ_y と推定量の分散 $V(\hat{\tau}_y)$ の推定値は, それぞれ以下のとおりとなる.

$$\hat{\tau}_y = \sum_s w_i y_i = 9{,}536, \quad \hat{V}(\hat{\tau}_y) = \sum_s w_i(w_i - 1) y_i^2 = 4{,}272^2 \qquad (4.17)$$

また, 推定量の分散 $V(\hat{\tau}_y)$ は, 表 4.1 と (4.15) 式を用いると次式となる.

$$V(\hat{\tau}_y) = \sum_U \left(\frac{1}{\pi_i} - 1 \right) y_i^2 = 3{,}263^2 \qquad (4.18)$$

復元確率比例抽出法では, 線形推定量の分散は (4.12) 式にあるように $V(\hat{\tau}_y) = 1{,}222^2$ である. 非復元抽出法であるにもかかわらず Poisson 抽出法の $V(\hat{\tau}_y) = 3{,}263^2$ の方が大きいのは, 固定サイズデザインではないためである. Poisson 抽出法では, サイズを用いた**比推定量** (5.1.3 節) など, 母集団情報を利用する推定量を採用し, 推定量の分散を抑えるとよい.

表 4.5 Poisson 抽出標本の加重変数

企業 i	資本金 x_i	包含確率 π_i	抽出ウェイト w_i	売上高 y_i	加重売上高 $w_i y_i$	加重資本金 $w_i x_i$
4	34	.154	6.50	292	1,898	221
8	42	.190	5.26	479	2,520	221
14	54	.244	4.09	565	2,312	221
16	52	.235	4.25	660	2,805	221
標本総計	182	.824	20.10	1,996	9,536	884

なお抽出に用いた資本金 x については, 母集団総計の推定値が $\hat{\tau}_x = \sum_s w_i x_i = 884$ となって, 真値 $\tau_x = 663$ に一致しない.

4.3.3　Sunter の方法

標本サイズ n を固定した上で非復元確率比例抽出を行う方法として，まず **Sunter の方法**は以下のとおりである (Sunter, 1977b; 1986)．

1) 母集団の要素を補助変数 x が大きい方から小さい方へと並べ替え，ラベル i を順に $1, \ldots, N$ と付け直す．
2) 0 と 1 の間の一様乱数を一つ発生させ，a_1 とする．$a_1 < nx_1/\tau_x$ であれば，要素 1 を標本として抽出する．
3) $i \geq 2$ の要素に対して，要素が並んだ順に，以下の手続きを n 個の要素が抽出されるまで繰り返す．ただし $nx_k > \tau_x - \sum_{j=1}^{k-1} x_j$ となる要素 k が現れるか，最後から n 番目の要素となったときには繰り返しを止める．

    0 と 1 の間の一様乱数を一つ発生させ，a_i とする．もし，
    $$a_i < (n - n_{i-1}) \frac{x_i}{\tau_x - \sum_{j=1}^{i-1} x_j} \tag{4.19}$$
    であれば，第 i 要素を抽出する．ただし n_{i-1} はそれまでに抽出された要素の数である．
4) 手順 3) で n 個の要素が抽出されていなければ，不足分を残りの要素の中から非復元単純無作為抽出する．

Sunter の方法は，単純無作為抽出法の**選出棄却法**を拡張した方法である．補助変数 x_i が大きく，手順 3) で抽出される要素は，一次の包含確率が $\pi_i = nx_i/\tau_x$ となる．しかし補助変数 x_i が小さく，手順 4) で抽出される要素では $\pi_i \propto x_i$ とならない．二次の包含確率は $\pi_{ij} < \pi_i \pi_j$ を満たすので，(2.9) 式は必ず $\hat{V}_{\mathrm{YG}}(\hat{\tau}_y) \geq 0$ となる．

4.3.4　Sampford の方法

Sampford の方法も，標本サイズ n を固定した上で非復元確率比例抽出を行う方法である (Sampford, 1967)．

1) 母集団の第 i 要素に抽出確率 $p_i = x_i/\tau_x$ を与え，これに従って一つの要素を抽出する．
2) 母集団の第 i 要素に対して以下の抽出確率を与える．
$$p'_i = c \frac{x_i}{\tau_x - nx_i}, \quad (i \in U) \tag{4.20}$$

c は $\sum_U p'_i = 1$ とするための基準化定数である．
3) 手順 1) で抽出された要素も含めた N 個の要素から，抽出確率 p'_i を用いて $n-1$ 個の要素を復元確率比例抽出する．
4) 抽出した標本 s に重複した要素が含まれていれば，その標本は破棄し，手順 1) から再度抽出を行う．

一次の包含確率は全ての要素が $\pi_i = nx_i/\tau_x$ となる上に，(2.9) 式は $\hat{V}_{\mathrm{YG}}(\hat{\tau}_y) \geq 0$ となる．ただし抽出率 $f = n/N$ が高いと，手順 4) で破棄される可能性が高く，効率が悪い．なお **Brewer** の方法 (Brewer, 1963a)，**Rao** の方法 (Rao, 1965)，**Durbin** の方法 (Durbin, 1967) は，いずれも一次および二次の包含確率が標本サイズを $n=2$ とした Sampford の方法の包含確率と等しく (Hedayat and Sinha, 1991)，その特別な場合とみなせる．

4.3.5　Midzuno の方法

Midzuno の方法は以下のとおりである (Midzuno, 1952).

1) 母集団の第 i 要素に対し，以下の抽出確率を与える．
$$p_i = \frac{nx_i}{\tau_x}\left(\frac{N-1}{N-n}\right) - \frac{n-1}{N-n}, \quad (i \in U) \tag{4.21}$$
この抽出確率 p_i の母集団総計は $\sum_U p_i = 1$ である．
2) 抽出確率 p_i に従って一つの要素を抽出する．
3) 抽出された要素を枠から取り除き，$N-1$ 個の要素から $n-1$ 個の要素を非復元単純無作為抽出する．
4) 抽出された全ての要素を標本 s とする．

一次の包含確率は $\pi_i = p_i + (1-p_i)(n-1)/(N-1) = nx_i/\tau_x$ である．二次の包含確率は次式で簡潔に表現でき，(2.9) 式は $\hat{V}_{\mathrm{YG}}(\hat{\tau}_y) \geq 0$ となる．
$$\pi_{ij} = \frac{n-1}{N-2}\left(\pi_i + \pi_j - \frac{n}{N-1}\right), \quad (i, j \in U) \tag{4.22}$$
ただし手順 1) で $p_i \geq 0$ が成り立つには，全ての要素について $\pi_i = nx_i/\tau_x > (n-1)/(N-1)$ となる必要がある．補助変数 x の分布によっては，この条件は必ずしも満たされない．

ところで標本 s が選ばれる確率 $p_{(s)}$ を，補助変数 x の標本総計 $\sum_s x_i$ に比例させる標本抽出デザインを**総規模比例抽出法**[*4)] (probability proportionate to sum of sizes sampling) という．表 1.3 のパターン b がその一例である．各 $p_{(t)}$ を標本 3 社の資本金合計に比例させている．利点は伝統的な**比推定量**が不偏となることである (5.1.2 節)．Midzuno の方法はこの総規模比例抽出法にも利用できる．そのためには手順 1) において，(4.21) 式の確率 p_i の代わりに $p_i = x_i/\tau_x$ を用いればよい．

4.3.6 系統抽出法

非復元確率比例抽出を行う手続きとしては，**系統抽出法** (3.2 節) を利用することが多い (Madow, 1949)．手順が簡単な上に直感的に分かりやすいためであろう．緩やかな層化の効果が得られる (3.2.2 節) という系統抽出法の利点も大きい．

1) 母集団の要素ごとに，補助変数 x_i の相対的な値 $v_i = x_i/\tau_x$ を求める．
2) 要素の並び順に従い，相対値 v_i を $\sum_{j \leq i} v_j$ と累積する．
3) 0 と 1 の間の一様乱数を一つ発生させ，スタート値 a とする．要素が並んだ順に見て，相対値の累積が a をはじめて超える要素を標本とする．
4) 抽出間隔を d とし，同様に累積相対値がそれぞれ $a+d, \ldots, a+(n-1)d$ をはじめて超える要素を標本とする．

一次の包含確率は $\pi_i = nx_i/\tau_x$ となる．しかし $\pi_{ij} = 0$ となる要素の組み合わせがあり，$V(\hat{\tau}_y)$ の不偏推定量は理論的に求められない．

ただし手順 1) を行う前に枠内で要素を無作為に並べ替えておくと (Goodman and Kish, 1950)，この問題を回避できる．二次の包含確率が全て正となるからである (3.2.2 節)．N が十分に大きく抽出率 $f = n/N$ が小さいとき，$V(\hat{\tau}_y)$ は

$$V(\hat{\tau}_y) \approx \sum_U \pi_i \left(1 - \frac{n-1}{n}\pi_i\right)\left(\frac{y_i}{\pi_i} - \frac{\tau_y}{n}\right)^2 \quad (4.23)$$

で近似でき，その推定量は次式で近似できる (Hartley and Rao, 1962)．

$$\hat{V}(\hat{\tau}_y) \approx \frac{1}{2(n-1)}\sum_{i \in s}\sum_{j \in s}\left[1 - (\pi_i + \pi_j) + \frac{1}{n}\sum_U \pi_i^2\right]\left(\frac{y_i}{\pi_i} - \frac{y_j}{\pi_j}\right)^2 \quad (4.24)$$

[*4)] 本書の著者による和訳である．

全ての要素が $\pi_i = n/N$ のときには，(4.23) 式は $V(\hat{\tau}_y) \approx N(N-1)(1-f+N^{-1})n^{-1}\sigma_y^2$ となる．また (4.24) 式は $\hat{V}(\hat{\tau}_y) \approx N^2(1-f)n^{-1}S_y^2$ となり，非復元単純無作為抽出法のときの $V(\hat{\tau}_y)$ や $\hat{V}(\hat{\tau}_y)$ に近似的に等しい．

例題 4.4 系統抽出を利用した確率比例抽出法

表 4.6 の母集団から系統抽出を利用して，$n=3$ の標本を非復元確率比例抽出をしてみよう．

表 4.6 母集団 20 社の資本金と累積相対資本金

企業 i	1	2	3	4	5	6	7	8	9	10
資本金 x_i	47	31	25	34	22	19	57	42	36	60
相対資本金 v_i	.071	.047	.038	.051	.033	.029	.086	.063	.054	.090
累積相対資本金	.071	.118	.155	.207	.240	.268	.354	.418	.472	.563

	11	12	13	14	15	16	17	18	19	20	母集団総計
	51	15	15	54	19	52	19	15	28	22	$\tau_x = 663$
	.077	.023	.023	.081	.029	.078	.029	.023	.042	.033	1
	.640	.662	.685	.766	.795	.873	.902	.925	.967	1.000	—

まず $a = .429$ が得られたとする．抽出間隔を $d = 1/3$ とし，

$$a = .429, \quad a + .333 = .762, \quad a + .667 = 1.096 \tag{4.25}$$

の三つを使って例題 2.4 と同様に標本企業を抽出すればよい．ただし 1 を超えた値については 1 を引き，$a + .667 - 1 = 1.096 - 1 = .096$ を用いる．企業 $2, 9, 14$ が標本となる．

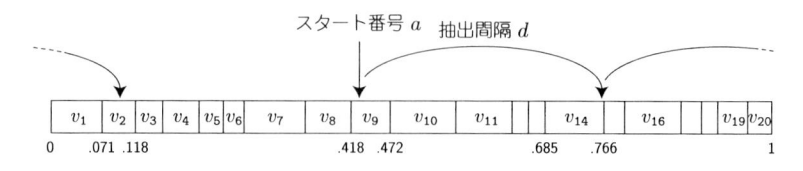

図 4.1 系統抽出を利用した確率比例抽出法

表 4.1 の売上高 y を用いると，母集団総計 τ_y の推定値は以下となる．

$$\hat{\tau}_y = \sum_s w_i y_i = 6{,}470 \tag{4.26}$$

仮に抽出前に企業を無作為に並び替えてあったとすれば，(4.24) 式を用いた $V(\hat{\tau}_y)$ の推定値は $\hat{V}(\hat{\tau}_y) \approx 926^2$ となる．

4.3.7　Rao-Hartley-Cochran の方法

Rao-Hartley-Cochran の方法は以下のとおりである (Rao et al., 1962).

1) まず母集団 U を無作為に n 個の部分母集団 $U_1, \ldots, U_n$ に分割する．

$$U = U_1 \cup \cdots \cup U_d \cup \cdots \cup U_n \tag{4.27}$$

部分母集団 U_d のサイズを N_d とし，補助変数 x の部分母集団総計を $\tau_{x,d} = \sum_{U_d} x_i$ とする．

2) 第 i 要素の抽出確率を $p_i = x_i/\tau_{x,d}$ $(i \in U_d)$ とし，部分母集団ごとに独立に 1 個の要素を抽出する．

3) 各部分母集団で抽出された要素の集合を標本 s とする．

包含確率は，厳密に $\pi_i = nx_i/\tau_x$ とはならない．また，RHCの方法で抽出された標本に対しては，HT 推定量の代わりに以下の簡潔な **Rao-Hartley-Cochran 推定量 (RHC 推定量)** が提案されている．

$$\hat{\tau}_{y,\mathrm{RHC}} = \sum_s \frac{y_i}{x_i} \tau_{x,d} \tag{4.28}$$

RHC 推定量は τ_y の不偏推定量である．その分散 $V(\hat{\tau}_{y,\mathrm{RHC}})$ と，さらにその不偏推定量 $\hat{V}(\hat{\tau}_{y,\mathrm{RHC}})$ は以下のとおりである．

$$V(\hat{\tau}_{y,\mathrm{RHC}}) = \frac{\sum_{d=1}^n N_d^2 - N}{N(N-1)} \sum_U \frac{x_i}{\tau_x} \left(\frac{y_i}{x_i} \tau_x - \tau_y \right)^2 \tag{4.29}$$

$$\hat{V}(\hat{\tau}_{y,\mathrm{RHC}}) = \frac{\sum_{d=1}^n N_d^2 - N}{N^2 - \sum_{d=1}^n N_d^2} \sum_s \frac{x_i}{p_i \tau_x} \left(\frac{y_i}{x_i} \tau_x - \hat{\tau}_{y,\mathrm{RHC}} \right)^2 \tag{4.30}$$

ただし $p_i = x_i/\tau_{x,d}$ は抽出のときの確率である．

部分母集団への分割を行うときには $N_1 = \cdots = N_n = N/n$ とするのがよい．RHC 推定量の分散が最小となるからである．

$$V(\hat{\tau}_{y,\mathrm{RHC}}) = \frac{\tau_x(N-n)}{n(N-1)} \sum_U x_i \left(\frac{y_i}{x_i} - \frac{\tau_y}{\tau_x} \right)^2 \tag{4.31}$$

この $V(\hat{\tau}_{y,\mathrm{RHC}})$ は，(4.6) 式の復元確率比例抽出法における HH 推定量の分散 $V(\hat{\tau}_y)$ に $(N-n)/(N-1) \approx 1-f$ を乗じたものとなる．さらに $\hat{V}(\hat{\tau}_{y,\mathrm{RHC}})$ は

次式となる.

$$\hat{V}(\hat{\tau}_{y,\text{RHC}}) = (1-f)\frac{\tau_x}{n-1}\sum_s \frac{x_i}{p_i}\left(\frac{y_i}{x_i} - \frac{1}{\tau_x}\sum_s \frac{y_i}{p_i}\right)^2 \qquad (4.32)$$

仮に $\tau_{x,1} = \cdots = \tau_{x,n}$ であれば，この $\hat{V}(\hat{\tau}_{y,\text{RHC}})$ は (4.8) 式の復元確率比例抽出法における HH 推定量の $\hat{V}(\hat{\tau}_y)$ に $1-f$ を乗じたものとなる.

例題 4.5 　RHC 推定量の分散

表 4.1 から，RHC の方法を用いて $n=3$ の標本を資本金で確率比例抽出するものとする. 部分母集団への分割は，$N_1 = 6$ と $N_2 = N_3 = 7$ とする. このとき RHC 推定量の分散は $V(\hat{\tau}_{y,\text{RHC}}) = 1{,}160^2$ となる. この値は，(4.12) 式の復元確率比例抽出法における $V(\hat{\tau}_y) = 1{,}222^2$ よりは小さく，これに有限母集団修正項 $1-f = 1-3/20$ を乗じた $1{,}127^2$ よりも少し大きい.

4.4 　デザイン効果

4.4.1 　デザイン効果とは

確率比例抽出法を採用する目的の一つは推定量の精度向上である. では単純無作為抽出法に比べ，精度はどの程度向上するのだろうか. 4.2.2 節では両デザインにおける推定量の分散の "差" を用いて効率性を比較した. しかし一般には分散の "比" を用いることが多い.

$$\text{Deff} = \frac{\text{ある標本抽出デザインにおける推定量の分散}}{\text{非復元単純無作為抽出法における推定量の分散}} \qquad (4.33)$$

この Deff を**デザイン効果** (design effect) と呼ぶ (Kish, 1965). デザイン効果としては次式の Deft を用いることもある (Tukey, 1968; Kish, 1987).

$$\text{Deft} = \left(\frac{\text{ある標本抽出デザインにおける推定量の分散}}{\text{復元単純無作為抽出法における推定量の分散}}\right)^{1/2} \qquad (4.34)$$

Deff との違いは分散比の平方根であることと，分母が復元抽出法であることである.

一般に標本サイズが大きくなれば，推定量の分散は小さくなる. したがってデザイン効果の分母は，もし同じサイズの標本を単純無作為抽出したら，という仮定の下での推定量の分散である. デザイン効果が 1 よりも大きければ，当該標本

抽出デザインは単純無作為抽出法よりも推定量の分散が大きく，効率が悪いことを意味する．逆にデザイン効果が 1 より小さい場合，当該標本抽出デザインは効率がよい．つまりデザイン効果は標本抽出デザインの "非" 効率性を表す指標の一つといえる．

有効標本サイズ (effective sample size) とは，デザイン効果に対する標本サイズ n の相対的な大きさである[*5] (Kish, 1965)．

$$n_{\text{EFF}} = \frac{n}{\text{Deff}} \quad (4.35)$$

有効標本サイズは，当該標本抽出デザインによる推定量と同じ精度の推定量を，単純無作為抽出法で得るために必要な標本サイズを表す．デザイン効果が 1 よりも小さければ，単純無作為抽出法ではより大きな標本が必要となる．逆にデザイン効果が 1 よりも大きければ，単純無作為抽出法の方が小さい標本で足りる．

デザイン効果が役立つ場面は多い．まず適切な標本抽出デザインを探る場面がある．本書ではデザイン効果を使って，層化抽出法における適切な層化基準 (6.2.2 節) や集落抽出法における望ましい集落の性質 (8.3.2 節) を考えていく．またデザイン効果は，複雑な標本抽出デザインの下で必要な標本サイズを見積もるために用いられることもある (11.1.2 節)．単純無作為抽出法を前提として算出した標本サイズに，デザイン効果を乗じるのである．したがって調査結果にデザイン効果の値を付記することは，将来の標本設計に役立つ．さらに信頼区間や検定統計量についても，まず単純無作為抽出法を前提として値を求め，次にそれをデザイン効果を使って修正することがある (12.2.4 節)．逆にいえば，デザイン効果が 1 とは大きく異なるとき，単純無作為抽出法を仮定した検定法や分析法をそのまま用いると，誤った結論を導きかねない．

デザイン効果の値に影響する要因としては，抽出ウェイトが一定かどうか，層化をしているかどうか (第 6 章)，集落を抽出単位としているかどうか (第 8 章) の主に三つがある．一般に，層化をするとデザイン効果は小さくなり，集落を抽出単位とするとデザイン効果は大きくなる．特に集落を用いるとデザイン効果は極端に大きくなりやすいので注意が必要である．

[*5] 復元抽出法における異なる要素の数を有効標本サイズと呼ぶことも多い．本書では有用性を考え，(4.35) 式に対する用語とした．

例題 4.6　復元確率比例抽出法のデザイン効果

表 4.1 の母集団を使って，復元確率比例抽出をしたときのデザイン効果を求めてみよう．標本サイズは $n=3$ とする．まず，標本を非復元あるいは復元単純無作為抽出したときの $V(\hat{\tau}_y)$ は，(3.4) 式あるいは (3.5) 式にあるように，$V_{\mathrm{SI}}(\hat{\tau}_y)=2{,}419^2$ と $V_{\mathrm{SIR}}(\hat{\tau}_y)=2{,}557^2$ となる．次に資本金 x で復元確率比例抽出したときの $V(\hat{\tau}_y)$ は，(4.12) 式にあるように，$V_{\mathrm{PPS}}(\hat{\tau}_y)=1{,}222^2$ となる．したがってデザイン効果は以下のとおりである．

$$\mathrm{Deff} = \frac{V_{\mathrm{PPS}}(\hat{\tau}_y)}{V_{\mathrm{SI}}(\hat{\tau}_y)} = \frac{1{,}222^2}{2{,}419^2} = 0.505 \tag{4.36}$$

$$\mathrm{Deft}^2 = \frac{V_{\mathrm{PPS}}(\hat{\tau}_y)}{V_{\mathrm{SIR}}(\hat{\tau}_y)} = \frac{1{,}222^2}{2{,}557^2} = 0.691^2 = 0.478 \tag{4.37}$$

資本金 x で復元確率比例抽出すれば，単純無作為抽出する場合に比べ，標本サイズは同じでも推定量の分散は約半分，標準誤差でいえば約 7 割にまで減らせることになる．

さらに有効標本サイズは次式となる．

$$n_{\mathrm{EFF}} = \frac{3}{\mathrm{Deff}} = 5.9 \tag{4.38}$$

この値は，復元確率比例抽出によって得られる $n=3$ の標本は，推定量の精度という点から見て，$n=5.9$ の非復元単純無作為抽出標本と同等ということを意味する．

4.4.2　デザイン効果の推定

デザイン効果 Deff あるいは Deft を求めるには，その分子・分母として推定量の分散 $V(\hat{\tau}_y)$ が必要である．しかし標本調査から得られるのは，$V(\hat{\tau}_y)$ の推定値 $\hat{V}(\hat{\tau}_y)$ である．つまりデザイン効果も推定することになる．本書ではデザイン効果の推定量を deff あるいは deft と表す[*6)]．

デザイン効果を推定するとき，分子は実際の標本抽出デザインに基づく $\hat{V}(\hat{\tau}_y)$ とすればよい．分母については，まず標本から母集団サイズの推定値 $\hat{N}=\sum_s w_i$ と母集団分散の推定値 $\hat{\sigma}_y^2$ (5.4 節) を求める．次に (3.3) 式の非復元単純無作為

[*6)]　推定量には ^ をつけるという原則に従えば $\widehat{\mathrm{Deff}}$ などとなるが，ハットが大きくなり過ぎるため，変則的に小文字を用いることで推定量を表す．

抽出法の $V(\hat{\tau}_y)$ にこれらを代入する.

$$\hat{V}_{\mathrm{SI}}(\hat{\tau}_y) = \hat{N}^2 \left(1 - \frac{n}{\hat{N}}\right) \frac{1}{n} \hat{\sigma}_y^2 \tag{4.39}$$

この $\hat{V}_{\mathrm{SI}}(\hat{\tau}_y)$ を deff の分母とすればよい. deft の場合には (4.39) 式の有限母集団修正項を $1 - n/\hat{N} = 1$ で置き換える.

$$\hat{V}_{\mathrm{SIR}}(\hat{\tau}_y) = \hat{N}^2 \frac{1}{n} \hat{\sigma}_y^2 \tag{4.40}$$

例題 4.7　デザイン効果の推定

表 4.3 の標本を使って復元確率比例抽出法のデザイン効果を推定してみよう. まず実際の標本抽出デザインである確率比例抽出法に基づいて $V(\hat{\tau}_y)$ の推定値を求めると, (4.10) 式のとおり $\hat{V}(\hat{\tau}_y) = 1{,}535^2$ となる.

次に母集団サイズ N の推定値は $\hat{N} = \sum_s w_i = 19.84$ であり, (5.68) 式による母集団分散 σ_y^2 の推定値は $\hat{\sigma}_y^2 = 88{,}617$ となる. これらを (4.39) 式と (4.40) 式に代入すると, $\hat{V}_{\mathrm{SI}}(\hat{\tau}_y) = 3{,}142^2$ と $\hat{V}_{\mathrm{SIR}}(\hat{\tau}_y) = 3{,}410^2$ が得られる. 以上をまとめると, デザイン効果の推定値は次式となる.

$$\mathrm{deff} = \frac{1{,}535^2}{3{,}142^2} = 0.239, \quad \mathrm{deft}^2 = \frac{1{,}535^2}{3{,}410^2} = 0.450^2 = 0.203 \tag{4.41}$$

5

比 推 定 量

 比推定量は，補助変数を利用した推定法の一つである．適切な補助変数を利用すれば，線形推定量よりも精度は向上する．章の前半では，比推定量の考え方と性質を説明する．次に比推定量の分散を導出するため，線形化変数を紹介する．線形化変数は，比推定量の他にも様々な推定量の分散の近似に利用できる．章の後半では母集団平均や母集団割合など，母集団総計以外の母集団特性値の推定量を説明する．

5.1 比 推 定 量

5.1.1 比推定量とは

 確率比例抽出法では，目的とする変数 y との相関が高い補助変数 x を利用して標本抽出を行い，推定量の精度を高めた．この補助変数 x を標本抽出の段階ではなく，推定の段階で利用する方法の一つが**比推定量**である．

 表5.1の例で考えてみよう．調査の目的は，企業の売上高 y の母集団総計 τ_y を知ることである．非復元単純無作為抽出標本に基づくHT推定値として，$\hat{\tau}_y = 8,187$ が得られたとする．このHT推定値 $\hat{\tau}_y = 8,187$ は，推定量が不偏であるという意味で，一つの合理的な推定値ではある．

表 **5.1** 資本金と売上高の母集団総計と推定値

	母集団総計	線形推定値
売上高 y	$\tau_y=$???	$\hat{\tau}_y = 8,187$
資本金 x	$\tau_x=$ 663	$\hat{\tau}_x=$ 793

 ここで，補助変数である資本金 x の母集団総計 $\tau_x = 663$ があらかじめ分かっているものとする．そのため資本金については調査の必要はない．しかし標本からあえて推定したところ，$\hat{\tau}_x = 793$ が得られたとする．真の資本金総計 $\tau_x = 663$ は，このHT推定値 $\hat{\tau}_x = 793$ の84%に当たる．したがって売上高 y についても，母集団総計 τ_y の推定値をHT推定値 $\hat{\tau}_y = 8,187$ の84%としてはどうだろうか．つまり次式を売上高総計 τ_y の新たな推定値とするのである．

5.1 比推定量

$$\hat{\tau}_{y,\mathrm{R}} = \frac{\tau_x}{\hat{\tau}_x}\hat{\tau}_y = \frac{663}{793} \times 8,187 = 6,844 \tag{5.1}$$

資本金 x については,真の τ_x と HT 推定値 $\hat{\tau}_x$ との間の"ズレ"具合を知ることができる.この"ズレ"の大きさを利用して,本来の目的である売上高総計の HT 推定値 $\hat{\tau}_y$ を補正するのである.売上高と資本金の間に高い正の相関があれば,線形推定量よりも分散が小さくなると期待できる.

一般に,二つの母集団総計の線形推定量 $\hat{\tau}_y$ と $\hat{\tau}_x$ の比 $\hat{R} = \hat{\tau}_y/\hat{\tau}_x$ を利用した推定量を**比推定量** (ratio estimator) という[*1].

$$\hat{\tau}_{y,\mathrm{R}} = \tau_x \hat{R} = \tau_x \frac{\hat{\tau}_y}{\hat{\tau}_x} = \tau_x \frac{\sum_s w_i y_i}{\sum_s w_i x_i} \tag{5.2}$$

添字の R は比を表す.ときには**母集団比** (population ratio) $R = \tau_y/\tau_x$ そのものを知ることが目的のこともある.以降の説明は,この R の推定にも直ちに応用できる.

比推定量の考え方を図 5.1 を使ってさらに説明しておく.資本金 x と売上高 y で母集団企業 $N = 100$ 社をプロットしたところ,図 5.1 の左が得られたとしよう.二つの変数間の**母集団相関係数**は $\rho_{xy} = .826$ と高い.実線は,売上高 y の資本金 x への原点 0 を通る**母集団回帰直線**であり,その傾きは $R = \mu_y/\mu_x = \tau_y/\tau_x$ である[*2].回帰直線とは,データの真ん中を貫く直線と考えればよい.

ここから $n = 3$ 社の標本を非復元単純無作為抽出し,資本金 x と売上高 y の母集団総計の線形推定値 $\hat{\tau}_x$ と $\hat{\tau}_y$ を求める.現実の調査では一組の $\hat{\tau}_x$ と $\hat{\tau}_y$ しか得られないが,図 5.1 の右はそのような抽出と推定を何度か繰り返したときの推定値の組の分布である.× 印が一回の抽出で得られた推定値の組を表す.二つの変数間の**母集団共分散** σ_{xy} が大きいときには,図 5.1 の右に示されるように,線形推定値 $\hat{\tau}_x$ と $\hat{\tau}_y$ の間にも高い正の相関が生じる.非復元単純無作為抽出法では,線形推定量 $\hat{\tau}_x$ と $\hat{\tau}_y$ の共分散は

$$C(\hat{\tau}_x, \hat{\tau}_y) = N^2(1-f)\frac{1}{n}\sigma_{xy} \tag{5.3}$$

となるからである (12.1.2 節).

[*1] 古典的な比推定量は,単純無作為抽出法の下で標本平均の比 $\bar{y}/\bar{x}$ あるいは標本総計の比を用いる.線形推定量の比 $\hat{\tau}_y/\hat{\tau}_x$ を用いる (5.2) 式の比推定量は,Brewer (1963b) あるいは Hájek (1971) によるものとされている.

[*2] 現実には売上高が 0 に近づいても資本金は 0 には近づかず,切片は 0 とはならないかもしれない.回帰直線が原点を通らないと考えられるときには回帰推定量 (第 7 章) を用いる.

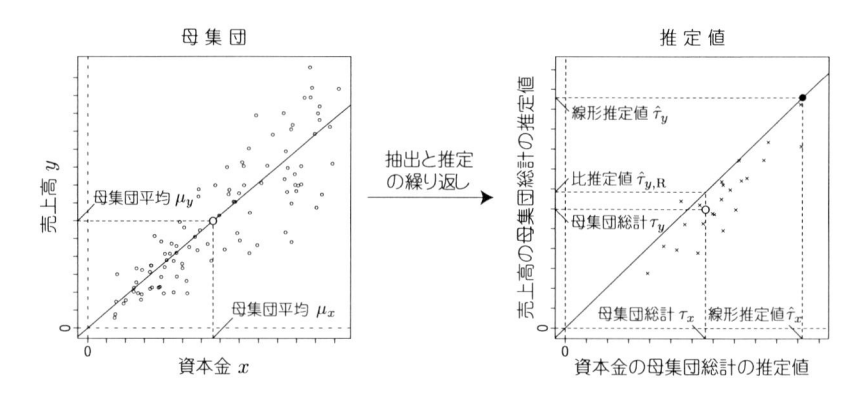

図 5.1 比推定量

仮に黒丸で示される線形推定値の組が得られたとしよう．実線は，原点を通る傾き $\hat{R} = \hat{\tau}_y/\hat{\tau}_x$ の直線である．この直線上で横軸の τ_x に対応する縦軸の値が比推定値 $\hat{\tau}_{y,\mathrm{R}} = \tau_x \hat{R}$ である．線形推定値 $\hat{\tau}_y$ に比べ，比推定値 $\hat{\tau}_{y,\mathrm{R}}$ は真の売上高総計 τ_y にかなり近くなる．他の線形推定値の組が得られても，それらから構成される比推定値 $\hat{\tau}_{y,\mathrm{R}}$ は真の母集団総計 τ_y の近くに集まる．つまり比推定量 $\hat{\tau}_{y,\mathrm{R}}$ は線形推定量 $\hat{\tau}_y$ に比べ分散が小さい．

なお二つの変数間の相関が負のときには，比推定量は偏りが大きくなるため適切ではない．代わりに以下の**積推定量** (product estimator) がある (Goodman, 1960).

$$\hat{\tau}_{y,\mathrm{P}} = \frac{\hat{\tau}_x}{\tau_x} \hat{\tau}_y \tag{5.4}$$

また補助変数が $K\,(\geq 2)$ 個あるとき，各補助変数を用いた比推定量を $\omega_1, \ldots, \omega_K$ で重みづけた以下の推定量を**多変量比推定量** (multivariate ratio estimator) という (Olkin, 1958).

$$\hat{\tau}_{y,\mathrm{MR}} = \omega_1 \frac{\tau_{x_{(1)}}}{\hat{\tau}_{x_{(1)}}} \hat{\tau}_y + \cdots + \omega_K \frac{\tau_{x_{(K)}}}{\hat{\tau}_{x_{(K)}}} \hat{\tau}_y \tag{5.5}$$

ただし $\omega_1 + \cdots + \omega_K = 1$ である．積推定量や多変量比推定量の詳細は Konijn (1973) や Cochran (1977) を参照のこと．

5.1.2 比推定量の性質

性質 1. 変数 y と x の間に正の高い相関があるとき，単純無作為抽出標本に基

づく比推定量は線形推定量よりも分散が小さい．この性質は，比推定量 $\hat{\tau}_{y,\mathrm{R}}$ の分散が次式で近似できる (5.2.2 節) ことから分かる．

$$V(\hat{\tau}_{y,\mathrm{R}}) \approx N^2(1-f)\frac{1}{n}\left(\sigma_y^2 + R^2\sigma_x^2 - 2R\sigma_{yx}\right) \tag{5.6}$$

$$= N^2(1-f)\frac{1}{n(N-1)}\sum_U (y_i - Rx_i)^2 \tag{5.7}$$

線形推定量 $\hat{\tau}_y$ の分散は $V(\hat{\tau}_y) = N^2(1-f)n^{-1}\sigma_y^2$ である．したがって変数 y と補助変数 x の相関が高く，y_i/x_i がある程度一定であれば，$(N-1)^{-1}\sum_U (y_i - Rx_i)^2 < \sigma_y^2$ となり，比推定量の方が分散が小さくなるのである．

(5.6) 式を用いれば，比推定量 $\hat{\tau}_{y,\mathrm{R}}$ の方が分散が小さくなる条件として，より具体的に以下を導くことができる．

$$\rho_{xy} > \frac{R\sigma_x}{2\sigma_y} = \frac{1}{2}\frac{\sigma_x/\mu_x}{\sigma_y/\mu_y} \tag{5.8}$$

σ_y/μ_y を**母集団変動係数** (population coefficient of variation) という．推定量の変動係数 $CV(\hat{\theta})$ (1.3.4 節) ではない．

(5.8) 式によれば，比推定量が必ずしも常に有利なわけではない．仮に母集団変動係数 σ_x/μ_x と σ_y/μ_y が等しければ，比推定量の方が分散が小さくなるのは，変数間の母集団相関係数 ρ_{xy} が 0.5 を超える場合に限る．もし補助変数 x の母集団変動係数 σ_x/μ_x が変数 y の σ_y/μ_y の 2 倍以上であれば，比推定量ではなく線形推定量を使う方がよい．

例題 5.1　比推定と線形推定

表 5.2 には，これまでの母集団企業 $N = 20$ 社の売上高 y と資本金 $x_{(1)}$ に加えて，設立からの年数 $x_{(2)}$ も示す．

表 **5.2**　母集団 20 社の売上高・資本金・年数

企業 i	1	2	3	4	5	6	7	8	9	10
売上高 y_i	576	380	74	292	94	158	636	479	236	639
資本金 $x_{i(1)}$	47	31	25	34	22	19	57	42	36	60
年　数 $x_{i(2)}$	29	23	73	4	19	32	28	36	11	36

11	12	13	14	15	16	17	18	19	20	母集団総計	母集団分散
465	133	84	565	25	660	65	148	209	62	5,980	51,617
51	15	15	54	19	52	19	15	28	22	663	243
118	12	6	56	11	22	48	52	24	22	662	716

この 20 社から $n = 3$ 社を非復元単純無作為抽出するものとする．(5.9) 式から (5.11) 式に示すのは，売上高 y の母集団総計 τ_y について，3 通りの推定量の分散を比較した結果である．ただし比推定量の分散は (5.6) 式に基づく．

$$V(\hat{\tau}_y) = 2{,}419^2 \quad : \text{線形推定量} \tag{5.9}$$

$$V(\hat{\tau}_{y,\mathrm{R}_{x_{(1)}}}) = 1{,}115^2 \quad : \text{資本金}\ x_{(1)} \text{を用いた比推定量} \tag{5.10}$$

$$V(\hat{\tau}_{y,\mathrm{R}_{x_{(2)}}}) = 3{,}175^2 \quad : \text{年数}\ x_{(2)} \text{を用いた比推定量} \tag{5.11}$$

資本金を用いた比推定量 $\hat{\tau}_{y,\mathrm{R}_{x_{(1)}}}$ では，標準誤差を線形推定量 $\hat{\tau}_y$ の半分以下に減らせる．しかし年数による比推定量 $\hat{\tau}_{y,\mathrm{R}_{x_{(2)}}}$ は線形推定量よりも精度が落ちる．売上高 y と資本金 $x_{(1)}$ との母集団相関係数は $\rho_{yx_{(1)}} = .946$ と大きいのに対し，年数 $x_{(2)}$ との母集団相関係数は $\rho_{yx_{(2)}} = .192$ と小さいことがその主因である．

性質 2. 単純無作為抽出法では，オーダー n^{-1} の偏りがある．

比推定量 $\hat{\tau}_{y,\mathrm{R}}$ の期待値は一般に次式となる (Hartley and Ross, 1954)．

$$E(\hat{\tau}_{y,\mathrm{R}}) = \tau_y - \frac{C(\hat{\tau}_{y,\mathrm{R}}, \hat{\tau}_x)}{\tau_x} \neq \tau_y \tag{5.12}$$

$C(\hat{\tau}_{y,\mathrm{R}}, \hat{\tau}_x)$ は比推定量 $\hat{\tau}_{y,\mathrm{R}}$ と線形推定量 $\hat{\tau}_x$ の共分散 (12.1.2 節) であり，ふつう 0 ではない．つまり比推定量 $\hat{\tau}_{y,\mathrm{R}}$ は一般に偏りを持つ．ただし偏り $B(\hat{\tau}_{y,\mathrm{R}})$ の相対的な大きさは，$\hat{\tau}_x$ の変動係数 $CV(\hat{\tau}_x)$ よりも小さい[*3]．

$$\frac{|E(\hat{\tau}_{y,\mathrm{R}}) - \tau_y|}{SE(\hat{\tau}_{y,\mathrm{R}})} \leq \frac{SE(\hat{\tau}_x)}{\tau_x} = CV(\hat{\tau}_x) \tag{5.13}$$

一般に標本サイズ n が大きいほど，標準誤差 $SE(\hat{\tau}_x)$ は小さくなる．そのため標本サイズ n が大きければ，比推定量の相対的な偏りも小さくなる．

特に非復元単純無作為抽出法では，比推定量 $\hat{\tau}_{y,\mathrm{R}}$ の偏りは次式で近似できる．

$$B(\hat{\tau}_{y,\mathrm{R}}) \approx N^2 (1-f) \frac{1}{n\tau_x} (R\sigma_x^2 - \sigma_{yx}) \tag{5.14}$$

つまり抽出率 f や補助変数の母集団総計 τ_x が大きいとき，偏り $B(\hat{\tau}_{y,\mathrm{R}})$ は小さい．また $B(\hat{\tau}_{y,\mathrm{R}})$ は標本サイズ n にほぼ反比例する．n が十分に大きいとき，$\hat{\tau}_{y,\mathrm{R}}$ の偏りは無視してよいことになる．特に全数調査では $\hat{\tau}_{y,\mathrm{R}} = \tau_y$ となり，比推定量は一致性を持つ．逆に n が小さいときには偏りを無視できないため，比推

[*3] $\hat{\tau}_{y,\mathrm{R}}$ と $\hat{\tau}_x$ の相関係数が $-1 \leq C(\hat{\tau}_{y,\mathrm{R}}, \hat{\tau}_x) / \{SE(\hat{\tau}_{y,\mathrm{R}}) SE(\hat{\tau}_x)\} \leq 1$ であることから導かれる．

定量は望ましくない[*4]．

なお，比の形式を利用した推定量を不偏とする方法はいくつか提案されている．以下では二つを紹介する．まず単純無作為抽出標本の場合である．次式の **Hartley-Ross 推定量**は τ_y の不偏推定量である (Hartley and Ross, 1954)．

$$\hat{\tau}_{y,\mathrm{HR}} = \bar{r}\tau_x + \frac{n(N-1)}{n-1}(\bar{y} - \bar{r}\bar{x}) \tag{5.15}$$

ただし $\bar{y}$ と $\bar{x}$ はそれぞれ変数 y と x の標本平均であり，$\bar{r}$ は $r_i = y_i/x_i$ の標本平均である．$\hat{\tau}_{y,\mathrm{HR}}$ の分散や分散の推定量については Robson (1957) や竹内 (1973) を参照のこと．

次に，標本は単純無作為抽出法ではなく**総規模比例抽出法**で選ぶものとする．このとき $\hat{\tau}_{y,\mathrm{R}} = \tau_x \bar{y}/\bar{x}$ は τ_y の不偏推定量である (Lahiri, 1951)．総規模比例抽出を行うには **Midzuno の方法**を利用すればよい (4.3.5 節)．

性質 3. 変数 x で固定サイズの確率比例抽出を行うと，同じ変数 x を補助変数とした比推定量 $\hat{\tau}_{y,\mathrm{R}}$ は線形推定量 $\hat{\tau}_y = \sum_s w_i y_i$ に一致する[*5]．固定サイズの確率比例抽出法では $\hat{\tau}_x = \tau_x$ だからである．

$$\hat{\tau}_{y,\mathrm{R}} = \tau_x \frac{\hat{\tau}_y}{\hat{\tau}_x} = \tau_x \frac{\hat{\tau}_y}{\tau_x} = \hat{\tau}_y \tag{5.16}$$

標本抽出の時点で補助変数 x の情報を既に用いているため，推定のときに再び利用してもさらに得るものはない．なお，単純無作為抽出標本に基づく比推定量と，確率比例抽出標本に基づく線形推定量とでは分散の大きさは同じではない．どちらの分散がより小さいのかは一概にはいえない．比推定量の利点は，τ_x さえ分かれば，母集団の全要素の補助変数値 $x_1, \ldots, x_N$ は不要という点である．

例題 5.2　復元確率比例抽出法と比推定

4.2.1 節の表 4.3 の標本を再度検討してみよう．この標本は資本金 x で復元確率比例抽出したものである．そのため資本金 x の線形推定値 $\hat{\tau}_x = \sum_s w_i x_i = 663$ は，真値 $\tau_x = 663$ に一致する．資本金の推定値 $\hat{\tau}_x$ が "ズレ" ないため，比推定値 $\hat{\tau}_{y,\mathrm{R}}$ は，(4.9) 式の線形推定値 $\hat{\tau}_y = \sum_s w_i y_i = 5{,}237$ に一致する．

[*4] 本書の例題の多くは n が小さいが，まえがきで述べたとおり，これらはあくまでも説明のための例に過ぎない．Lohr (1999, p.67) は偏りを無視できる条件として他に，σ_x が小さいときと ρ_{yx} が 1 に近いときを挙げている．

[*5] したがって，このときの比推定量 $\hat{\tau}_{y,\mathrm{R}}$ は不偏である．

$$\hat{\tau}_{y,\mathrm{R}} = \tau_x \frac{\hat{\tau}_y}{\hat{\tau}_x} = 663 \times \frac{5,237}{663} = 5,237 = \hat{\tau}_y \tag{5.17}$$

例題 5.3　Poisson 抽出法と比推定

Poisson 抽出法は確率比例抽出法ではあるが，固定サイズデザインではない．そのため補助変数 x の線形推定値 $\hat{\tau}_x$ は必ずしも真値 τ_x に一致せず，比推定量 $\hat{\tau}_{y,\mathrm{R}}$ も線形推定量 $\hat{\tau}_y$ に一致するとは限らない．以下は 4.3.2 節の表 4.5 に示す Poisson 抽出標本の例である．

$$\hat{\tau}_{y,\mathrm{R}} = \tau_x \frac{\hat{\tau}_y}{\hat{\tau}_x} = 663 \times \frac{9,536}{884} = 7,152 \neq \hat{\tau}_y = 9,536 \tag{5.18}$$

性質 4. 補助変数 x の母集団総計の比推定量 $\hat{\tau}_{x,\mathrm{R}}$ は，標本抽出法にかかわらず真の母集団総計 τ_x に一致する．

$$\hat{\tau}_{x,\mathrm{R}} = \tau_x \frac{\hat{\tau}_x}{\hat{\tau}_x} = \tau_x \tag{5.19}$$

例えば資本金という補助変数 x を用いて，資本金自身の母集団総計 τ_x の比推定を行うと，真の値 τ_x が得られる．ここで見通しをよくするため，目的とする母集団特性値と標本抽出法の組み合わせごとに，各推定量を整理しておく．

	目的	単純無作為抽出法	確率比例抽出法 (固定サイズデザイン)
線形推定量	τ_y	$\hat{\tau}_y = N\bar{y}$	$\hat{\tau}_y = \sum_s w_i y_i$
	τ_x	$\hat{\tau}_x = N\bar{x}$	$\hat{\tau}_x = \tau_x$
比推定量	τ_y	$\hat{\tau}_{y,\mathrm{R}} = \tau_x \bar{y}/\bar{x}$	$\hat{\tau}_{y,\mathrm{R}} = \sum_s w_i y_i$
	τ_x	$\hat{\tau}_{x,\mathrm{R}} = \tau_x$	$\hat{\tau}_{x,\mathrm{R}} = \tau_x$

この性質 4. は自明だが，比推定量の意味を理解する上で重要である．変数 y の母集団総計の比推定量 $\hat{\tau}_{y,\mathrm{R}}$ は，以下のように書き直せるからである．

$$\hat{\tau}_{y,\mathrm{R}} = \tau_x \frac{\hat{\tau}_y}{\hat{\tau}_x} = \sum_s w_i \frac{\tau_x}{\hat{\tau}_x} y_i = \sum_s w_i^c y_i \tag{5.20}$$

ただし $w_i^c = w_i \tau_x / \hat{\tau}_x$ である[6]．つまり比推定量とは，補助変数 x を用いて抽出ウェイト w_i を $w_i^c = w_i \tau_x / \hat{\tau}_x$ と調整し，w_i の代わりに調整後のウェイト w_i^c

---

[6] w_i^c の c はキャリブレーションウェイト (7.3 節) を表す．

を用いて推定を行う方法といえる．ただしウェイトの調整は，補助変数 x の母集団総計に関して，調整後のウェイト w_i^c を用いた推定量 $\hat{\tau}_{x,\mathrm{R}}$ が真値 τ_x に一致するよう行う．つまり (5.19) 式が成り立つよう行う．冒頭の表 5.1 でいえば，抽出ウェイト w_i を用いた推定では資本金が"ズレ"てしまう．そこで資本金が"ズレ"ないよう抽出ウェイト w_i に調整を加え，この調整後のウェイト w_i^c を用いて，売上高 y などの母集団総計を推定する．目的とする変数 y と資本金 x の間の相関が高ければ，調整後のウェイト w_i^c を用いた方が精度は高いと期待できる．

なお単純無作為抽出など，抽出ウェイト w_i が $\sum_s w_i = N$ であっても，調整後のウェイト w_i^c は一般に $\sum_s w_i^c \neq N$ となる．$\sum_s w_i^c x_i = \tau_x$ と $\sum_s w_i^c = N$ の二つを同時に満たすようウェイトを調整する方法は，**一般化回帰推定量** (7.2 節) である．7.3.3 節ではウェイトの調整という観点から，他のいくつかの推定量と比推定量との関係を整理する．

例題 5.4　補助変数の母集団総計の比推定
表 5.3 は $n=3$ の非復元単純無作為抽出標本である．

表 5.3　非復元単純無作為抽出標本のウェイト

企業 i	2	10	19	標本総計	線形推定値	母集団総計
売上高 y_i	380	639	209	1,228	$\hat{\tau}_y = 8,187$	
資本金 x_i	31	60	28	119	$\hat{\tau}_x = 793$	$\tau_x = 663$
抽出ウェイト w_i	20/3	20/3	20/3	20.00		
$w_i^c = w_i \tau_x / \hat{\tau}_x$	5.57	5.57	5.57	16.71		

資本金 x で比推定を行うということは，抽出ウェイト $w_i = 20/3$ の代わりに，新たなウェイト $w_i^c = w_i \tau_x / \hat{\tau}_x = 20/3 \times 663/793 = 5.57$ を用いて推定を行うことを意味する．

$$\hat{\tau}_{y,\mathrm{R}} = \sum_s w_i^c y_i = \underbrace{5.57 \times 380 + \cdots}_{\text{標本の 3 社}} = 6,844 \tag{5.21}$$

ただしこのウェイトの調整は，資本金総計の推定値 $\hat{\tau}_{x,\mathrm{R}}$ が真値 τ_x に一致するよう行われたものである．

$$\hat{\tau}_{x,\mathrm{R}} = \sum_s w_i^c x_i = \underbrace{5.57 \times 31 + \cdots}_{\text{標本の 3 社}} = 663 = \tau_x \tag{5.22}$$

なお，単純無作為抽出法では抽出ウェイトの標本総計は $\sum_s w_i = N$ である．し

かし調整後のウェイト w_i^c の標本総計 $\sum_s w_i^c = 16.71$ は，母集団サイズ $N = 20$ に一致しない．

性質 5. 比推定量の分散 $V(\hat{\tau}_{y,\text{R}})$ およびその推定量 $\hat{V}(\hat{\tau}_{y,\text{R}})$ は，一般に理論式によって正確に表現することはできない．そのため何らかの方法による近似推定が必要である．後の 5.2 節でその具体的な方法を見ていく．

5.1.3 サイズを用いた比推定量

ここで全ての要素の値が $x_i = 1\ (i \in U)$ という補助変数を考える．

$$\hat{\tau}_{y,\text{N}} = N \frac{\sum_s w_i y_i}{\sum_s w_i} = N \frac{\hat{\tau}_y}{\hat{N}} \tag{5.23}$$

比推定量は，母集団サイズの推定量 $\hat{N}$ との比を利用することになる．$\hat{\tau}_{y,\text{N}}$ の添字 N は，サイズの利用を表す．単純無作為抽出法など $\hat{N} = N$ であれば，$\hat{\tau}_{y,\text{N}}$ は線形推定量 $\hat{\tau}_y$ に一致する．そのためここでは $\hat{N} \neq N$ の場合を扱う．

線形推定量 $\hat{\tau}_y = \sum_s w_i y_i$ は，母集団における要素 $\hat{N} = \sum_s w_i$ 個分の総計とみなせる (2.3.2節)．仮に $\hat{N} \ll N$ であれば，$\hat{\tau}_y < \tau_y$ である可能性が高い．サイズを用いた比推定量 $\hat{\tau}_{y,\text{N}}$ は，$\hat{\tau}_y/\hat{N}$ によってまず母集団における要素 1 個当たりの平均つまり母集団平均 μ_y を推定し，これに N を乗じることで τ_y を推定している．あるいは $\hat{\tau}_{y,\text{N}}$ は，$\sum_s w_i \neq N$ である抽出ウェイト w_i の代わりに，$\sum_s w_i^c = N$ となるよう調整したウェイト w_i^c を用いて τ_y を推定する方法ともいえる．そのため $\hat{N}$ と N が大きく異なる可能性があるときには，一般にサイズを用いた比推定量 $\hat{\tau}_{y,\text{N}}$ は，線形推定量 $\hat{\tau}_y$ よりも分散が小さいと期待できる．

ただし $\hat{N} \neq N$ であっても，常に $V(\hat{\tau}_{y,\text{N}}) < V(\hat{\tau}_y)$ となるわけではない．例えば確率比例抽出法では $\hat{N} \neq N$ であるが，変数 y と補助変数 x の間の相関が高いときには $V(\hat{\tau}_{y,\text{N}}) > V(\hat{\tau}_y)$ となる (5.3.1 節の例題 5.11)．サイズを用いた比推定量が有効なのは，特に固定サイズデザインではないときや部分母集団に関する推定のときである．

例題 5.5 **Poisson 抽出法におけるサイズを用いた母集団総計の比推定**

4.3.2 節の表 4.5 に示す Poisson 抽出した標本で考えてみよう．Poisson 抽出法は固定サイズデザインではなく，一般に母集団サイズの推定値 $\hat{N}$ は N に一致

しない．表 4.5 でも $\hat{N} = \sum_s w_i = 20.10 \neq N$ となる．したがって売上高 y の母集団総計 τ_y の推定量としては，(4.17) 式で求めた線形推定量 $\hat{\tau}_y = 9,536$ よりも，サイズを用いた比推定量 $\hat{\tau}_{y,\text{N}}$ の方が望ましい．

$$\hat{\tau}_{y,\text{N}} = N\frac{\hat{\tau}_y}{\hat{N}} = 20 \times \frac{9,536}{20.10} = 9,486 \qquad (5.24)$$

一般に $V(\hat{\tau}_{y,\text{N}}) < V(\hat{\tau}_y)$ であることは 5.2.2 節で示す．

例題 5.6　サイズを用いた部分母集団総計の比推定

サイズを用いた比推定量は，**部分母集団**の総計 $\tau_{y,d}$ の推定にも有用である．単純無作為抽出法であっても，目的とする部分母集団から選ばれる要素の数は標本の間で異なる上に，一般に部分母集団サイズの推定量 $\hat{N}_d = \sum_s w_i \delta_{d,i}$ は真の部分母集団サイズ N_d に一致しないからである．ただし $\delta_{d,i}$ は第 i 要素が部分母集団 U_d に属せば 1，そうでなければ 0 という二値変数である (3.3.2 節)．そこで部分母集団サイズ N_d が分かっていれば，サイズを用いた以下の比推定量が考えられる．

$$\hat{\tau}_{y,d,\text{N}} = N_d \frac{\hat{\tau}_{y,d}}{\hat{N}_d} = N_d \frac{\sum_s w_i \delta_{d,i} y_i}{\sum_s w_i \delta_{d,i}} \qquad (5.25)$$

例えば表 5.4 の標本を用いて，市部の企業の売上高総計 $\tau_{y,\text{市}}$ を推定してみよう．

表 5.4　単純無作為抽出標本

企業 i	2	10	19	標本総計
売上高 y_i	380	639	209	1,228
地域	市	郡	郡	—
抽出ウェイト w_i	20/3	20/3	20/3	20

線形推定値は $\hat{\tau}_{y,\text{市}} = 20/3 \times 380 = 2,533$ である (3.3.2 節)．また，市部のサイズ $N_\text{市}$ の推定値は $\hat{N}_\text{市} = 20/3 = 6.7$ である．線形推定値 $\hat{\tau}_{y,\text{市}} = 2,533$ は母集団における 6.7 社分の売上高総計といえる．仮に $N_\text{市} = 8$ が知られていれば，サイズを用いた比推定値は以下となる．

$$\hat{\tau}_{y,\text{市},\text{N}} = N_\text{市} \frac{\hat{\tau}_{y,\text{市}}}{\hat{N}_\text{市}} = 8 \times \frac{20/3 \times 380}{20/3} = 8 \times 380 = 3,040 \qquad (5.26)$$

つまり $\hat{\tau}_{y,\text{市},\text{N}}$ は，市部の企業の標本平均を市部サイズで拡大したものとなる．なお (5.25) 式の比推定量は，**事後層化推定量** (6.4 節) において用いられること

になる．(6.41) 式を参照のこと．

5.2 線形化による推定量の分散の近似

5.2.1 線形化変数

ここではまず比推定量 $\hat{\tau}_{y,\mathrm{R}}$ に限らず，一般的な推定量 $\hat{\theta}$ の分散 $V(\hat{\theta})$ やその推定量 $\hat{V}(\hat{\theta})$ の近似法を説明する．線形推定量 $\hat{\tau}_y = \sum_s w_i y_i$ については，第2章でその分散 $V(\hat{\tau}_y)$ やさらにその推定量 $\hat{V}(\hat{\tau}_y)$ を示した．推定量 $\hat{\theta}$ がより複雑になると，単純無作為抽出法であっても $V(\hat{\theta})$ や $\hat{V}(\hat{\theta})$ の正確な理論式は導出が困難となる．そういった複雑な $V(\hat{\theta})$ を推定するには，大きく二つの方法がある．推定量 $\hat{\theta}$ を線形近似することで $\hat{V}(\hat{\theta})$ を近似する方法と，標本の分割あるいは標本からの再抽出を行い，いわばシミュレーションで求める方法である．後者は 11.2 節で扱うこととし，ここでは前者の手順を説明する．なお 13.1.3 節も参照のこと．

線形近似の方法としては，$\hat{\theta}$ をいくつかの線形推定量 $\hat{\tau}_{y(1)}, \ldots, \hat{\tau}_{y(J)}$ の関数として表現した上で，Taylor 展開する方法が伝統的に用いられてきた．これに対し Demnati and Rao (2004) および Shah (2004) は新たな近似法を提案している．本書では参考のため前者も紹介するが，主に後者を採用していく．より簡単で適用範囲も広いからである．なおいずれの方法にしても，$\hat{\theta}$ の適切な偏微分が可能であり，標本サイズ n が十分大きい (少なくとも $n > 30$ 程度) ことが前提である[*7]．n が小さいと，以下で示す $V(\hat{\theta})$ の近似推定量は過小となりやすい．

まず伝統的な線形近似の方法は以下のとおりである (Woodruff, 1971)．

1) 推定量 $\hat{\theta}$ を，J 個の母集団総計の線形推定量 $\hat{\tau}_{y(1)}, \ldots, \hat{\tau}_{y(J)}$ の関数 $\hat{\theta} = f(\hat{\tau}_{y(1)}, \ldots, \hat{\tau}_{y(J)})$ として表現する．ただし $\hat{\tau}_{y(j)} = \sum_s w_i y_{i(j)}$ である．

2) $\hat{\theta}$ を $\hat{\tau}_{y(1)}, \ldots, \hat{\tau}_{y(J)}$ でそれぞれ偏微分する．

$$a_j = \frac{\partial \hat{\theta}}{\partial \hat{\tau}_{y(j)}} = \frac{\partial f(\hat{\tau}_{y(1)}, \ldots, \hat{\tau}_{y(J)})}{\partial \hat{\tau}_{y(j)}}, \quad (j = 1, \ldots, J) \qquad (5.27)$$

[*7] 比推定量の分散を近似する条件として，Cochran (1977, p.153) や Lohr (1999, p.71) はさらに標本平均 $\bar{x}$ と $\bar{y}$ の変動係数が 0.1 未満であることを挙げている．

なお推定量の分散 $V(\hat{\theta})$ を近似するときには, a_j に含まれる $\hat{\tau}_{y(1)}, \ldots, \hat{\tau}_{y(J)}$ を真の母集団総計 $\tau_{y(1)}, \ldots, \tau_{y(J)}$ で置き換える[*8].

3) 変数 z_i を次式で定義する.

$$z_i = a_1 y_{i(1)} + \cdots + a_J y_{i(J)} = \sum_{j=1}^{J} a_j y_{i(j)}, \quad (i \in U) \tag{5.28}$$

この変数 z_i を**線形化変数** (linearized variable) と呼ぶ (Deville, 1999).

4) 線形化変数 z_i の母集団総計 τ_z の線形推定量を $\hat{\tau}_z = \sum_s w_i z_i$ とする. その分散 $V(\hat{\tau}_z)$ あるいは分散の推定量 $\hat{V}(\hat{\tau}_z)$ が, 目的とする $V(\hat{\theta})$ あるいは $\hat{V}(\hat{\theta})$ の近似式となる (5.6 節).

$$V(\hat{\theta}) \approx V(\hat{\tau}_z), \quad \hat{V}(\hat{\theta}) \approx \hat{V}(\hat{\tau}_z) \tag{5.29}$$

つまり HT 推定量の分散を推定する (2.8) 式や (2.9) 式, あるいは HH 推定量の分散を推定する (2.18) 式に含まれる変数 y_i の代わりに, 線形化変数 z_i を用いることで $\hat{V}(\hat{\theta})$ を近似推定することができる.

次に, Demnati and Rao (2004) および Shah (2004) による線形近似の方法は以下のとおりである

1) 推定量 $\hat{\theta}$ を抽出ウェイト w_i で偏微分した結果を線形化変数 z_i とする.

$$z_i = \frac{\partial \hat{\theta}}{\partial w_i}, \quad (i \in s) \tag{5.30}$$

2) 線形化変数 z_i の母集団総計 τ_z の線形推定量を $\hat{\tau}_z = \sum_s w_i z_i$ とする. その分散の推定量 $\hat{V}(\hat{\tau}_z)$ が, $\hat{V}(\hat{\theta})$ の近似式となる.

3) $V(\hat{\theta})$ は, 線形化変数 z_i に含まれる推定量を真値で置き換えた後に, 母集団総計の線形推定量 $\hat{\tau}_z = \sum_s w_i z_i$ の分散 $V(\hat{\tau}_z)$ として近似できる.

二つの方法の違いは, 線形化変数 z_i の求め方にある. 伝統的な方法では, 推定量 $\hat{\theta}$ を線形推定量 $\hat{\tau}_{y(1)}, \ldots, \hat{\tau}_{y(J)}$ の関数として表現する必要がある. 一方, 新たな方法では抽出ウェイト w_i の関数として表現されていればよい. いずれの方法にせよ同じ線形化変数 z_i が得られ (5.6 節), 推定量 $\hat{\theta}$ の分散 $V(\hat{\theta})$ や $\hat{V}(\hat{\theta})$ は, z_i の母集団総計の推定量 $\hat{\tau}_z$ の分散 $V(\hat{\tau}_z)$ や $\hat{V}(\hat{\tau}_z)$ で近似できる. これが,

---

[*8] 従来は, まず $V(\hat{\theta})$ の近似式を導出した後に, $V(\hat{\theta})$ に含まれる未知の $\tau_{y(1)}, \ldots, \tau_{y(J)}$ をその推定量で置き換えることで $\hat{V}(\hat{\theta})$ の近似式としていた. しかし近年では, a_j に含まれる推定量を置き換えずに, 直接 $\hat{V}(\hat{\theta})$ の近似式を導く方がよいとされている (Binder, 1996).

本書では母集団総計の推定を中心に話を進めてきた理由である．

5.2.2 比推定量の分散の近似

比推定量 $\hat{\tau}_{y,\mathrm{R}} = \tau_x \hat{\tau}_y / \hat{\tau}_x$ の分散を線形近似してみよう．まず伝統的な方法である．$\hat{\tau}_{y,\mathrm{R}}$ を母集団総計の推定量 $\hat{\tau}_x$ と $\hat{\tau}_y$ でそれぞれ偏微分すると

$$\frac{\partial \hat{\tau}_{y,\mathrm{R}}}{\partial \hat{\tau}_x} = -\hat{R}\frac{\tau_x}{\hat{\tau}_x}, \quad \frac{\partial \hat{\tau}_{y,\mathrm{R}}}{\partial \hat{\tau}_y} = \frac{\tau_x}{\hat{\tau}_x} \tag{5.31}$$

が得られる．ただし $\hat{R} = \hat{\tau}_y / \hat{\tau}_x$ である．線形化変数 z_i は次式となる．

$$z_i = -\hat{R}\frac{\tau_x}{\hat{\tau}_x} x_i + \frac{\tau_x}{\hat{\tau}_x} y_i = \frac{\tau_x}{\hat{\tau}_x}(y_i - \hat{R}x_i), \quad (i \in s) \tag{5.32}$$

ここで標本は非復元単純無作為抽出されたものとする．線形推定量 $\hat{\tau}_y$ の $\hat{V}(\hat{\tau}_y)$ は (3.3) 式あるいは (3.7) 式にある．これらの式の y_i を線形化変数 z_i で置き換えれば，比推定量 $\hat{\tau}_{y,\mathrm{R}}$ の分散の推定量 $\hat{V}(\hat{\tau}_{y,\mathrm{R}})$ を近似できる．

$$\hat{V}(\hat{\tau}_{y,\mathrm{R}}) \approx (1-f)\frac{n}{n-1}\sum_s \left(w_i z_i - \frac{1}{n}\sum_s w_i z_i\right)^2$$
$$= \frac{N^2 \tau_x^2}{\hat{\tau}_x^2}(1-f)\frac{1}{n(n-1)}\sum_s (y_i - \hat{R}x_i)^2 \tag{5.33}$$

$V(\hat{\tau}_{y,\mathrm{R}})$ の近似式を求めるには，まず (5.32) 式の z_i に含まれる推定量 $\hat{\tau}_x$ と $\hat{R}$ をそれぞれ真の τ_x と R で置き換え，線形化変数を $z_i = y_i - Rx_i$ $(i \in U)$ とする．次に (3.3) 式にある線形推定量の $V(\hat{\tau}_y)$ にこの z_i を代入する．

$$V(\hat{\tau}_{y,\mathrm{R}}) \approx N^2(1-f)\frac{1}{n(N-1)}\sum_U (y_i - Rx_i)^2 \tag{5.34}$$

他の標本抽出法であれば，それに応じた $\hat{V}(\hat{\tau}_y)$ と $V(\hat{\tau}_y)$ を利用すればよい．

次に，新たな線形化の方法では，線形化変数は以下となる．

$$z_i = \frac{\partial \hat{\tau}_{y,\mathrm{R}}}{\partial w_i} = \frac{\tau_x}{\hat{\tau}_x}(y_i - \hat{R}x_i), \quad (i \in s) \tag{5.35}$$

この線形化変数 z_i は，伝統的な方法で導いた (5.32) 式の z_i に一致する．

例題 5.7 非復元単純無作為抽出法における比推定量の分散

表 5.5 に示す非復元単純無作為抽出標本を用いて，売上高の母集団総計の比推定量 $\hat{\tau}_{y,\mathrm{R}}$ の分散 $V(\hat{\tau}_{y,\mathrm{R}})$ を近似推定してみよう[9]．

---

[9] この例題の標本サイズは小さすぎるが，その目的は，線形化変数 z_i の値を見ることで，比推定量の方が分散が小さくなる理由を理解することである．

表 5.5 比推定量の線形化変数

企業 i	2	10	19	標本総計	標本分散	母集団総計
売上高 y_i	380	639	209	1,228	216.5^2	
資本金 x_i	31	60	28	119	17.7^2	$\tau_x = 663$
線形化変数 z_i	50.23	16.58	-66.81	0	60.3^2	

表 5.5 には比推定量の線形化変数 $z_i = \tau_x(y_i - \hat{R}x_i)/\hat{\tau}_x$ の値も示してある．ただし $\hat{R} = \hat{\tau}_y/\hat{\tau}_x = 10.32$ である．比推定量 $\hat{\tau}_{y,\mathrm{R}}$ の $\hat{V}(\hat{\tau}_{y,\mathrm{R}})$ は次式となる．

$$\hat{V}(\hat{\tau}_{y,\mathrm{R}}) \approx N^2(1-f)\frac{1}{n}S_z^2 = 20^2 \times \left(1 - \frac{3}{20}\right) \times \frac{60.3^2}{3} = 641^2 \qquad (5.36)$$

この値は，(3.10) 式で求めた線形推定量 $\hat{\tau}_y$ の分散の推定値 $\hat{V}(\hat{\tau}_y) = N^2(1-f)n^{-1}S_y^2 = 2,305^2$ に比べかなり小さい．線形化変数 z の標本分散 $S_z^2 = 60.3^2$ が，売上高 y の標本分散 $S_y^2 = 216.5^2$ より小さいためである．

例題 5.8　Poisson 抽出法におけるサイズを用いた比推定量の分散

(5.24) 式で求めた，サイズを用いた比推定量 $\hat{\tau}_{y,\mathrm{N}} = N\hat{\tau}_y/\hat{N}$ の分散を推定してみよう．線形化変数は次式となる．

$$z_i = \frac{\partial \hat{\tau}_{y,\mathrm{N}}}{\partial w_i} = \frac{N}{\hat{N}}\left(y_i - \frac{\hat{\tau}_y}{\hat{N}}\right), \quad (i \in s) \qquad (5.37)$$

表 4.5 の標本は Poisson 抽出法で選ばれている．線形推定量 $\hat{\tau}_y$ の分散の推定量は，(4.16) 式にある $\hat{V}(\hat{\tau}_y) = \sum_s w_i(w_i - 1)y_i^2$ である．この y_i を (5.37) 式の z_i で置き換えれば，$\hat{V}(\hat{\tau}_{y,\mathrm{N}})$ の近似式が得られる．

$$\hat{V}(\hat{\tau}_{y,\mathrm{N}}) \approx \sum_s w_i(w_i - 1)\frac{N^2}{\hat{N}^2}\left(y_i - \frac{\hat{\tau}_y}{\hat{N}}\right)^2 = 1,323^2 \qquad (5.38)$$

$\hat{\tau}_{y,\mathrm{N}}$ の分散 $V(\hat{\tau}_{y,\mathrm{N}})$ を近似するには，まず (5.37) 式に含まれる推定量を，それぞれその真値で置き換える．次に，(4.15) 式に示す線形推定量 $\hat{\tau}_y$ の $V(\hat{\tau}_y) = \sum_U (\pi_i^{-1} - 1)y_i^2$ の y_i を，得られた線形化変数 $z_i = y_i - \mu_y$ で置き換える．

$$V(\hat{\tau}_{y,\mathrm{N}}) \approx \sum_U \left(\frac{1}{\pi_i} - 1\right)(y_i - \mu_y)^2 \qquad (5.39)$$

一般に，$(y_i - \mu_y)^2$ を用いる比推定量の $V(\hat{\tau}_{y,\mathrm{N}})$ は，y_i^2 を用いる線形推定量の $V(\hat{\tau}_y)$ よりも小さい．表 4.1 でも $V(\hat{\tau}_{y,\mathrm{N}}) \approx 2,472^2 < V(\hat{\tau}_y) = 3,263^2$ である．

例題 5.9　サイズを用いた部分母集団総計の比推定量の分散

次の例は，(5.25) 式に示す部分母集団総計の比推定量 $\hat{\tau}_{y,d,\mathrm{N}}$ である．線形化変数は次式となる．

$$z_i = \frac{\partial \hat{\tau}_{y,d,\mathrm{N}}}{\partial w_i} = \delta_{d,i}\frac{N_d}{\hat{N}_d}\left(y_i - \frac{\hat{\tau}_{y,d}}{\hat{N}_d}\right), \quad (i \in s) \tag{5.40}$$

ただし表 5.4 の標本では全ての線形化変数が $z_i = 0\ (i \in s)$ なので，$\hat{V}(\hat{\tau}_{y,\text{市},\mathrm{N}}) \approx 0$ となってしまう．これは市部の標本が 1 社しかないためである．

$V(\hat{\tau}_{y,d,\mathrm{N}})$ の近似式を求めるには，線形化変数 $z_i = \delta_{d,i}(y_i - \mu_d)$ を用いればよい．表 3.4 に示す母集団から，$n = 3$ の標本を非復元単純無作為抽出する場合には次式となる．

$$V(\hat{\tau}_{y,\text{市},\mathrm{N}}) \approx N^2(1-f)\frac{1}{n}\sigma_z^2 = 1{,}404^2 \tag{5.41}$$

5.3　母集団平均と母集団割合の推定

5.3.1　母集団平均の推定

ここまでは母集団総計 τ_y の推定に話の焦点を絞ってきた．この章の残りでは，他の母集団特性値を順に取り上げていく．推定量が複雑になっても，その分散は基本的に線形化変数を用いて近似すればよい．

まず**母集団平均** (population mean) μ_y である．

$$\mu_y = \frac{1}{N}(y_1 + \cdots + y_N) = \frac{1}{N}\sum_U y_i = \frac{1}{N}\tau_y \tag{5.42}$$

例えば表 3.1 の母集団企業 $N = 20$ 社についていえば，一社当たりの売上高平均 $\mu_y = \tau_y/N = 5{,}980/20 = 299.0$ の推定が目的である．

これまでに紹介してきた推定量を用いると，母集団平均 μ_y の推定量はそれぞれ以下となる．

$$\text{線形推定量}: \hat{\mu}_y = \frac{1}{N}\hat{\tau}_y = \frac{1}{N}\sum_s w_i y_i \tag{5.43}$$

$$\text{比推定量}: \hat{\mu}_{y,\mathrm{R}} = \frac{1}{N}\hat{\tau}_{y,\mathrm{R}} = \mu_x \frac{\sum_s w_i y_i}{\sum_s w_i x_i} \tag{5.44}$$

$$\text{サイズとの比の推定量}: \hat{\mu}_{y,\mathrm{N}} = \frac{1}{\hat{N}}\hat{\tau}_y = \frac{\sum_s w_i y_i}{\sum_s w_i} \tag{5.45}$$

線形推定量 $\hat{\mu}_y$ と, サイズとの比の推定量 $\hat{\mu}_{y,\mathrm{N}}$ は, (5.42) 式の τ_y をその線形推定量 $\hat{\tau}_y$ で置き換えたものであり, 比推定量 $\hat{\mu}_{y,\mathrm{R}}$ は比推定量 $\hat{\tau}_{y,\mathrm{R}}$ で置き換えたものである. さらに $\hat{\mu}_{y,\mathrm{N}}$ は, (5.42) 式の N をその線形推定量 $\hat{N}$ で置き換えている. $\hat{\mu}_{y,\mathrm{N}}$ はいわゆる**加重標本平均** (weighted sample mean) であり, 全ての要素が $x_i = 1$ $(i \in U)$ という補助変数を用いた比推定量 $\hat{\mu}_{y,\mathrm{R}}$ でもある. 一般に母集団サイズ N が知られていても, 線形推定量 $\hat{\mu}_y$ ではなくサイズとの比の推定量 $\hat{\mu}_{y,\mathrm{N}}$ を用いる方がよいことが多い. 理由は 5.1.3 節で述べたとおりである.

各推定量の分散 $V(\hat{\mu}_{y,*})$ とそれらの推定量 $\hat{V}(\hat{\mu}_{y,*})$ を近似するための線形化変数は, それぞれ以下となる.

$$
\begin{array}{c|cc}
\text{推定量} & V(\hat{\mu}_{y,*}) & \hat{V}(\hat{\mu}_{y,*}) \\
\hline
\hat{\mu}_y & z_i = \dfrac{1}{N} y_i & z_i = \dfrac{1}{N} y_i \\
\hat{\mu}_{y,\mathrm{R}} & z_i = \dfrac{1}{N}\left(y_i - \dfrac{\tau_y}{\tau_x} x_i\right) & z_i = \dfrac{1}{\hat{\tau}_x}(\mu_x y_i - \hat{\mu}_{y,\mathrm{R}} x_i) \\
\hat{\mu}_{y,\mathrm{N}} & z_i = \dfrac{1}{N}(y_i - \mu_y) & z_i = \dfrac{1}{\hat{N}}(y_i - \hat{\mu}_{y,\mathrm{N}})
\end{array}
\quad (5.46)
$$

単純無作為抽出法では, $V(\hat{\mu}_y)$ と $V(\hat{\mu}_{y,\mathrm{N}})$ やその推定量は, (3.3) 式に示す $V(\hat{\tau}_y)$ やその推定量を N^2 で割ればよい.

例題 5.10 単純無作為抽出と母集団平均の推定

表 5.6 は, 3.1.1 節の例題 3.1 で非復元単純無作為抽出した $n = 3$ の標本である. 売上高 y の母集団総計の線形推定値は $\hat{\tau}_y = 8,187$ となる. ここでは売上高の母集団平均 μ_y の推定値を求めてみよう.

表 5.6 単純無作為抽出標本

企業 i	2	10	19	標本平均	母集団総計
売上高 y_i	380	639	209	$\bar{y} = 409.3$	
資本金 x_i	31	60	28	$\bar{x} = 39.7$	$\tau_x = 663$
抽出ウェイト w_i	20/3	20/3	20/3	20/3	

線形推定値 $\hat{\mu}_y$, 資本金 x を補助変数とした比推定値 $\hat{\mu}_{y,\mathrm{R}}$, サイズとの比の推定値 $\hat{\mu}_{y,\mathrm{N}}$ はそれぞれ以下のとおりである.

$$\hat{\mu}_y = \frac{1}{N}\hat{\tau}_y = \frac{8,187}{20} = 409.3 \tag{5.47}$$

$$\hat{\mu}_{y,\mathrm{R}} = \frac{\tau_x}{N}\frac{\hat{\tau}_y}{\hat{\tau}_x} = \frac{663}{20} \times \frac{8,187}{793} = 342.1 \tag{5.48}$$

$$\hat{\mu}_{y,\mathrm{N}} = \frac{1}{\hat{N}}\hat{\tau}_y = \frac{8,187}{20} = 409.3 \tag{5.49}$$

単純無作為抽出であるので,線形推定値 $\hat{\mu}_y$ は標本平均 $\bar{y} = 409.3$ に一致する. さらに $\hat{N} = N$ であるので, $\hat{\mu}_{y,\mathrm{N}}$ は線形推定値 $\hat{\mu}_y$ や標本平均 $\bar{y}$ に一致する.

各推定量の分散 $V(\hat{\mu}_{y,*})$ およびその推定量 $\hat{V}(\hat{\mu}_{y,*})$ は,それぞれ対応する線形化変数 z_i の母集団分散 σ_z^2 と標本分散 S_z^2 を用いて,$V(\hat{\mu}_{y,*}) \approx N^2(1-f)\sigma_z^2/n$ あるいは $\hat{V}(\hat{\mu}_{y,*}) \approx N^2(1-f)S_z^2/n$ とすればよい.表 4.1 と表 5.6 を用いると以下が得られる.

$$V(\hat{\mu}_y) = 120.9^2, \quad \hat{V}(\hat{\mu}_y) = 115.2^2 \tag{5.50}$$

$$V(\hat{\mu}_{y,\mathrm{R}}) \approx 55.7^2, \quad \hat{V}(\hat{\mu}_{y,\mathrm{R}}) \approx 32.1^2 \tag{5.51}$$

$$V(\hat{\mu}_{y,\mathrm{N}}) = 120.9^2, \quad \hat{V}(\hat{\mu}_{y,\mathrm{N}}) = 115.2^2 \tag{5.52}$$

例題 5.11 復元確率比例抽出と母集団平均の推定

次に,資本金で復元確率比例抽出された表 4.3 の標本を用いて,売上高 y の母集団平均 μ_y を推定してみよう.表 5.7 は表 4.3 と同じ標本である.

表 5.7 復元確率比例抽出標本

企業 i	7	11	17	標本平均	母集団総計
売上高 y_i	636	465	65	$\bar{y} = 388.7$	
資本金 x_i	57	51	19	$\bar{x} = 42.3$	$\tau_x = 663$
抽出ウェイト w_i	3.88	4.33	11.63	$\bar{w} = 6.6$	

線形推定値 $\hat{\mu}_y$,資本金 x の $\hat{\tau}_x = \sum_s w_i x_i = 663$ を用いた比推定値 $\hat{\mu}_{y,\mathrm{R}}$, $\hat{N} = \sum_s w_i = 19.84$ との比の推定値 $\hat{\mu}_{y,\mathrm{N}}$ はそれぞれ以下のとおりである.

$$\hat{\mu}_y = 261.8, \quad V(\hat{\mu}_y) = 61.1^2, \quad \hat{V}(\hat{\mu}_y) = 76.7^2 \tag{5.53}$$

$$\hat{\mu}_{y,\mathrm{R}} = 261.8, \quad V(\hat{\mu}_{y,\mathrm{R}}) = 61.1^2, \quad \hat{V}(\hat{\mu}_{y,\mathrm{R}}) = 76.7^2 \tag{5.54}$$

$$\hat{\mu}_{y,\mathrm{N}} = 263.9, \quad V(\hat{\mu}_{y,\mathrm{N}}) \approx 133.2^2, \quad \hat{V}(\hat{\mu}_{y,\mathrm{N}}) \approx 176.7^2 \tag{5.55}$$

標本は資本金 x で確率比例抽出されているので，比推定値 $\hat{\mu}_{y,\mathrm{R}} = 261.8$ は線形推定値 $\hat{\mu}_y = 261.8$ に一致する．ただし，いずれの推定値も標本平均 $\bar{y} = 388.7$ とは一致しない．また，サイズとの比の推定量 $\hat{\mu}_{y,\mathrm{N}}$ の分散 $V(\hat{\mu}_{y,\mathrm{N}}) \approx 133.2^2$ は，線形推定量 $\hat{\mu}_y$ の分散 $V(\hat{\mu}_y) = 61.1^2$ より大きい．表 4.1 の母集団では売上高 y と資本金 x の間の相関が高いからである．

5.3.2 母 集 団 割 合

次に**母集団割合** (population proportion) p_y である．例えば図 5.2 は，"もう一度生まれ変わるとしたら，あなたは男と女のどちらに生まれてきたいと思いますか"という質問に対する回答の時系列変化を男女別に示したものである．男性は半世紀近くもの間，"男に"という人が 9 割以上を占める．一方，女性は"女に"という人が増え続けている．

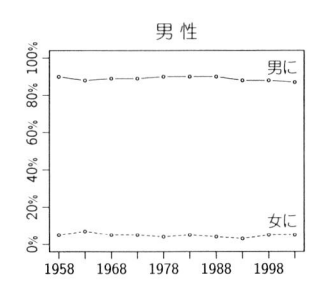

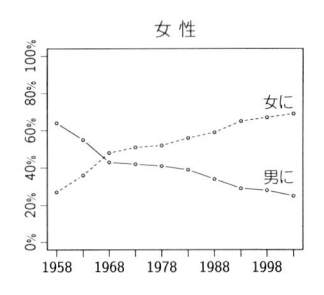

図 5.2 "男・女の生まれかわり" (出典：統計数理研究所 日本人の国民性調査)

小規模な例として表 5.8 を考えよう．母集団 $N = 20$ 人の回答である．回答選択肢は"男に"，"女に"，"他に"の三つがある．"男に"という人は 20 人中 11 人である．その母集団割合 $p_y = 11/20 = .55$ を知ることが目的である．

表 5.8 母集団 20 人の男女の生まれ変わり

個人 i	1	2	3	4	5	6	7	8	9	10
回答	女に	女に	男に	男に	女に	女に	男に	男に	男に	女に
"男に" y_i	0	0	1	1	0	0	1	1	1	0

	11	12	13	14	15	16	17	18	19	20	母集団割合
	男に	女に	女に	男に	男に	男に	他に	女に	男に	男に	
	1	0	0	1	1	1	0	0	1	1	$p_y = .55$

ここで次の二値変数 y を考える.

$$y_i = \begin{cases} 1, & \text{個人 } i \text{ の回答が ``男に'' の場合} \\ 0, & \text{それ以外の場合} \end{cases} \quad (5.56)$$

表 5.8 に各人の y_i を示す. 二値変数 y の母集団総計 $\tau_y = \sum_U y_i = 11$ とは, "男に" 生まれ変わりたい人の総数である. したがって母集団割合 p_y は, 二値変数 y の母集団平均 μ_y となる.

$$p_y = \frac{1}{N} \sum_U y_i = \frac{1}{N} \tau_y = \mu_y \quad (5.57)$$

もちろん, "女に" など他の回答選択肢の母集団割合が目的であれば, それに応じた二値変数が必要である.

なお変数 y が二値変数のとき, その母集団分散 σ_y^2 は次式のように表せる.

$$\sigma_y^2 = \frac{1}{N-1} \sum_U (y_i - p_y)^2 = \frac{N}{N-1} p_y(1 - p_y) \quad (5.58)$$

5.3.3 母集団割合の推定

母集団割合 p_y の推定は, 母集団平均 μ_y の推定と同様に考えればよい. 例えば, 仮に母集団サイズ N が知られていても, 一般に線形推定量 $\hat{p}_y = \sum_s w_i y_i / N$ ではなく, サイズとの比の推定量 $\hat{p}_{y,N} = \sum_s w_i y_i / \sum_s w_i$ を用いる方がよい.

以下では特に単純無作為抽出法の場合を考える. 単純無作為抽出法では線形推定量 $\hat{p}_y$ はサイズとの比の推定量 $\hat{p}_{y,N}$ に等しい. また二値変数 y の標本分散 S_y^2 は, 標本割合 $\hat{p}_y = \sum_s y_i / n$ を用いて次式となる.

$$S_y^2 = \frac{1}{n-1} \sum_s (y_i - \hat{p}_y)^2 = \frac{n}{n-1} \hat{p}_y(1 - \hat{p}_y) \quad (5.59)$$

(5.58) 式の σ_y^2 と (5.59) 式の S_y^2 を (3.3) 式に代入すると, $\hat{p}_y$ の分散とその推定量として以下が得られる.

非復元単純無作為抽出法	復元単純無作為抽出法
$V(\hat{p}_y) = \dfrac{N-n}{N-1} \dfrac{p_y(1-p_y)}{n}$	$V(\hat{p}_y) = \dfrac{p_y(1-p_y)}{n}$
$\hat{V}(\hat{p}_y) = (1-f) \dfrac{\hat{p}_y(1-\hat{p}_y)}{n-1}$	$\hat{V}(\hat{p}_y) = \dfrac{\hat{p}_y(1-\hat{p}_y)}{n-1}$

(5.60)

推定量 $\hat{p}_y$ の分散 $V(\hat{p}_y)$ は母集団割合が $p_y = 0.5$ のときに最大となる. また $p_y = 0$ あるいは $p_y = 1$ のときには $V(\hat{p}_y) = 0$ となる.

例題 5.12　母集団割合の推定

表 5.9 は，表 5.8 の母集団から非復元単純無作為抽出した標本である．"男に"生まれ変わりたい人の母集団割合 p_y を推定してみよう．

表 5.9　非復元単純無作為抽出標本

人 i	2	4	7	13	19	標本平均
回答	女に	男に	男に	女に	男に	
"男に" y_i	0	1	1	0	1	$\bar{y}=3/5$
抽出ウェイト w_i	20/5	20/5	20/5	20/5	20/5	20/5
性別	女性	女性	男性	女性	男性	
$\delta_{女,i}$	1	1	0	1	0	

単純無作為抽出法では $\hat{N} = N$ となる．そのため母集団割合の線形推定値 $\hat{p}_y$，サイズとの比の推定値 $\hat{p}_{y,N}$，標本平均 $\bar{y}$ は全て一致する．

$$\hat{p}_y = \hat{p}_{y,N} = \frac{1}{N}\sum_s w_i y_i = \frac{3}{5} = .600 = \bar{y} \tag{5.61}$$

推定量 $\hat{p}_y$ の分散の推定値は次式となる．

$$\hat{V}(\hat{p}_y) = \left(1 - \frac{n}{N}\right)\frac{1}{n-1}\hat{p}_y(1-\hat{p}_y) = .212^2 \tag{5.62}$$

例題 5.13　部分母集団割合の推定

さらに，女性の中での "男に" という回答の割合を推定してみよう．表 5.9 には標本 $n = 5$ 人の性別と，女性であれば 1 という値をとる二値変数 $\delta_{女,i}$ も示してある．サイズとの比の推定値は次式となる．

$$\hat{p}_{y,\,女,N} = \frac{\hat{\tau}_{y,\,女}}{\hat{N}_{女}} = \frac{\sum_s w_i \delta_{女,i} y_i}{\sum_s w_i \delta_{女,i}} = \frac{20/5 \times 1}{20/5 \times 3} = \frac{1}{3} = .333 \tag{5.63}$$

線形化変数 $z_i = \hat{N}_{女}^{-1}(\delta_{女,i} y_i - \hat{p}_{y,\,女,N}\delta_{女,i})$ を用いれば，$V(\hat{p}_{y,\,女,N})$ の推定値は次式となる．

$$\hat{V}(\hat{p}_{y,\,女,N}) \approx N^2(1-f)\frac{1}{n}S_z^2 = .264^2 \tag{5.64}$$

5.4　母集団分散の推定

5.4.1　母集団分散

次は**母集団分散** (population variance) σ_y^2 である．

$$\sigma_y^2 = \frac{1}{N-1}\sum_U (y_i-\mu_y)^2 = \frac{1}{N-1}\sum_U y_i^2 - \frac{1}{N(N-1)}\tau_y^2 \qquad (5.65)$$

推定量 $\hat{\theta}$ の分散 $V(\hat{\theta})$ ではないことに注意すること．例えば図 5.3 は 17 歳男子高校生の身長の分布である．ほとんどの生徒が 160cm 弱から 180cm 強の間に散らばっている．このような変数値の散らばりの大きさを表す指標としての母集団分散 σ_y^2 の推定が，ここでの目的である．図 5.3 の分布では母集団平均は $\mu_y = 170.9$ であり，母集団分散は $\sigma_y^2 = 5.81^2$ である．身長の分布が正規分布であれば，$\mu_y - 1.96\sigma_y = 159.5$ から $\mu_y + 1.96\sigma_y = 182.3$ の区間内に 95% の生徒が入ることが知られている．

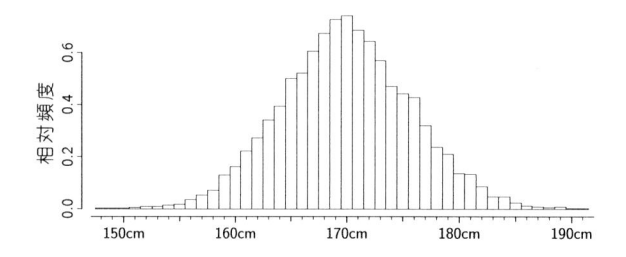

図 5.3　17 歳男子高校生の身長分布 (出典：文部科学省 平成 18 年度学校保健統計)

5.4.2　母集団分散の推定

以下では母集団分散 σ_y^2 の一致推定量を二つ紹介する[*10]．第一の推定量は，(5.65) 式の N や $\sum_U y_i^2$ あるいは τ_y を，それぞれ対応する線形推定量 $\hat{N} = \sum_s w_i$ や $\sum_s w_i y_i^2$，$\hat{\tau}_y = \sum_s w_i y_i$ で置き換えるものである．

$$\hat{\sigma}_{y,\mathrm{r}}^2 = \frac{1}{\hat{N}-1}\sum_s w_i y_i^2 - \frac{1}{\hat{N}(\hat{N}-1)}\hat{\tau}_y^2 = \frac{\sum_s w_i(y_i-\hat{\mu}_{y,\mathrm{N}})^2}{\sum_s w_i - 1} \qquad (5.66)$$

添字の r は置換を示す．$\hat{\sigma}_{y,\mathrm{r}}^2$ は一般に母集団分散の不偏推定量ではない．例えば $w_i = N/n$ であっても $\hat{\sigma}_{y,\mathrm{r}}^2$ は次式となり，標本分散 S_y^2 とはならない．

$$\hat{\sigma}_{y,\mathrm{r}}^2 = \frac{N}{N-1}\frac{1}{n}\sum_s (y_i-\hat{\mu}_y)^2 = \frac{N}{N-1}\frac{n-1}{n}S_y^2 \qquad (5.67)$$

第二の推定量は以下のとおりである．

[*10]　その他の推定量については Ardilly and Tillé (2006) を参照のこと．

$$\hat{\sigma}_{y,\mathrm{n}}^2 = \frac{n}{n-1} \frac{\sum_s w_i (y_i - \hat{\mu}_{y,\mathrm{N}})^2}{\sum_s w_i} \tag{5.68}$$

添字の n は $n/(n-1)$ を乗じることを示す．$\hat{\sigma}_{y,\mathrm{n}}^2$ も一般に母集団分散の不偏推定量ではない．ただし $w_i = N/n$ のときには $\hat{\sigma}_{y,\mathrm{n}}^2$ は標本分散 S_y^2 となる．

$$\hat{\sigma}_{y,\mathrm{n}}^2 = \frac{1}{n-1} \sum_s (y_i - \hat{\mu}_y)^2 = S_y^2 \tag{5.69}$$

つまり $\hat{\sigma}_{y,\mathrm{n}}^2$ は，復元単純無作為抽出法であれば N で割って定義した母集団分散 $(N-1)\sigma_y^2/N$ の不偏推定量となり，非復元単純無作為抽出法では母集団分散 σ_y^2 の不偏推定量となる．

$\hat{\sigma}_{y,\mathrm{r}}^2$ あるいは $\hat{\sigma}_{y,\mathrm{n}}^2$ の分散の推定量 $\hat{V}(\hat{\sigma}_{y,*}^2)$ を求めるには，それぞれ以下の線形化変数を利用すればよい．

$$z_i = \begin{cases} \dfrac{\partial \hat{\sigma}_{y,\mathrm{r}}^2}{\partial w_i} = \dfrac{(y_i - \hat{\mu}_{y,\mathrm{N}})^2 - \hat{\sigma}_{y,\mathrm{r}}^2}{\hat{N} - 1} \\[8pt] \dfrac{\partial \hat{\sigma}_{y,\mathrm{n}}^2}{\partial w_i} = \dfrac{1}{\hat{N}} \left\{ \dfrac{n}{n-1}(y_i - \hat{\mu}_{y,\mathrm{N}})^2 - \hat{\sigma}_{y,\mathrm{n}}^2 \right\} \end{cases} \tag{5.70}$$

$V(\hat{\sigma}_{y,*}^2)$ の場合には，(5.70) 式に含まれる推定量を真値に置き換える．

例題 5.14　母集団分散の推定

小規模な例として，表 5.10 は母集団 $N = 20$ 人の高校生の身長を示したものである．母集団分散は $\sigma_y^2 = 61.5$ である．

表 5.10　母集団 20 人の高校生の身長

生徒 i	1	2	3	4	5	6	7	8	9	10
身長 y_i	162	170	172	172	161	155	168	171	156	171

	11	12	13	14	15	16	17	18	19	20	母集団分散
	168	169	152	154	172	154	152	167	170	154	$\sigma_y^2 = 61.5$

この表 5.10 の母集団から非復元単純無作為抽出した表 5.11 の $n = 3$ 人の標本を使って母集団分散 σ_y^2 を推定してみよう．単純無作為抽出標本であるので，(5.67) 式の推定量 $\hat{\sigma}_{y,\mathrm{r}}^2$ あるいは (5.69) 式の推定量 $\sigma_{y,\mathrm{n}}^2$ を用いると以下が得られる．

$$\hat{\sigma}_{y,\mathrm{r}}^2 = \frac{N}{N-1} \frac{n-1}{n} S_y^2 = 51.2, \quad \hat{\sigma}_{y,\mathrm{n}}^2 = S_y^2 = 73.0 \tag{5.71}$$

表 5.11 の例では二つの推定値は異なるが，一般に母集団サイズ N と標本サイ

表 5.11　非復元単純無作為抽出標本

生徒 i	5	8	14	標本平均	標本分散
身長 y_i	161	171	154	$\bar{y} = 162.0$	$S_y^2 = 73.0$
抽出ウェイト w_i	20/3	20/3	20/3	20/3	0

ズ n が十分に大きければ，二つの推定量の違いはほとんどない．なお (5.70) 式の線形化変数 z_i を用いると，各推定量の分散の推定値は以下のとおりとなる．

$$\hat{V}(\hat{\sigma}_{y,\mathrm{r}}^2) \approx (1-f)nS_{\tilde{z}}^2 = 23.6^2, \quad \hat{V}(\hat{\sigma}_{y,\mathrm{n}}^2) \approx (1-f)nS_{\tilde{z}}^2 = 33.7^2 \quad (5.72)$$

5.4.3　母集団共分散・母集団相関係数の推定

二つの変数 y と x の間の直線的な関連の程度を表す母集団特性値の一つとして，**母集団共分散** (population covariance) σ_{yx} がある．

$$\sigma_{yx} = \frac{1}{N-1}\sum_U (y_i - \mu_y)(x_i - \mu_x) \quad (5.73)$$

変数値 y_i が大きい要素は変数値 x_i も大きいとき，σ_{yx} の値は正に大きくなる．逆に y_i が大きくなるほど，x_i が小さくなると，σ_{yx} の値は負に大きい．$\sigma_{yx} = 0$ であれば，二つの変数間に直線的な関係はない．

母集団分散 σ_y^2 の二つの推定量に対応して，母集団共分散 σ_{yx} についても以下の二つの推定量を紹介しておく．

$$\hat{\sigma}_{yx,\mathrm{r}} = \frac{\sum_s w_i(y_i - \hat{\mu}_{y,\mathrm{N}})(x_i - \hat{\mu}_{x,\mathrm{N}})}{\sum_s w_i - 1} \quad (5.74)$$

$$\hat{\sigma}_{yx,\mathrm{n}} = \frac{n}{n-1}\frac{\sum_s w_i(y_i - \hat{\mu}_{y,\mathrm{N}})(x_i - \hat{\mu}_{x,\mathrm{N}})}{\sum_s w_i} \quad (5.75)$$

一般に標本サイズ n が大きければ，二つの推定量の違いはほとんどない．

母集団相関係数 (population correlation coefficient) ρ_{yx} も，二つの変数間の直線的な関連の程度を表す指標の一つである．

$$\rho_{yx} = \frac{\sigma_{yx}}{\sigma_y \sigma_x} \quad (5.76)$$

ρ_{yx} は -1 と 1 の間の値をとり，$\rho_{yx} = 1$ であれば二つの変数は完全な比例関係にある．

母集団相関係数 ρ_{yx} の推定量 $\hat{\rho}_{yx}$ は，(5.76) 式の母集団共分散 σ_{yx} と母集団分散 σ_y^2 と σ_x^2 を，それぞれ推定量で置き換えればよい．

$$\hat{\rho}_{yx} = \frac{\sum_s w_i (y_i - \hat{\mu}_{y,\mathrm{N}})(x_i - \hat{\mu}_{x,\mathrm{N}})}{\sqrt{\sum_s w_i (y_i - \hat{\mu}_{y,\mathrm{N}})^2}\sqrt{\sum_s w_i (x_i - \hat{\mu}_{x,\mathrm{N}})^2}} \tag{5.77}$$

なお 13.1.4 節の例題 13.1 も参照のこと.

5.5 母集団中央値の推定

5.5.1 母集団中央値

最後に**母集団中央値** (population median) $Q_{y,0.5}$ である. 例えば表 5.12 は, 母集団企業 $N = 20$ 社を, その売上高が小さい方から大きい方へ順に並び替えたものである. 売上高が小さい方から数えて i 番目の企業の売上高を $y_{\{i\}}$ と表すことにする. 例えば最小の売上高は $y_{\{1\}} = y_{15} = 25$ である.

表 **5.12** 母集団 20 社の売上高

企業 i	15	20	17	3	13	5	12	18	6	19
順序 $\{i\}$	{1}	{2}	{3}	{4}	{5}	{6}	{7}	{8}	{9}	{10}
売上高 y_i	25	62	65	74	84	94	133	148	158	209

	9	4	2	11	8	14	1	7	10	16	母集団総計
	{11}	{12}	{13}	{14}	{15}	{16}	{17}	{18}	{19}	{20}	
	236	292	380	465	479	565	576	636	639	660	$\tau_y = 5{,}980$

母集団中央値 $Q_{y,0.5}$ は, 母集団の N 個の要素を変数 y の大きさの順に並べたとき, ちょうど真ん中の要素の変数値である. $N = 3$ であれば 2 番目の要素の変数値 $y_{\{2\}}$ であり, $N = 4$ であれば 2 番目と 3 番目の要素の平均である. 表 5.12 では, $Q_{y,0.5}$ は $y_{\{10\}}$ と $y_{\{11\}}$ の平均となる.

$$Q_{y,0.5} = \frac{y_{\{10\}} + y_{\{11\}}}{2} = \frac{209 + 236}{2} = 222.5 \tag{5.78}$$

図 5.4 は, 母集団中央値 $Q_{y,0.5}$ を図で表したものである. 図の縦軸は, 売上高が z 以下である企業の母集団割合 $F(z) = N^{-1} \sum_U \delta_i(z)$ である[11]. ただし,

$$\delta_i(z) = \begin{cases} 1, & y_i \leq z \text{ のとき} \\ 0, & y_i > z \text{ のとき} \end{cases} \tag{5.79}$$

である. 母集団中央値 $Q_{y,0.5}$ は $F(z) = 0.5$ となる z の値である. 図 5.4 では,

---

[11] この z は線形化変数を表すものではない.

z が $y_{\{10\}} = 209$ から $y_{\{11\}} = 236$ のときに $F(z) = 0.5$ となるので，両者の平均をとる．

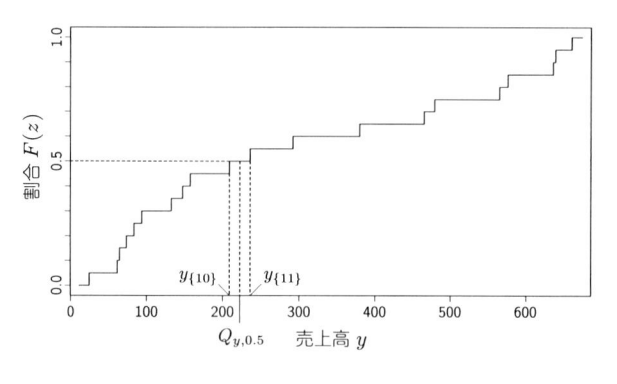

図 5.4 母集団中央値

さらに，0と1の間の任意の q について，$F(z) = q$ となる z の値 $Q_{y,q} = F^{-1}(q)$ を**母集団分位数** (population quantile) という．

5.5.2 母集団中央値の推定

母集団中央値 $Q_{y,0.5}$ を推定するには，まず，変数の値が z 以下となる要素の母集団割合 $F(z)$ を推定する．この $F(z)$ の推定量は，母集団割合の推定量 $\hat{p}_{y,\mathrm{N}} = \sum_s w_i y_i / \hat{N}$ にならって以下のとおりとなる．

$$\hat{F}(z) = \frac{1}{\hat{N}} \sum_s w_i \delta_i(z) \tag{5.80}$$

次に，推定した $\hat{F}(z)$ を用いて，次式を満たす $y_{\{i\}}$ を見つける．

$$\hat{F}(y_{\{i\}}) \leq 0.5 < \hat{F}(y_{\{i+1\}}) \tag{5.81}$$

ただし $y_{\{i\}}$ は，標本において要素を変数 y の値が小さい方から順に並び替えたとき，i 番目の要素の変数値である．この $y_{\{i\}}$ を用いて，$Q_{y,0.5}$ の推定量は

$$\hat{Q}_{y,0.5} = y_{\{i\}} + \frac{0.5 - \hat{F}(y_{\{i\}})}{\hat{F}(y_{\{i+1\}}) - \hat{F}(y_{\{i\}})} (y_{\{i+1\}} - y_{\{i\}}) \tag{5.82}$$

となる．母集団中央値ではない任意の母集団分位数 $Q_{y,q}$ の推定量は，(5.81) 式と (5.82) 式の 0.5 を適当な q で置き換えればよい．なお，$\hat{Q}_{y,q}$ は抽出ウェイト

w_i で偏微分できないため，線形化変数を用いてその分散の推定量を求めることはできない．推定量 $\hat{Q}_{y,q}$ の信頼区間については Woodruff (1952) や McCarthy (1993) を参照のこと．

例題 5.15　母集団中央値の推定

表 5.13 は，表 5.12 の母集団から $n = 4$ 社を資本金で確率比例抽出したものである．

表 **5.13**　復元確率比例抽出標本

企業 i	3	19	8	16
順序 $\{i\}$	$\{1\}$	$\{2\}$	$\{3\}$	$\{4\}$
売上高 y_i	74	209	479	660
抽出ウェイト w_i	6.63	5.92	3.95	3.19

図 5.5 には，この標本を用いた $F(z)$ の推定値を示してある．

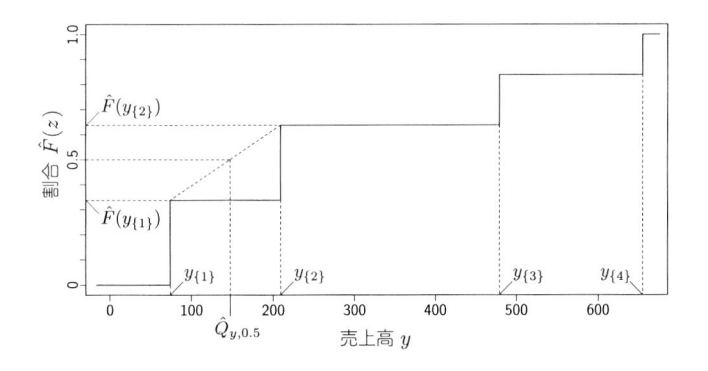

図 **5.5**　母集団中央値の推定値

図 5.5 では売上高が $y_{\{1\}} = 74$ のところで

$$\hat{F}(74) = \frac{w_{\{1\}}}{\hat{N}} = \frac{6.63}{6.63 + 5.92 + 3.95 + 3.19} = 0.337 \tag{5.83}$$

であり，$y_{\{2\}} = 209$ のところで $\hat{F}(209) = (6.63 + 5.92)/\hat{N} = 0.637$ となる．そのため母集団中央値の推定値は次式となる．

$$\hat{Q}_{y,0.5} = 74 + \frac{0.5 - 0.337}{0.637 - 0.337}(209 - 74) = 147.2 \tag{5.84}$$

5.6 補　　遺

5.2.1 節で説明した手順で $V(\hat{\theta})$ を近似できる理由は以下のとおりである．まず $\hat{\theta} = f(\hat{\tau}_{y(1)}, \ldots, \hat{\tau}_{y(J)})$ を $\tau_{y(1)}, \ldots, \tau_{y(J)}$ の周りで Taylor 展開する．

$$\hat{\theta} = \theta + \sum_{j=1}^{J} a_j (\hat{\tau}_{y(j)} - \tau_{y(j)}) + R \tag{5.85}$$

ただし R は剰余項であり，a_j は $\partial \hat{\theta}/\partial \hat{\tau}_{y(j)}$ を真の $\tau_{y(1)}, \ldots, \tau_{y(J)}$ のところで評価したものである．

$$a_j = \left. \frac{\partial \hat{\theta}}{\partial \hat{\tau}_{y(j)}} \right|_{(\hat{\tau}_{y(1)},\ldots,\hat{\tau}_{y(J)})=(\tau_{y(1)},\ldots,\tau_{y(J)})}, \quad (j=1,\ldots,J) \tag{5.86}$$

ところで $\hat{\tau}_{y(j)} = \sum_s w_i y_{i(j)}$ と $\tau_{y(j)} = \sum_U y_{i(j)}$ であることに注意すると，

$$\sum_{j=1}^{J} a_j (\hat{\tau}_{y(j)} - \tau_{y(j)}) = \sum_s w_i \sum_{j=1}^{J} a_j y_{i(j)} - \sum_U \sum_{j=1}^{J} a_j y_{i(j)} \tag{5.87}$$

$$= \sum_s w_i z_i - \sum_U z_i = \hat{\tau}_z - \tau_z \tag{5.88}$$

となる．ただし $z_i = \sum_{j=1}^{J} a_j y_{i(j)}$ である．$E(\hat{\tau}_z) = \tau_z$ なので，(5.85) 式の剰余項 R を無視すると $MSE(\hat{\theta})$ は $V(\hat{\tau}_z)$ で近似できる．

$$MSE(\hat{\theta}) = E\left\{(\hat{\theta}-\theta)^2\right\} \approx E\left\{(\hat{\tau}_z - \tau_z)^2\right\} = MSE(\hat{\tau}_z) = V(\hat{\tau}_z) \tag{5.89}$$

さらに剰余項 R を無視するということは，$E(\hat{\theta}) \approx \theta$ と近似し，偏り $B(\hat{\theta})$ を無視するということなので，(5.89) 式は分散 $V(\hat{\theta})$ の近似式ともなっている．

なお上記で導いた z_i は，以下のとおり (5.30) 式に示す z_i に一致する．

$$z_i = \sum_{j=1}^{J} \frac{\partial \hat{\theta}}{\partial \hat{\tau}_{y(j)}} y_{i(j)} = \sum_{j=1}^{J} \frac{\partial \hat{\theta}}{\partial \hat{\tau}_{y(j)}} \frac{\partial \hat{\tau}_{y(j)}}{\partial w_i} = \frac{\partial \hat{\theta}}{\partial w_i} \tag{5.90}$$

6

層化抽出法

層化抽出法は，層というグループごとに標本を抽出する方法である．適切な層を用いれば，単純無作為抽出法よりも推定量の精度は向上する．章の前半では層化抽出法の性質と望ましい層の構成法を説明する．また後半では，事後層化推定量とその拡張であるレイキング比推定量を紹介する．これらの推定量は，層の情報を事後に利用することで，線形推定量よりも分散を縮小しようとする方法である．

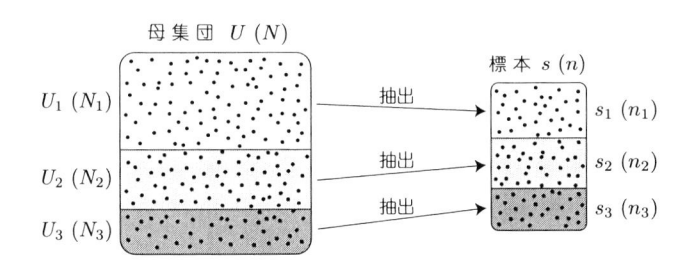

6.1 層化抽出法

6.1.1 層化抽出法とは

確率比例抽出法では，推定量の精度を上げるため，"連続量"の補助変数を利用した．同様に推定量の精度向上のため，"カテゴリカル"な補助変数を利用する標本抽出法が**層化抽出法**あるいは**層別抽出法** (stratified sampling) である．

図 6.1 層化抽出法

層化抽出法では，まず母集団 U をいくつかのグループに分割する．このグループを**層** (stratum) と呼び，層化のための補助変数を特に**層化変数** (stratification variable) と呼ぶ．次に各層において独立に標本を抽出する．層の間で抽出法や抽出率が異なっていてもよい．各層の標本を合わせたものが全体の標本 s である．

層化抽出法の主なねらいは推定量の精度向上にある．例えば調査対象は個人とする．層化をしない単純無作為抽出法では，標本が特定の性や年齢に偏るおそれ

がある．仮にそれらの属性間で変数 y の値が異なれば，推定値は抽出される標本属性の分布を反映して大きく変動してしまう．そこで性・年齢によって母集団をあらかじめ層化しておく．標本は全ての性と年齢層を確実に網羅する．推定値の変動は抑えられ，分散は縮小することになる．

また確率比例抽出法では，大企業ほど選ばれやすくすることで推定量の精度を高めた．これと同様のことが層化抽出法でも可能である．例えば表 6.1 は，母集団の $N = 20$ 社を，資本金を層化変数として小規模 (資本金 25 未満)，中規模 (同 25 以上 50 未満)，大規模 (同 50 以上) の三つに層化したものである．各層の抽出率を例えば小規模は $2/8 = 0.25$，中規模は $3/7 = 0.43$，大規模は $4/5 = 0.80$ などとすれば，大企業ほど標本として選ばれやすくできる．なお，具体的な抽出率を定めるには Neyman 割当 (6.2.1 節) などを用いればよい．

表 6.1　母集団企業の層化

小規模	企業 i	5	6	12	13	15	17	18	20	層総計
(資本金 25 未満)	売上高 y_i	94	158	133	84	25	65	148	62	$\tau_{y,\text{小}} = 769$
	資本金 x_i	22	19	15	15	19	19	15	22	$\tau_{x,\text{小}} = 146$

中規模	企業 i	1	2	3	4	8	9	19	層総計
(資本金 25 以上	売上高 y_i	576	380	74	292	479	236	209	$\tau_{y,\text{中}} = 2,246$
50 未満)	資本金 x_i	47	31	25	34	42	36	28	$\tau_{x,\text{中}} = 243$

大規模	企業 i	7	10	11	14	16	層総計
(資本金 50 以上)	売上高 y_i	636	639	465	565	660	$\tau_{y,\text{大}} = 2,965$
	資本金 x_i	57	60	51	54	52	$\tau_{x,\text{大}} = 274$

層化抽出法は，母集団全体だけでなく，**部分母集団**に関心があるときにも用いられる．目的とする部分母集団を層の一つとすることで，必要なサイズの標本をそこから確実に抽出するのである．また，低い回収率が予想される部分母集団について，抽出率をあらかじめ高めに設定しておくこともある．

さらに調査実施上の制約から層化抽出法を採用することもある．例えば標本抽出を各都道府県に依頼して行う場合である．都道府県が層となり，標本は都道府県ごとに独立に抽出される．

6.1.2　層化抽出の方法

ここで記号の整理をしながら層化抽出法の手順を見ていく．

1) 母集団 U を，互いに排反で全てを尽くす H 個の層 $U_1, \ldots, U_H$ に分割する．どのような層に分割するのがよいのかは 6.2.2 節で見ていく．
$$U = U_1 \cup U_2 \cup \cdots \cup U_h \cup \cdots \cup U_H = \bigcup_{h=1}^{H} U_h \tag{6.1}$$
第 h 層に含まれる要素の数，つまり**層サイズ** (size of stratum) を N_h とする．母集団サイズ N は層サイズ $N_1, \ldots, N_H$ の合計 $N = \sum_{h=1}^{H} N_h$ である．N_h の相対的な大きさ $W_h = N_h/N$ を，第 h 層の**層ウェイト** (stratum weight) と呼ぶ．層ウェイトの合計は $\sum_{h=1}^{H} W_h = 1$ である．

第 h 層の**層総計** (stratum total) $\tau_{y,h}$ や**層平均** (stratum mean) $\mu_{y,h}$，あるいは**層分散** (stratum variance) $\sigma_{y,h}^2$ は，第 h 層に含まれる要素のみを用いて計算する．
$$\tau_{y,h} = \sum_{U_h} y_i, \quad \mu_{y,h} = \frac{1}{N_h} \tau_{y,h} \tag{6.2}$$
$$\sigma_{y,h}^2 = \frac{1}{N_h - 1} \sum_{U_h} (y_i - \mu_{y,h})^2 \tag{6.3}$$
$\sum_{U_h}$ は，層 U_h に属す要素についてだけ和をとることを表す．母集団総計 τ_y は層総計 $\tau_{y,1}, \ldots, \tau_{y,H}$ の合計である．
$$\tau_y = \tau_{y,1} + \cdots + \tau_{y,H} = \sum_{h=1}^{H} \tau_{y,h} \tag{6.4}$$

2) 各層において独立に標本抽出を行う．第 h 層の標本を s_h とする．層の間で抽出方法 (全数抽出・単純無作為抽出法・系統抽出法・確率比例抽出法など) が異なっていてもよい．ある層でどの要素が選ばれたのかということが，他の層の標本抽出に影響しないという独立性を保つことが重要である．標本 s は，各層の標本 $s_1, \ldots, s_H$ の和である．
$$s = s_1 \cup s_2 \cup \cdots \cup s_h \cup \cdots \cup s_H = \bigcup_{h=1}^{H} s_h \tag{6.5}$$
第 h 層の標本サイズを n_h とする．各層の標本サイズの定め方は 6.2.1 節で説明する．第 h 層の抽出率は $f_h = n_h/N_h$ である．標本サイズ n は，各層の標本サイズ $n_1, \ldots, n_H$ の合計 $n = \sum_{h=1}^{H} n_h$ となる．

標本層平均 $\bar{y}_h$ や標本層分散 $S_{y,h}^2$ は，第 h 層の標本 s_h から計算される．
$$\bar{y}_h = \frac{1}{n_h} \sum_{s_h} y_i, \quad S_{y,h}^2 = \frac{1}{n_h - 1} \sum_{s_h} (y_i - \bar{y}_h)^2 \tag{6.6}$$

例題 6.1　層化抽出法

表 6.1 に示す各層から，小規模は $n_小 = 2$ 社，中規模は $n_中 = 3$ 社，大規模は $n_大 = 4$ 社をそれぞれ非復元単純無作為抽出した結果が表 6.2 である[*1]．標本層総計や標本層分散 $S_{y,h}^2$ は，各層の標本企業の売上高から計算した値である．

表 6.2　層化抽出標本

小規模	企業 i	6	17			標本層総計	標本層分散
	売上高 y_i	158	65			223	$S_{y,小}^2 = 65.8^2$
	抽出ウェイト w_i	8/2	8/2			8	

中規模	企業 i	2	3	9		標本層総計	標本層分散
	売上高 y_i	380	74	236		690	$S_{y,中}^2 = 153.1^2$
	抽出ウェイト w_i	7/3	7/3	7/3		7	

大規模	企業 i	7	11	14	16	標本層総計	標本層分散
	売上高 y_i	636	465	565	660	2,326	$S_{y,大}^2 = 87.5^2$
	抽出ウェイト w_i	5/4	5/4	5/4	5/4	5	

6.1.3　層化抽出法における線形推定

母集団総計 τ_y の推定量として，これまでに線形推定量と比推定量の二つを紹介した．しばらくは線形推定量を見ていく．比推定量は 6.3 節で扱う．

まず線形推定のための抽出ウェイト w_i は，各層内の抽出法に応じて定めればよい．第 h 層が単純無作為抽出法であれば，第 h 層に含まれる要素の抽出ウェイトは $w_i = N_h/n_h$ である．補助変数 x による確率比例抽出法であれば，$w_i = \tau_{x,h}/(n_h x_i)$ となる．ただし $\tau_{x,h}$ は，補助変数 x の層総計 $\tau_{x,h} = \sum_{U_h} x_i$ である．

次に，母集団総計 τ_y の線形推定量 $\hat{\tau}_y$ やその分散 $V(\hat{\tau}_y)$，さらにその推定量 $\hat{V}(\hat{\tau}_y)$ は，いずれも層ごとの統計量の合計となる．層の間では抽出が独立だからである．逆に母集団全体の推定量 $\hat{\tau}_y$ や $\hat{V}(\hat{\tau}_y)$ を，層ごとの推定量の合計という簡単な方法で求めるには，層の間で抽出を独立にしておく必要がある．

$$\hat{\tau}_y = \sum_{h=1}^{H} \hat{\tau}_{y,h} = \sum_{h=1}^{H} \sum_{s_h} w_i y_i = \sum_s w_i y_i = \sum_s \breve{y}_i \qquad (6.7)$$

[*1] $n_1 = 2$ ではなく $n_小 = 2$ などの添字は，読みやすさを優先したものである．

$$V(\hat{\tau}_y) = \sum_{h=1}^{H} V(\hat{\tau}_{y,h}), \qquad \hat{V}(\hat{\tau}_y) = \sum_{h=1}^{H} \hat{V}(\hat{\tau}_{y,h}) \tag{6.8}$$

$\hat{\tau}_y$ は，抽出ウェイト w_i による加重変数 $\tilde{y}_i = w_i y_i$ の標本総計となる．$V(\hat{\tau}_{y,h})$ や $\hat{V}(\hat{\tau}_{y,h})$ の具体的な表現は，層内の標本抽出法に応じて定まる．なお全体の標準誤差 $SE(\hat{\tau}_y)$ は各層の標準誤差 $SE(\hat{\tau}_{y,h})$ の和ではないことに注意すること．

母集団平均 μ_y の線形推定量は，(6.7) 式の $\hat{\tau}_y$ を用いて $\hat{\mu}_y = \hat{\tau}_y/N$ となる．また $V(\hat{\mu}_y) = V(\hat{\tau}_y)/N^2$ と $\hat{V}(\hat{\mu}_y) = \hat{V}(\hat{\tau}_y)/N^2$ である．

例題 6.2 層化抽出法における線形推定量

表 6.2 の層化抽出標本を使って，売上高 y の母集団総計 τ_y を線形推定してみよう．まず各層総計の推定値 $\hat{\tau}_{y,h}$ を求める．例えば小規模層の売上高総計 $\tau_{y,\text{小}}$ の推定値は

$$\hat{\tau}_{y,\text{小}} = \sum_{\text{小規模層標本}} w_i y_i = \frac{8}{2} \times 158 + \frac{8}{2} \times 65 = 892 \tag{6.9}$$

となる．同様に中規模の推定値は $\hat{\tau}_{y,\text{中}} = 1{,}610$, 大規模の推定値は $\hat{\tau}_{y,\text{大}} = 2{,}908$ である．母集団全体の推定値 $\hat{\tau}_y$ は，これら三つの合計となる．

$$\hat{\tau}_y = \hat{\tau}_{y,\text{小}} + \hat{\tau}_{y,\text{中}} + \hat{\tau}_{y,\text{大}} = 892 + 1{,}610 + 2{,}908 = 5{,}410 \tag{6.10}$$

推定量の分散 $V(\hat{\tau}_y)$ を推定するには，各層内が非復元単純無作為抽出法であることを利用して層ごとに $\hat{V}(\hat{\tau}_{y,h})$ を求め，それらを合算すればよい．

$$\begin{aligned}\hat{V}(\hat{\tau}_y) &= \sum_{h=1}^{H} N_h^2 (1-f_h) \frac{1}{n_h} S_{y,h}^2 \\ &= \underbrace{8^2 \times \left(1 - \frac{2}{8}\right) \times \frac{65.8^2}{2} + \cdots}_{\text{三つの層}} = 576.3^2 \end{aligned} \tag{6.11}$$

6.2 層 の 構 成

6.2.1 各層への標本サイズの割当法

層化抽出法における推定量の分散の大きさは，各層の標本サイズ $n_1, \ldots, n_H$ の割当法や層の構成法に左右される．以下では線形推定量を前提として，それらの方法を見ていこう．まず，各層に割り当てる標本サイズの定め方として，本書で

は主に三つを紹介する．

- **Neyman 割当**

層内は非復元単純無作為抽出法とする．全体の標本サイズ n が決まっているとき，第 h 層の標本サイズ n_h を次式とすると，線形推定量 $\hat{\tau}_y$ の分散 $V(\hat{\tau}_y)$ は最小となる．

$$n_h = n \frac{N_h \sigma_{y,h}}{\sum_{h=1}^{H} N_h \sigma_{y,h}}, \quad (h = 1, \ldots, H) \qquad (6.12)$$

これを **Neyman** 割当 (Neyman allocation) という (Tschuprow, 1923; Neyman, 1934)．各層の抽出率 $f_h = n_h/N_h$ は層標準偏差 $\sigma_{y,h}$ に比例することになる．(6.12) 式によれば，サイズ N_h が大きく，また層標準偏差 $\sigma_{y,h}$ が大きい層ほど，標本サイズ n_h も大きくするのがよい．そのような層では推定量の分散が大きくなりやすいからである．ただし現実には正確な $\sigma_{y,h}$ は知られていない．そこで同様の調査結果を利用したり，変数 y と相関が高い補助変数 x の層標準偏差 $\sigma_{x,h}$ で代替する．

Neyman 割当は**最適割当** (optimum allocation) の特別な場合である．調査にかけられる総費用 $C = c_0 + \sum_{h=1}^{H} n_h c_h$ が決まっているものとする．ただし c_h は第 h 層の要素一つを調査するのに必要な費用であり，c_0 は諸経費である．推定量の分散が $V(\hat{\tau}_y) = \sum_{h=1}^{H} v_h/n_h + u$ と表せるとき，推定量の分散が最小となる n_h は次式となる．

$$n_h = (C - c_0) \frac{\sqrt{v_h/c_h}}{\sum_{h=1}^{H} \sqrt{v_h c_h}}, \quad (h = 1, \ldots, H) \qquad (6.13)$$

例えばどの層も非復元単純無作為抽出法であれば，推定量の分散は $v_h = N_h^2 \sigma_{y,h}^2$ と $u = -\sum_{h=1}^{H} N_h \sigma_{y,h}^2$ で表せるので，n_h は次式となる．

$$n_h = (C - c_0) \frac{N_h \sigma_{y,h}/\sqrt{c_h}}{\sum_{h=1}^{H} N_h \sigma_{y,h} \sqrt{c_h}}, \quad (h = 1, \ldots, H) \qquad (6.14)$$

費用 c_h が全ての層で等しいとき，(6.14) 式は Neyman 割当となる．

- **比例割当**

Neyman 割当において全ての層分散が一定 $\sigma_{y,1}^2 = \cdots = \sigma_{y,H}^2$ とすれば，**比例割当** (proportional allocation) となる．

$$n_h = n \frac{N_h}{N} = n W_h, \quad (h = 1, \ldots, H) \qquad (6.15)$$

6.2 層の構成

標本サイズ n_h は層サイズ N_h に比例し，層内の抽出率 $f_h = n_h/N_h = n/N$ は全ての層で一定となる．どの層も単純無作為抽出であれば，母集団平均の線形推定量 $\hat{\mu}_y$ は標本平均 $\bar{y}$ に一致する．

$$\hat{\mu}_y = \frac{1}{N}\sum_{h=1}^{H}\frac{N_h}{n_h}\sum_{s_h} y_i = \frac{1}{n}\sum_s y_i = \bar{y} \tag{6.16}$$

つまり比例割当したサイズの標本を各層で単純無作為抽出すれば，標本平均 $\bar{y}$ で母集団平均 μ_y を推定できる．このような $\bar{y} = \hat{\mu}_y$ となる標本を一般に**自己加重標本**あるいは**自動加重標本** (self-weighting sample) と呼ぶ．ただし nW_h の小数点以下を丸めるため，厳密に自己加重標本とはならないことがある．

この比例割当を採用する調査は多い．層分散 $\sigma_{y,h}^2$ が知られていなかったり，ある変数 $y_{(j)}$ で最適な割当が，他の変数 $y_{(j')}$ $(j' \neq j)$ でも最適とは限らないからである．自己加重標本が得られるという利点も大きい．

- **均等割当**

均等割当 (equal allocation) では，全ての層の標本サイズを等しくする．

$$n_h = \frac{n}{H}, \quad (h = 1,\ldots,H) \tag{6.17}$$

各都道府県に実査を委託するなど，層によって調査実施者が違うとき，均等割当とすれば実査の負担を平準化できる (Stevens, 1952)．

なお，各層総計 $\tau_{y,h}$ の推定も目的とするときには，どの層にもある程度のサイズの標本を割り当てておきたい．しかし，層の間でサイズ N_h が大きく異なるときに Neyman 割当や比例割当を用いると，小さな層では $n_h < 1$ となったり，十分な大きさの標本を割り当てられないことがある．一つの対処法は，各層にまず必要最低限の標本サイズ $n_{\min}$ を割り当て，その残りを例えば比例割当することである．

$$n_h = n_{\min} + (n - n_{\min}H)\frac{N_h}{N} = nW_h + n_{\min}(1 - HW_h), \quad (h=1,\ldots,H) \tag{6.18}$$

あるいは層サイズ N_h の α (< 1) 乗に比例させる方法もある．

$$n_h = n\frac{N_h^{\alpha}}{\sum_{h=1}^{H} N_h^{\alpha}} \propto N_h^{\alpha}, \quad (h = 1,\ldots,H) \tag{6.19}$$

この (6.19) 式は**べき乗割当** (power allocation) の一つである (Bankier, 1988)．

6.2.2　層化抽出法のデザイン効果

適切な層化変数の要件を探るため，次に層化抽出法のデザイン効果を見てみよう．各層の標本サイズは比例割当とし，各層内は非復元単純無作為抽出とする．このとき母集団総計の線形推定量 $\hat{\tau}_y$ の分散は次式となる．

$$V(\hat{\tau}_y) = N^2 \left(1 - \frac{n}{N}\right) \frac{1}{n} \sum_{h=1}^{H} \frac{N_h}{N} \sigma_{y,h}^2 \qquad (6.20)$$

また母集団分散 σ_y^2 は以下のように書き直せる．

$$\sigma_y^2 = \sum_{h=1}^{H} \frac{N_h - 1}{N - 1} \sigma_{y,h}^2 + \sum_{h=1}^{H} \frac{N_h}{N - 1} (\mu_{y,h} - \mu_y)^2 \qquad (6.21)$$

したがって $(N_h - 1)/(N - 1) \approx N_h/(N - 1) \approx N_h/N = W_h$ とすれば，デザイン効果は次式で近似できる．

$$\mathrm{Deff} \approx \frac{\sum_{h=1}^{H} W_h \sigma_{y,h}^2}{\sum_{h=1}^{H} W_h \sigma_{y,h}^2 + \sum_{h=1}^{H} W_h (\mu_{y,h} - \mu_y)^2} \qquad (6.22)$$

(6.22) 式の Deff の値は明らかに 1 以下であり，比例割当とした層化抽出法は単純無作為抽出法よりも推定量の分散が小さい．特に層分散 $\sigma_{y,1}^2, \ldots, \sigma_{y,H}^2$ がいずれも小さく，層平均 $\mu_{y,1}, \ldots, \mu_{y,H}$ の間の違いが大きいとき，層化の効果が高い．層化変数の候補が複数考えられるときには，お互いに似た要素は一つの層にまとめ，似ていない要素は別の層に分けるような変数で層化するのがよいということである．(層化をしない) 単純無作為抽出法では，線形推定量の分散の大きさは母集団分散 σ_y^2 に比例する．しかし σ_y^2 の大きさ自体は調査者が決められるものではない．そこで層分散 $\sigma_{y,1}^2, \ldots, \sigma_{y,H}^2$ が小さくなるよう層化する．各層内の標本誤差が抑えられ，全体の標本誤差も小さくなる．

なお，(6.22) 式は比例割当の場合である．Neyman 割当とすればデザイン効果はさらに小さくなる．しかし逆に，層サイズ N_h や層標準偏差 $\sigma_{y,h}$ が小さな層に大きな標本を割り当てるなど，Neyman 割当から大きく外れると，デザイン効果は 1 より大きくなる．層化をすれば必ず推定量の分散が小さくなるわけではない．

例題 6.3　層化抽出法のデザイン効果

表 6.3 に基づいて，層化抽出法のデザイン効果を計算してみよう．$n = 9$ の標本を層化非復元単純無作為抽出 (STSI) あるいは非復元単純無作為抽出 (SI) すると，$\hat{\tau}_y$ の分散はそれぞれ次式となる．

表 6.3 層ごとの統計量

		小規模	中規模	大規模	全体
層サイズ	N_h	8	7	5	$N = 20$
標本サイズ	n_h	2	3	4	$n = 9$
層平均	$\mu_{y,h}$	96.1	320.9	593.0	$\mu_y = 299.0$
層分散	$\sigma^2_{y,h}$	46.6^2	170.8^2	80.0^2	$\sigma^2_y = 227.2^2$

$$V_{\mathrm{STSI}}(\hat{\tau}_y) = \sum_{h=1}^{H} N_h^2 (1 - f_h) \frac{1}{n_h} \sigma^2_{y,h} = 576.7^2 \qquad (6.23)$$

$$V_{\mathrm{SI}}(\hat{\tau}_y) = N^2 (1 - f) \frac{1}{n} \sigma^2_y = 1,123.3^2 \qquad (6.24)$$

したがってデザイン効果は次式となる.

$$\mathrm{Deff} = \frac{V_{\mathrm{STSI}}(\hat{\tau}_y)}{V_{\mathrm{SI}}(\hat{\tau}_y)} = \frac{576.7^2}{1,123.3^2} = 0.513^2 = 0.264 \qquad (6.25)$$

表 6.3 の割当を用いた層化抽出をすることで,推定量の分散は単純無作為抽出の場合の 26.4%,標準誤差では 51.3% とすることができる.これは母集団分散 $\sigma^2_y = 227.2^2$ に対して各層分散 $\sigma^2_{y,h}$ が小さいためである.また小規模の層平均 $\mu_{y,\text{小}} = 96.1$ に対し,大規模層は $\mu_{y,\text{大}} = 593.0$ と層平均は大きく異なる.

6.2.3 層の構成

最後に層の区切り方を見ておく.まず,資本金や売上高の分布のような大きく歪んだ分布をする変数で,Neyman 割当を使って標本サイズを求めると,層によっては抽出率 $f_h = n_h/N_h$ が 1 に近くなったり,1 を超えてしまうことがある.それらの要素は全数抽出の層としてまとめるのがよい.全数層と標本層とを分ける基準として,Hansen et al. (1953, Vol.I p.220) は $x_i > \tau_x/(2n)$ を挙げている[*2].少なくとも $x_i > \tau_x/n$ である要素は,補助変数 x で確率比例抽出するとき,包含確率が $\pi_i > 1$ となってしまうからである (4.3.1 節).

次に標本層における層の数 H は,推定量の精度向上を目的とするとき,一般に 3〜10 程度で十分である (Kish, 1965).$H = 5$ や 6 より大きくしても精度の著しい改善は見込めない (Cochran, 1977).もちろん,部分母集団としての層が多数必要なときには,この限りでない.

さらに表 6.1 の資本金のように層の区切り位置がいくつも考えられるときには,

[*2] 他の基準は Glasser (1962) や Hidiroglou (1986) を参照のこと.

層化変数 x 上の分割点を決める方法がいくつか提案されている．以下ではそのうち二つを紹介する[*3]．

- **Ekman 法**

    X_h を第 h 層の層化変数 x の上限値とすると，$W_h(X_h - X_{h-1})$ がどの層もなるべく等しくなるよう層の区切り X_h を決める (Ekman, 1959)．要素が密集し $W_h = N_h/N$ が大きい部分では範囲 $X_h - X_{h-1}$ を狭くし，要素が疎らで $W_h = N_h/N$ が小さい部分では範囲 $X_h - X_{h-1}$ を広くするのである．層化変数が適切であれば，均等割当が Neyman 割当に近くなる．

- **累積 $\sqrt{f}$ 法**

    累積 $\sqrt{f}$ 法 (cum $\sqrt{f}$ rule) の手順は以下のとおりである (Dalenius and Hodges, 1959)．まず層化変数 x で細かく $G\,(>H)$ 個の層に層化し，各層の頻度 $f_1, \ldots, f_G$ を求める．次に f_g の平方根を累積する．$\sqrt{f_g}$ の総計を F とすると，累積値が $F/H, 2F/H, \ldots, (H-1)F/H$ に近いところで層化する．特に分布が大きく歪んでいるときには，層サイズ $N_1, \ldots, N_H$ が等しくなるよう層化する方法よりも層分散が平準化し，$X_h - X_{h-1}$ が等しくなるよう層化する方法 (Aoyama, 1954) よりも層サイズが平準化する (Levy and Lemeshow, 1999, p.182)．

例題 6.4 　累積 $\sqrt{f}$ 法

表 6.4 は母集団企業 $N = 20$ 社の資本金の分布である．累積 $\sqrt{f}$ 法を用いて $H = 3$ に層化してみよう．$f_g\ (g = 1, \ldots, 10)$ の列は企業数であり，$\sqrt{f_g}$ はその平方根である．累積の列は $\sqrt{f_g}$ の累積である．

表 6.4　累積 $\sqrt{f}$ 法

資本金	f_g	$\sqrt{f_g}$	累積	資本金	f_g	$\sqrt{f_g}$	累積
15〜19	6	2.45	2.45	40〜44	1	1.00	8.69
20〜24	2	1.41	3.86	45〜49	1	1.00	9.69
25〜29	2	1.41	5.28	50〜54	3	1.73	11.42
30〜34	2	1.41	6.69	55〜59	1	1.00	12.42
35〜39	1	1.00	7.69	60〜64	1	1.00	13.42

[*3]　もちろん，他の合理的な分割基準があれば，それを用いればよい．他の方法は Cochran (1961)，Singh and Chaudhary (1986, p.66)，Lavallée and Hidiroglou (1987) を参照のこと．

$\sqrt{f_g}$ の総計は $F = 13.42$ なので,三つに層化するのであれば,累積の列の値が $13.42/3 = 4.47$ と $2 \times 13.42/3 = 8.95$ の辺りで区切ればよい.すなわち資本金が 15〜24,25〜44,45〜64 の三つとすればよい.

6.2.4 標本サイズが 1 の層

標本サイズが $n_k = 1$ の層があっても,線形推定値や比推定値を求めることは可能である.しかし推定量の分散は,全ての層が $n_h \geq 2$ でなければ推定できない[*4].標本設計の際にはこの点に留意すべきである.現実には,割り当てる標本サイズを 1 とせざるを得なかったり,計画では $n_h \geq 2$ であっても回収した標本サイズが 1 となることがある.以下では推定量の分散を推定するための対処法をいくつか紹介する (Lumley, 2009).なお標本サイズ 1 の層を第 k 層とする.

- **融合法**

  二つの層を組み合わせて一つの層とする.極端な例として,全ての層の標本サイズが 1 であるときに,層を二つずつ合併し,層の総数を $H/2$,各層の標本サイズを全て 2 とする方法である.

- **除去法**

  第 k 層の $\hat{\tau}_{y,k}$ の分散の推定量を $\hat{V}(\hat{\tau}_{y,k}) = 0$ とおく.第 k 層は $V(\hat{\tau}_y)$ の推定に寄与しない.

$$\hat{V}(\hat{\tau}_y) = \sum_{h \neq k}^{H} \hat{V}(\hat{\tau}_{y,h}) \tag{6.26}$$

層サイズそのものが $N_k = 1$ であれば $V(\hat{\tau}_{y,k}) = 0$ としてよい.そうでないときには $\hat{V}(\hat{\tau}_y)$ は過小推定となる.

- **平均法**

  第 k 層の $\hat{V}(\hat{\tau}_{y,k})$ を他の $n_h \geq 2$ である層の $\hat{V}(\hat{\tau}_{y,h})$ の平均とする.第 k 層以外の全ての層が $n_h \geq 2$ $(h \neq k)$ であれば,

$$\hat{V}(\hat{\tau}_{y,k}) = \frac{1}{H-1} \sum_{h \neq k}^{H} \hat{V}(\hat{\tau}_{y,h}) \tag{6.27}$$

とする.$\hat{\tau}_y$ の分散の推定量は以下のとおりとなる.

[*4] 集落抽出法 (第 8 章) や多段抽出法 (第 9 章) では標本 PSU の数が $m_h \geq 2$ である必要がある.

$$\hat{V}(\hat{\tau}_y) = \sum_{h \neq k}^{H} \hat{V}(\hat{\tau}_{y,h}) + \frac{1}{H-1} \sum_{h \neq k}^{H} \hat{V}(\hat{\tau}_{y,h}) = \frac{H}{H-1} \sum_{h \neq k}^{H} \hat{V}(\hat{\tau}_{y,h}) \quad (6.28)$$

つまり除去法の過小推定分を，$H/(H-1)$ により調整しようとするものである．

- **調整法**

分散を求めるために，第 k 層の平均の推定値 $\hat{\mu}_{y,k}$ からの偏差をとるのではなく，母集団平均の推定値 $\hat{\mu}_{y,\mathrm{N}} = \hat{\tau}_y/\hat{N}$ からの偏差をとる．第 k 層の分散の推定量は次式となる．

$$\hat{V}(\hat{\tau}_{y,k}) = \begin{cases} w_i^2 (y_i - \hat{\mu}_{y,\mathrm{N}})^2, & \text{復元抽出法の場合} \\ (1 - 1/N_k) w_i^2 (y_i - \hat{\mu}_{y,\mathrm{N}})^2, & \text{非復元抽出法の場合} \end{cases}$$
$$(6.29)$$

6.3 層化抽出法における比推定量

6.3.1 結合比推定量と個別比推定量

層化抽出法では，結合比推定量と個別比推定量という二つの**比推定量**が考えられる．表 6.5 に示す層化抽出標本を例としよう．

表 **6.5** 層化抽出標本

	企業 i	6	17		層総計推定値	層総計
小規模	売上高 y_i	158	65		$\hat{\tau}_{y,\text{小}} = 892$	
(資本金 25 未満)	資本金 x_i	19	19		$\hat{\tau}_{x,\text{小}} = 152$	$\tau_{x,\text{小}} = 146$
	抽出ウェイト w_i	8/2	8/2			
	企業 i	2	3	9	層総計推定値	層総計
中規模	売上高 y_i	380	74	236	$\hat{\tau}_{y,\text{中}} = 1{,}610$	
(資本金 25 以上	資本金 x_i	31	25	36	$\hat{\tau}_{x,\text{中}} = 215$	$\tau_{x,\text{中}} = 243$
50 未満)	抽出ウェイト w_i	7/3	7/3	7/3		
	企業 i	7	11	14	16	層総計推定値	層総計
大規模	売上高 y_i	636	465	565	660	$\hat{\tau}_{y,\text{大}} = 2{,}908$	
(資本金 50 以上)	資本金 x_i	57	51	54	52	$\hat{\tau}_{x,\text{大}} = 268$	$\tau_{x,\text{大}} = 274$
	抽出ウェイト w_i	5/4	5/4	5/4	5/4		

結合比推定量 (combined ratio estimator) $\hat{\tau}_{y,\mathrm{R^c}}$ では，まず母集団全体の総計 τ_x と τ_y の線形推定量を求め，その後に比を用いる．

$$\hat{\tau}_{y,\mathrm{R^c}} = (\tau_{x,\text{小}} + \tau_{x,\text{中}} + \tau_{x,\text{大}}) \frac{\hat{\tau}_{y,\text{小}} + \hat{\tau}_{y,\text{中}} + \hat{\tau}_{y,\text{大}}}{\hat{\tau}_{x,\text{小}} + \hat{\tau}_{x,\text{中}} + \hat{\tau}_{x,\text{大}}}$$

$$= (146 + 243 + 274) \times \frac{892 + 1{,}610 + 2{,}908}{152 + 215 + 268} = 5{,}655 \quad (6.30)$$

結合比推定量は一般に次式で表すことができる．

$$\hat{\tau}_{y,\mathrm{R^c}} = \tau_x \hat{R} = \tau_x \frac{\hat{\tau}_y}{\hat{\tau}_x} = \tau_x \frac{\sum_{h=1}^H \hat{\tau}_{y,h}}{\sum_{h=1}^H \hat{\tau}_{x,h}} = \tau_x \frac{\sum_{h=1}^H \sum_{s_h} w_i y_i}{\sum_{h=1}^H \sum_{s_h} w_i x_i} \quad (6.31)$$

一方，**個別比推定量** (separate ratio estimator) $\hat{\tau}_{y,\mathrm{R^s}}$ では，まず層ごとに比推定量 $\hat{\tau}_{y,h,\mathrm{R}}$ を求め，次にそれらを合算する．

$$\hat{\tau}_{y,\mathrm{R^s}} = \tau_{x,\text{小}} \frac{\hat{\tau}_{y,\text{小}}}{\hat{\tau}_{x,\text{小}}} + \tau_{x,\text{中}} \frac{\hat{\tau}_{y,\text{中}}}{\hat{\tau}_{x,\text{中}}} + \tau_{x,\text{大}} \frac{\hat{\tau}_{y,\text{大}}}{\hat{\tau}_{x,\text{大}}}$$

$$= 146 \times \frac{892}{152} + 243 \times \frac{1{,}610}{215} + 274 \times \frac{2{,}908}{268} = 5{,}657 \quad (6.32)$$

個別比推定量は一般に次式で表すことができる．

$$\hat{\tau}_{y,\mathrm{R^s}} = \sum_{h=1}^H \hat{\tau}_{y,h,\mathrm{R}} = \sum_{h=1}^H \tau_{x,h} \hat{R}_h = \sum_{h=1}^H \tau_{x,h} \frac{\hat{\tau}_{y,h}}{\hat{\tau}_{x,h}} = \sum_{h=1}^H \tau_{x,h} \frac{\sum_{s_h} w_i y_i}{\sum_{s_h} w_i x_i} \quad (6.33)$$

$\hat{R}_h$ は，第 h 層における比 $R_h = \tau_{y,h}/\tau_{x,h}$ の推定量である．

6.3.2 比推定量の分散

以下では結合比推定量 $\hat{\tau}_{y,\mathrm{R^c}}$ と個別比推定量 $\hat{\tau}_{y,\mathrm{R^s}}$ の分散を比較し，両比推定量の得失を見ていく．ただし両比推定量をまとめて $\hat{\tau}_{y,\mathrm{R^*}}$ と表す．まず線形化変数は以下となる．

	結合比推定量	個別比推定量
$V(\hat{\tau}_{y,\mathrm{R^*}})$	$z_i = y_i - R x_i$	$z_i = y_i - R_h x_i$
$\hat{V}(\hat{\tau}_{y,\mathrm{R^*}})$	$z_i = \dfrac{\tau_x}{\hat{\tau}_x}(y_i - \hat{R} x_i)$	$z_i = \dfrac{\tau_{x,h}}{\hat{\tau}_{x,h}}(y_i - \hat{R}_h x_i)$

(6.34)

結合比推定量では，母集団全体における比 $R = \tau_y/\tau_x$ が用いられているのに対し，個別比推定量の方は第 h 層における比 $R_h = \tau_{y,h}/\tau_{x,h}$ が用いられていることに注意すること．いずれの比推定量であっても，その分散 $V(\hat{\tau}_{y,\mathrm{R^*}})$ は，(6.8)

式の $V(\hat{\tau}_y) = \sum_{h=1}^{H} V(\hat{\tau}_{y,h})$ の変数 y_i を，(6.34) 式の上段の線形化変数 z_i で置き換えればよい．例えば層内が非復元単純無作為抽出であれば次式となる．

$$V(\hat{\tau}_{y,\mathrm{R}^*}) \approx \sum_{h=1}^{H} N_h^2 (1-f_h) \frac{1}{n_h} \sigma_{z,h}^2 \tag{6.35}$$

$\sigma_{z,h}^2$ は線形化変数 z_i の層分散である．

層の間で比 R_h が大きく異なるときには，一般に結合比推定量 $\hat{\tau}_{y,\mathrm{R}^c}$ よりも個別比推定量 $\hat{\tau}_{y,\mathrm{R}^s}$ の方が分散は小さい．$z_i = y_i - Rx_i$ よりも $z_i = y_i - R_h x_i$ の層分散の方が小さくなりやすいからである．ただし個別比推定量を用いるには補助変数の層総計 $\tau_{x,h}$ の値が必要である．また各層の標本サイズが小さいときには，個別比推定量は望ましくない．各層の比推定量の偏りを無視できないからである．

なお $V(\hat{\tau}_{y,\mathrm{R}^*})$ の推定量を求めるには，(6.8) 式の $\hat{V}(\hat{\tau}_y) = \sum_{h=1}^{H} \hat{V}(\hat{\tau}_{y,h})$ の変数 y_i を，(6.34) 式の下段の線形化変数 z_i で置き換えればよい．

例題 6.5　比推定量の分散

表 6.1 の $N=20$ 社を母集団とする．表 6.6 は線形化変数 z_i の層分散 $\sigma_{z,h}^2$ を，線形推定量 $\hat{\tau}_y$ や結合比推定量 $\hat{\tau}_{y,\mathrm{R}^c}$，個別比推定量 $\hat{\tau}_{y,\mathrm{R}^s}$ のそれぞれについて整理したものである．ただし線形推定量 $\hat{\tau}_y$ の線形化変数とは $z_i = y_i$ である．

表 6.6　層ごとの統計量

		小規模	中規模	大規模	全体
層サイズ	N_h	8	7	5	$N=20$
標本層サイズ	n_h	2	3	4	$n=9$
比	R_h	5.267	9.243	10.821	$R=9.020$
線形化変数の層分散	$\sigma_{z,h}^2$				
：線形推定量		46.6^2	170.8^2	80.0^2	
：結合比推定量		62.9^2	112.4^2	67.6^2	
：個別比推定量		55.2^2	111.1^2	66.8^2	

層内は非復元単純無作為抽出とすると，各推定量の分散は以下のとおりとなる．

$$V(\hat{\tau}_y) = 576.7^2, \quad V(\hat{\tau}_{y,\mathrm{R}^c}) \approx 467.5^2, \quad V(\hat{\tau}_{y,\mathrm{R}^s}) \approx 440.2^2 \tag{6.36}$$

個別比推定量の分散 $V(\hat{\tau}_{y,\mathrm{R}^s})$ が最も小さい．これは線形化変数 z_i の層分散 $\sigma_{z,h}^2$ が小さいためである．

6.4 事後層化

6.4.1 事後層化とは

適切な層化を行えば，推定量の分散は小さくなる．そのため層化抽出法は積極的に採用したい．しかし層化変数の値を前もって得られないことがある．どの変数が層化に有効なのか，調査前には分からないこともあろう．そこで調査をしてデータを得た後に標本を層化し，推定量の精度を高める方法が**事後層化** (post-stratification) である．事後層化は無回答による偏りの補正のために使われることもある (11.5.4 節).

表 5.9 の "男女の生まれ変わり" の標本で考えてみよう．$n = 5$ の標本は，$N = 20$ の母集団から層化をせずに非復元単純無作為抽出している．表 6.7 は男女別の統計量を整理したものである．

表 6.7 層ごとの統計量

性別	男性	女性	全体
母集団人数 N_d	10	10	$N = 20$
母集団人数の推定値 $\hat{N}_d$	8	12	$\hat{N} = 20$
"男に" 人数	2	1	3
抽出ウェイト w_i	20/5	20/5	

男女比は母集団の $10 : 10$ に対し，その推定値は $8 : 12$ と男性の方が少ない．男女で同じ抽出ウェイト $w_i = 20/5$ を用いて，男女を込みにした推定を行うと，男性の回答が過小に評価されてしまう．それを避けるには男性のウェイトを少し大きくし，女性のウェイトは小さくすればよい．つまり男女別に推定を行えばよい．特に，"男に" 生まれ変わりたい男性は 2 人中 2 人で 100％，女性は 3 人中 1 人で 33％ というように，男女間で違いが大きいときには，線形推定量よりも精度が高くなると期待できる．

一般に事後層化とは，母集団と標本の間で変数の分布の "ズレ" を調整する方法といえる．特に今の例で見たように，人数などサイズの分布のズレに着目することが多い．しかし必ずしもサイズに限る必要はなく，本書では一般的な事後層化の方法を考えていく．

6.4.2 母集団総計の事後層化推定

母集団を D 個の事後層 $U_1, \ldots, U_D$ に分割するものとする．母集団総計 τ_y は各事後層総計 $\tau_{y,d} = \sum_{U_d} y_i$ の合計である．

$$\tau_y = \sum_{d=1}^{D} \tau_{y,d} = \sum_{d=1}^{D} \sum_{U_d} y_i \tag{6.37}$$

"男女の生まれ変わり"の例でいえば，母集団全体の"男に"の人数は，男性の中での"男に"の人数と，女性の中での"男に"の人数の合計である．

ところで見方を変えれば，事後層とは**部分母集団**のことである．そこで母集団総計の**事後層化推定量** (poststratified estimator) $\hat{\tau}_{y,\mathrm{PS}}$ は，各部分母集団総計の推定量 $\hat{\tau}_{y,d}$ を求め，それらを合算すればよい．

$$\hat{\tau}_{y,\mathrm{PS}} = \sum_{d=1}^{D} \hat{\tau}_{y,d} \tag{6.38}$$

$\hat{\tau}_{y,\mathrm{PS}}$ の添字の PS は事後層化を表す．先の例でいえば，男女を込みで推定せずに，男性あるいは女性という部分母集団ごとに推定値を求める．それらを合算して母集団全体の推定値を求めるのである．

ここで線形推定量を用いて事後層総計 $\tau_{y,d}$ を推定すると，事後層化を行わない線形推定量 $\hat{\tau}_y$ に一致してしまう．

$$\sum_{d=1}^{D} \sum_s w_i \delta_{d,i} y_i = \sum_s w_i \left(\sum_{d=1}^{D} \delta_{d,i} \right) y_i = \sum_s w_i y_i = \hat{\tau}_y \tag{6.39}$$

ただし $\delta_{d,i}$ は第 i 要素が事後層 U_d に属すか否かを表す二値変数である (3.3.2 節)．そこで事後層化では，$\tau_{y,d}$ の推定に補助変数 x による比推定量を用いる．$\hat{R}_d$ を事後層 U_d における比 $R_d = \tau_{y,d}/\tau_{x,d}$ の推定量とすると，事後層化推定量は以下のとおりである．

$$\hat{\tau}_{y,\mathrm{PS}} = \sum_{d=1}^{D} \tau_{x,d} \hat{R}_d = \sum_{d=1}^{D} \tau_{x,d} \frac{\hat{\tau}_{y,d}}{\hat{\tau}_{x,d}} = \sum_{d=1}^{D} \tau_{x,d} \frac{\sum_s w_i \delta_{d,i} y_i}{\sum_s w_i \delta_{d,i} x_i} \tag{6.40}$$

(6.40) 式を (6.33) 式と比べれば，事後層化推定量 $\hat{\tau}_{y,\mathrm{PS}}$ は，(事前層化した) 個別比推定量 $\hat{\tau}_{y,\mathrm{R^s}}$ と形式的には同一であることが分かる．ただし推定量の分散は異なる (6.4.4 節)．また補助変数を $x_i = 1$ とし，サイズを用いた比推定量で事後層総計 $\tau_{y,d}$ を推定すると次式となる．

$$\hat{\tau}_{y,\mathrm{PS}} = \sum_{d=1}^{D} N_d \frac{\hat{\tau}_{y,d}}{\hat{N}_d} = \sum_{d=1}^{D} N_d \hat{\mu}_{y,d,\mathrm{N}} \tag{6.41}$$

なお事後層化を行うには，補助変数 x の各事後層総計 $\tau_{x,d}$ があらかじめ知られている必要がある．またいずれの事後層においても，安定した層総計の推定値を得るためには十分な大きさの標本サイズ (少なくとも $n_h > 20$ 程度) が必要である[*5]．

6.4.3 事後層化ウェイト

ところで事後層化推定量 $\hat{\tau}_{y,\mathrm{PS}}$ は次のように書き直すことができる．

$$\hat{\tau}_{y,\mathrm{PS}} = \sum_s w_i \sum_{d=1}^D \delta_{d,i} \frac{\tau_{x,d}}{\hat{\tau}_{x,d}} y_i = \sum_s w_i g_i y_i = \sum_s w_i^c y_i \tag{6.42}$$

ただし

$$g_i = \sum_{d=1}^D \delta_{d,i} \frac{\tau_{x,d}}{\hat{\tau}_{x,d}} = \sum_{d=1}^D \delta_{d,i} \frac{\sum_U \delta_{d,i} x_i}{\sum_s w_i \delta_{d,i} x_i} = \sum_{d=1}^D \delta_{d,i} \frac{N_d}{\hat{N}_d}, \quad (i \in s) \tag{6.43}$$

であり，(6.43) 式の最右項は補助変数が $x_i = 1$ $(i \in U)$ の場合である．つまり事後層化とは，抽出ウェイト w_i の大きさを $w_i^c = w_i g_i$ と調整し，w_i^c を用いて推定を行う方法といえる．ただしウェイトの調整は，事後層ごとに補助変数 x の事後層総計の推定値 $\hat{\tau}_{x,d}$ が真値 $\tau_{x,d}$ に一致するよう行う (5.1.2 節を参照)．この新たなウェイト w_i^c を**事後層化ウェイト** (poststratification weight) と呼ぶ．

例題 6.6 事後層化ウェイト

表 6.8 の標本を使って事後層化ウェイト w_i^c を求めてみよう．

表 6.8 層ごとの統計量

性別	男性	女性	全体
母集団人数 N_d	10	10	$N = 20$
母集団人数の推定値 $\hat{N}_d$	8	12	$\hat{N} = 20$
抽出ウェイト w_i	20/5	20/5	

補助変数は $x_i = 1$ $(i \in U)$ とする．まず男性の事後層化ウェイト w_i^c は以下となる．

$$w_i^c = w_i g_i = w_i \frac{N_{男性}}{\hat{N}_{男性}} = \frac{20}{5} \times \frac{10}{8} = \frac{10}{2} = 5.0, \quad (i \in s_{男性}) \tag{6.44}$$

男性の層サイズ $N_{男性} = 10$ に対し，その線形推定値 $\hat{N}_{男性} = \sum_s w_i \delta_{男性,i} =$

[*5] 例えば Cochran (1977, p.134) を参照のこと．

$2 \times 20/5 = 8$ は若干小さい．過小分を補うため，事後層化ウェイト $w_i^c = 5.0$ は抽出ウェイト $w_i = 4.0$ より大きくなり，w_i^c の標本総計 $\sum_s w_i^c \delta_{男性,i} = 10$ は真の $N_{男性} = 10$ に一致する．

次に，女性の事後層化ウェイト w_i^c は次式となる．

$$w_i^c = w_i \frac{N_{女性}}{\hat{N}_{女性}} = \frac{20}{5} \times \frac{10}{12} = \frac{10}{3} = 3.3, \quad (i \in s_{女性}) \tag{6.45}$$

女性の層サイズ $N_{女性} = 10$ に対し，その線形推定値 $\hat{N}_{女性} = 3 \times 20/5 = 12$ は過大であるため，事後層化ウェイト $w_i^c = 3.3$ は抽出ウェイト $w_i = 4.0$ より小さい．

6.4.4 事後層化推定量の分散の推定

事後層化推定量 $\hat{\tau}_{y,\mathrm{PS}}$ の線形化変数は以下のとおりとなる．

$$\begin{aligned} V(\hat{\tau}_{y,\mathrm{PS}}): \quad & z_i = \sum_{d=1}^{D} \delta_{d,i}(y_i - R_d x_i) \\ \hat{V}(\hat{\tau}_{y,\mathrm{PS}}): \quad & z_i = \sum_{d=1}^{D} \delta_{d,i} \frac{\tau_{x,d}}{\hat{\tau}_{x,d}}(y_i - \hat{R}_d x_i) \end{aligned} \tag{6.46}$$

例えば非復元単純無作為抽出法では，補助変数を $x_i = 1$ $(i \in U)$ とした事後層化推定量 $\hat{\tau}_{y,\mathrm{PS}}$ の分散 $V(\hat{\tau}_{y,\mathrm{PS}})$ およびその推定量 $\hat{V}(\hat{\tau}_{y,\mathrm{PS}})$ はそれぞれ次式となる．

$$V(\hat{\tau}_{y,\mathrm{PS}}) \approx N^2(1-f)\frac{1}{n}\sum_{d=1}^{D}\frac{N_d - 1}{N - 1}\sigma_{y,d}^2 \tag{6.47}$$

$$\hat{V}(\hat{\tau}_{y,\mathrm{PS}}) \approx (1-f)\frac{n}{n-1}\sum_{d=1}^{D}\frac{N_d^2}{n_d^2}(n_d - 1)S_{y,d}^2 \tag{6.48}$$

ただし $n_d = \sum_s \delta_{d,i}$ であり，$\sigma_{y,d}^2$ は変数 y の母集団事後層分散，$S_{y,d}^2$ は標本事後層分散である．(6.47) 式によれば，事前の層化と同様に，事後層分散 $\sigma_{y,d}^2$ が小さくなるような層化が望ましいということになる．なお (6.47) 式よりは次式の方が，近似の精度はよいことが知られている (Särndal et al., 1992; Ardilly and Tillé, 2006)．

$$V(\hat{\tau}_{y,\mathrm{PS}}) \approx N^2(1-f)\frac{1}{n}\sum_{d=1}^{D}\frac{N + (n-1)N_d}{nN}\sigma_{y,d}^2 \tag{6.49}$$

(6.49) 式に対応する $\hat{V}(\hat{\tau}_{y,\mathrm{PS}})$ は，事後層分散 $\sigma_{y,d}^2$ を対応する標本分散 $S_{y,d}^2$ で

置き換えればよい.

6.4.5　母集団平均の事後層化推定

母集団平均の事後層化推定量としては，母集団総計の事後層化推定量 $\hat{\tau}_{y,\mathrm{PS}}$ を母集団サイズ N で割る場合と，その事後層化推定量 $\hat{N}_{\mathrm{PS}}$ で割る場合の2通りが考えられる．ただし補助変数が $x_i = 1\,(i \in U)$ のときには，$\hat{N}_{\mathrm{PS}} = \sum_{d=1}^{D} N_d \hat{N}_d / \hat{N}_d = N$ となるので，どちらも同じ推定量 $\hat{\mu}_{y,\mathrm{PS}}$ となる．

$$\hat{\mu}_{y,\mathrm{PS}} = \frac{1}{N}\hat{\tau}_{y,\mathrm{PS}} = \frac{1}{N}\sum_{d=1}^{D} N_d \frac{\hat{\tau}_{y,d}}{\hat{N}_d} = \sum_{d=1}^{D} \frac{N_d}{N}\hat{\mu}_{y,d,\mathrm{N}} \tag{6.50}$$

例題 6.7　事後層化推定

表 6.7 の標本を使って，"男に" 生まれ変わりたい人の割合の事後層化推定値を求めてみよう．例題 6.6 で求めた事後層化ウェイトを用いると

$$\hat{p}_{y,\mathrm{PS}} = \hat{\mu}_{y,\mathrm{PS}} = \frac{1}{N}\hat{\tau}_{y,\mathrm{PS}} = \frac{1}{20}\left(\frac{10}{2} \times 2 + \frac{10}{3} \times 1\right) = \frac{2}{3} = .667 \tag{6.51}$$

となる．例題 5.12 で求めた線形推定値は $\hat{p}_y = .600$ であった．男性の事後層化ウェイト $w_i^c = 10/2 = 5.0$ が抽出ウェイト $w_i = 4.0$ よりも大きいため，事後層化推定値 $\hat{p}_{y,\mathrm{PS}} = .667$ の方が線形推定値 $\hat{p}_y = .600$ より大きい．

次に事後層化推定量の分散 $V(\hat{p}_{y,\mathrm{PS}})$ の推定値は，(6.48) 式を使うと以下のとおりとなる．

$$\hat{V}(\hat{p}_{y,\mathrm{PS}}) \approx \frac{1}{N^2}(1-f)\frac{n}{n-1}\sum_{d=1}^{D}\frac{N_d^2}{n_d^2}\sum_s \delta_{d,i}\left(y_i - \frac{1}{n_d}\sum_s \delta_{d,i}y_i\right)^2$$

$$= \frac{1}{20^2}\left(1 - \frac{5}{20}\right)\frac{5}{5-1}\left(\frac{10^2}{2^2} \times 0 + \frac{10^2}{3^2} \times \frac{6}{9}\right)^2 = .132^2 \tag{6.52}$$

6.4.6　レイキング

事後層化は一つの層化変数で事後層を構成し，各事後層において補助変数 x に関する推定値が母集団の値に合うよう抽出ウェイトを調整する方法であった．これに対し二つ以上の層化変数で個別に事後層を構成し，いずれの事後層についても母集団の値への一致を図るのが**レイキング** (raking) である[*6]．

[*6] rake とは，熊手で掻くの意である．Oh and Scheuren (1983, p.163) は，後述の IPF との類似性を理解するにはガーデニングの経験があるとよいとの脚注を付している．

表 6.9 部分母集団サイズの推定値とレイキング

		年齢層			$\hat{N}_d$	N_d
		20歳代	30歳代	40歳代		
性別	男性	733	835	745	2,313 →	2,470
	女性	818	944	840	2,602 →	2,420
	$\hat{N}_e$	1,551	1,779	1,585	$\hat{N} = 4,915$	
		↓	↓	↓		↘
	N_e	1,523	1,811	1,556		$N = 4,890$

例えば表 6.9 は，性別と年齢層の組み合わせごとの抽出ウェイトの標本総計である．つまり各セルの値は，各部分母集団サイズの推定値である．レイキングでは，表の周辺部にある性別および年齢層別の部分母集団サイズの推定値 $\hat{N}_d$ (d = 男性,女性) と $\hat{N}_e$ (e = 20歳代, 30歳代, 40歳代) が，いずれも真の部分母集団サイズ N_d と N_e に一致するようウェイトを調整する[*7]．ただし 20 歳代かつ男性など，二つの層化変数は組み合わせない．組み合わせた結果は一つの層化変数となり，単なる事後層化推定量と変わらないからである．表 6.9 でいえば，男性という部分母集団サイズの推定値が 2,470 になると同時に 20 歳代の推定値が 1,523 となるようウェイトを調整する．ただし 20 歳代男性の推定値 (線形推定値は 733) が真の値に一致するような調整は行わない．

このような状況は，層化変数の間で母集団値 N_d と N_e の情報源が異なるときに生じる．また複数の層化変数を組み合わせると各セルの標本サイズは小さくなり，比推定を利用する事後層化推定量は不適切となる．そのようなときにもレイキングが用いられる[*8]．

レイキングを行う一つの方法は，Deming and Stephan (1940) による **Iterative Proportional Fitting (IPF)** である．ウェイトの調整を層化変数ごとに順に繰り返し，それまでに更新したウェイトに次々と調整を加えていくのである．以下に，層化変数が二つのときの手順を示す．層化変数が三つ以上ある場合へも拡張は容易である．$\delta_{1,i}, \ldots, \delta_{D,i}$ は第一の層化変数による D 個の事後層への所属，$\xi_{1,i}, \ldots, \xi_{E,i}$ は第二の層化変数による E 個の事後層への所属を表す二値変数とする．

[*7] 事後層化と同様に，必ずしもサイズに限る必要はないが，サイズを用いることが多い．
[*8] 標本サイズが大きなセルについては比推定を行い，残りのセルはレイキングするという考え方もある (Oh and Scheuren, 1987).

1) 第一の層化変数による事後層を用いて抽出ウェイト w_i を調整し，その結果を $w_i^{\{1\}}$ とする．

$$w_i^{\{1\}} = w_i g_{i(\delta)}^{\{0\}}, \quad g_{i(\delta)}^{\{0\}} = \sum_{d=1}^{D} \delta_{d,i} \frac{\sum_U \delta_{d,i} x_i}{\sum_s w_i \delta_{d,i} x_i}, \quad (i \in s) \quad (6.53)$$

2) 第二の層化変数による事後層を用いて上記のウェイト $w_i^{\{1\}}$ を調整し，その結果を $w_i^{\{2\}}$ とする．

$$w_i^{\{2\}} = w_i^{\{1\}} g_{i(\xi)}^{\{1\}}, \quad g_{i(\xi)}^{\{1\}} = \sum_{e=1}^{E} \xi_{e,i} \frac{\sum_U \xi_{e,i} x_i}{\sum_s w_i^{\{1\}} \xi_{e,i} x_i}, \quad (i \in s) \quad (6.54)$$

3) 再び第一の層化変数による事後層を用いて上記のウェイト $w_i^{\{2\}}$ を調整し，その結果を $w_i^{\{3\}}$ とする．

$$w_i^{\{3\}} = w_i^{\{2\}} g_{i(\delta)}^{\{2\}}, \quad g_{i(\delta)}^{\{2\}} = \sum_{d=1}^{D} \delta_{d,i} \frac{\sum_U \delta_{d,i} x_i}{\sum_s w_i^{\{2\}} \delta_{d,i} x_i}, \quad (i \in s) \quad (6.55)$$

4) 調整後のウェイトの変化がなくなるまで，二つの事後層を交互に用いて調整を繰り返す．

IPF で最終的に得られるウェイト w_i^c は次式のように表すことができる．

$$\begin{aligned} w_i^c &= w_i \left(g_{i(\delta)}^{\{0\}} g_{i(\delta)}^{\{2\}} g_{i(\delta)}^{\{4\}} \cdots \right) \left(g_{i(\xi)}^{\{1\}} g_{i(\xi)}^{\{3\}} g_{i(\xi)}^{\{5\}} \cdots \right) \\ &= w_i \exp\left(\sum_{d=1}^{D} \delta_{d,i} \beta_{d(\delta)} \right) \exp\left(\sum_{e=1}^{E} \xi_{e,i} \beta_{e(\xi)} \right) = w_i \exp(\boldsymbol{\delta}_i' \boldsymbol{\beta}) \quad (6.56) \end{aligned}$$

ただし (6.56) 式の $\boldsymbol{\delta}_i$ は，第 i 要素が属す事後層を表す二値変数ベクトル

$$\boldsymbol{\delta}_i = (\underbrace{\delta_{1,i} \cdots \delta_{D,i}}_{\text{第一の事後層}} \underbrace{\xi_{1,i} \cdots \xi_{E,i}}_{\text{第二の事後層}})', \quad (i \in s) \quad (6.57)$$

であり，事後層ごとに 1 が一つで残りは 0 である．また $\boldsymbol{\beta}$ は $\beta_{1(\delta)}, \ldots, \beta_{D(\delta)}$ と $\beta_{1(\xi)}, \ldots, \beta_{E(\xi)}$ を並べたベクトルであり，例えば $\beta_{d(\delta)}$ は以下となる．

$$\beta_{d(\delta)} = \ln\left(\frac{\sum_U \delta_{d,i} x_i}{\sum_s w_i \delta_{d,i} x_i} \times \frac{\sum_U \delta_{d,i} x_i}{\sum_s w_i^{\{2\}} \delta_{d,i} x_i} \times \cdots \right), \quad (d = 1, \ldots, D) \quad (6.58)$$

(6.56) 式の w_i^c を用いた推定量を**レイキング比推定量** (raking ratio estimator) という (Brackstone and Rao, 1979)．

$$\hat{\tau}_{y,\text{RR}} = \sum_s w_i^c y_i = \sum_s w_i \exp(\boldsymbol{\delta}_i' \boldsymbol{\beta}) y_i \quad (6.59)$$

レイキング比推定量 $\hat{\tau}_{y,\text{RR}}$ とは，$g_i = \exp(\boldsymbol{\delta}_i' \boldsymbol{\beta})$ によって抽出ウェイトを調整す

る方法といえる．なおレイキング比推定量 $\hat{\tau}_{y,\mathrm{RR}}$ の分散 $V(\hat{\tau}_{y,\mathrm{RR}})$ やその推定量 $\hat{V}(\hat{\tau}_{y,\mathrm{RR}})$ については 7.3.2 節を参照のこと．

例題 6.8 レイキング比推定

表 6.10 は，表 6.9 において $x_i = 1$ $(i \in U)$ を用いたときの部分母集団サイズのレイキング比推定値である．例えば男性 20 歳代のサイズの推定値は，$733 \times 1.0537 = 772.4$ となる．性別ごと，年齢層ごとのウェイト w_i^c の合計は真の部分母集団人数に一致する．

表 6.10 レイキングによるウェイト

	20 歳代	30 歳代	40 歳代	$\hat{N}_d$		N_d
男性	733×1.0537	835×1.0929	745×1.0538	2,470	→	2,470
女性	818×0.9176	944×0.9518	840×0.9177	2,420	→	2,420
$\hat{N}_e$	1,523	1,811	1,556	$\hat{N} = 4,890$		
	↓	↓	↓			↘
N_e	1,523	1,811	1,556			$N = 4,890$

表 6.11 の β の行は，(6.58) 式の $\beta_{d(\delta)}$ $(d = 1, \ldots, D)$ あるいは $\beta_{e(\xi)}$ $(e = 1, \ldots, E)$ である．例えば男性 20 歳代の人は，抽出ウェイト w_i に $g_i = \exp(\boldsymbol{\delta}'_i \boldsymbol{\beta}) = \exp(0.066357 - 0.014047) = 1.068608 \times 0.986052 = 1.0537$ を乗じることになる．

表 6.11 レイキング比推定量のためのウェイト

	性別		年齢層		
	男性	女性	20 歳代	30 歳代	40 歳代
β	0.066357	-0.071895	-0.014047	0.022447	-0.013939
$\exp(\beta)$	1.068608	0.930629	0.986052	1.022701	0.986158

7

回帰推定量

　回帰推定量は，補助変数を利用して推定を行う方法であり，比推定量はその特別な場合とみなせる．回帰推定量の考え方を説明するため，はじめに差分推定量を紹介する．次にその延長として回帰推定量を説明する．さらに，回帰推定量をその特別な場合として含む，より一般的なキャリブレーション推定量の考え方を紹介する．最後に，これまで紹介してきたいくつかの推定量間の関係を整理する．

7.1　差 分 推 定 量

7.1.1　差分推定量とは

　比推定量の導入で用いた表 5.1 をもう一度表 7.1 に示す．比推定量の考え方は以下のとおりであった．補助変数である資本金 x の母集団総計 $\tau_x = 663$ は，その線形推定値 $\hat{\tau}_x = 793$ の $\tau_x/\hat{\tau}_x = 84\%$ に当たる．そこで売上高 y の母集団総計も線形推定値 $\hat{\tau}_y = 8,187$ の 84% とする．つまり "比" を利用して $\hat{\tau}_{y,\mathrm{R}} = \tau_x \hat{\tau}_y / \hat{\tau}_x$ とするのが比推定量であった．

表 7.1　資本金と売上高の母集団総計と推定値

	母集団総計		線形推定値
売上高 y	$\tau_y =$	???	$\hat{\tau}_y = 8,187$
資本金 x	$\tau_x =$	663	$\hat{\tau}_x = 793$

　ここでは "比" ではなく "差" をとることを考える．資本金総計の線形推定値 $\hat{\tau}_x$ は，真の母集団総計 τ_x を $\hat{\tau}_x - \tau_x = 793 - 663 = 130$ だけ過大推定している．資本金総計を過大推定しているのであれば，資本金との相関が高い売上高に関しても，線形推定値 $\hat{\tau}_y = 8,187$ は母集団総計 τ_y を過大推定しているであろう．ただし売上高総計の過大分は，資本金総計の過大分 $\hat{\tau}_x - \tau_x = 130$ そのものではなく，それに比例した大きさ $b^{(0)} \times 130 = b^{(0)}(\hat{\tau}_x - \tau_x)$ とする方がよい．ここで係数 $b^{(0)}$ は，例えば過去の調査結果などから前もって分かっているものとする．過大分を $\hat{\tau}_y$ から減じた推定量は次式となる．

$$\hat{\tau}_{y,\mathrm{D}} = \hat{\tau}_y - b^{(0)}(\hat{\tau}_x - \tau_x) = \hat{\tau}_y + b^{(0)}(\tau_x - \hat{\tau}_x) \tag{7.1}$$

(7.1) 式を**差分推定量** (difference estimator) と呼ぶ.

どのような係数 $b^{(0)}$ が適切なのかは,次の 7.1.2 節で考える.また現実には,$b^{(0)}$ の値は分からないことが多い.標本から $b^{(0)}$ を定める方法は,7.2 節の一般化回帰推定量で説明する.とりあえず適切な $b^{(0)}$ が既知として話をすすめる.

差分推定量の考え方を図 7.1 を使ってさらに説明する.図 7.1 の左は,資本金 x と売上高 y を使って母集団 $N = 100$ 社をプロットしたものである.比推定量の説明で用いた図 5.1 とは異なり,回帰直線は原点を通らない.この母集団から $n = 3$ の標本を単純無作為抽出し,資本金と売上高について線形推定値を求めることを 20 回繰り返した結果が図 7.1 の右である.× 印が一回の抽出による推定値の組である.

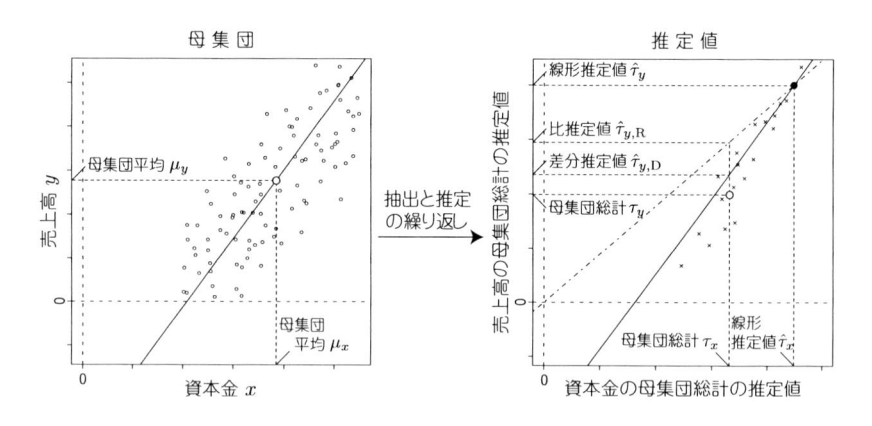

図 7.1　差分推定量

例えば黒丸で示される線形推定値の組 $\hat{\tau}_x$ と $\hat{\tau}_y$ が得られたとしよう.原点を通る一点鎖線を用いるのが比推定量である.しかし仮に実線で示される直線の傾き $b^{(0)}$ が分かっていれば,この直線を用いることで,比推定量よりも誤差の小さな推定値が得られる.この推定値が差分推定量 $\hat{\tau}_{y,\mathrm{D}}$ である.

差分推定量は,補助変数が K 個の場合にも容易に拡張できる.

$$\hat{\tau}_{y,\mathrm{D}} = \hat{\tau}_y + \sum_{k=1}^{K} b_k^{(0)}(\tau_{x_{(k)}} - \hat{\tau}_{x_{(k)}}) \tag{7.2}$$

ただし $\tau_{x_{(k)}}$ は補助変数 $x_{(k)}$ の母集団総計であり，$\hat{\tau}_{x_{(k)}}$ はその線形推定量である．

7.1.2　差分推定量の性質
性質 1. 差分推定量 $\hat{\tau}_{y,\mathrm{D}}$ は不偏推定量である．
$$E(\hat{\tau}_{y,\mathrm{D}}) = \tau_y \tag{7.3}$$
$\hat{\tau}_{y,\mathrm{D}}$ の不偏性は，$b^{(0)}$ が定数であり，(7.1) 式の $\hat{\tau}_y$ と $\hat{\tau}_x$ がいずれも不偏推定量であることから導かれる．

性質 2. 線形推定量 $\hat{\tau}_y$ は，係数を $b^{(0)} = 0$ とした差分推定量の特別な場合とみなせる．
$$\hat{\tau}_{y,\mathrm{D}} = \hat{\tau}_y + 0 \times (\tau_x - \hat{\tau}_x) = \hat{\tau}_y \tag{7.4}$$
$b^{(0)} = 0$ は，図 7.1 の右で実線を水平にすることに相当する．補助変数 x の情報を利用しなければ，変数 y の情報だけを用いて τ_y を推定することになる．

また，補助変数 x で固定サイズの確率比例抽出を行うと，(7.1) 式の差分推定量 $\hat{\tau}_{y,\mathrm{D}}$ は線形推定量 $\hat{\tau}_y$ に一致する．$\hat{\tau}_x = \tau_x$ となるからである．比推定量と同様に補助変数 x を用いた差分推定量においても，抽出時に既にこの補助変数 x を用いていれば，推定時に改めて利用するメリットはない．

性質 3. 単純無作為抽出法において，補助変数が一つのとき，差分推定量の分散 $V(\hat{\tau}_{y,\mathrm{D}})$ を最小とする $b^{(0)}$ は以下の b となる[*1]．
$$b = \frac{\sigma_{yx}}{\sigma_x^2} = \frac{\sum_U (y_i - \mu_y)(x_i - \mu_x)}{\sum_U (x_i - \mu_x)^2} \tag{7.7}$$
この b は母集団 U における回帰係数であり，図 7.1 の左図に引かれた直線の傾きである．つまり母集団における回帰係数 b が分かっていれば，これを図 7.1 の右

[*1]　一般に差分推定量の分散 $V(\hat{\tau}_{y,\mathrm{D}})$ を最小とする $\boldsymbol{b}^{(0)}$ は次式となる．
$$\tilde{\boldsymbol{b}} = \boldsymbol{V}(\hat{\boldsymbol{\tau}}_x)^{-1} \boldsymbol{C}(\hat{\tau}_y, \hat{\boldsymbol{\tau}}_x) \tag{7.5}$$
ただし $\boldsymbol{C}(\hat{\tau}_y, \hat{\boldsymbol{\tau}}_x)$ は推定量 $\hat{\tau}_y$ と $\hat{\boldsymbol{\tau}}_x$ との間の共分散ベクトルであり，$\boldsymbol{V}(\hat{\boldsymbol{\tau}}_x)$ は $\hat{\boldsymbol{\tau}}_x$ の分散共分散行列 (12.1.2 節) である．この $\tilde{\boldsymbol{b}}$ は，差分推定量の分散 $V(\hat{\tau}_{y,\mathrm{D}})$ が次式となることから導かれる．
$$V(\hat{\tau}_{y,\mathrm{D}}) = V(\hat{\tau}_y) - 2\boldsymbol{C}(\hat{\tau}_y, \hat{\boldsymbol{\tau}}_x)' \boldsymbol{b}^{(0)} + \boldsymbol{b}^{(0)'} \boldsymbol{V}(\hat{\boldsymbol{\tau}}_x) \boldsymbol{b}^{(0)} \tag{7.6}$$

図の直線の傾き $b^{(0)}$ とすることで差分推定量の分散を最小とすることができる.

さらに補助変数を複数の K 個とする. 分散が最小となる差分推定量は,

$$\hat{\tau}_{y,D} = \hat{\tau}_y + (\boldsymbol{\tau}_x - \hat{\boldsymbol{\tau}}_x)'\boldsymbol{b} \tag{7.8}$$

と表せる. ただし $\boldsymbol{x}_i = (1\ x_{i(1)}\ \cdots\ x_{i(K)})'$ であり, $\boldsymbol{\tau}_x$ と $\hat{\boldsymbol{\tau}}_x$ はそれぞれ x の母集団総計とその線形推定値から成るベクトルである. また

$$\boldsymbol{b} = \left(\sum_U \boldsymbol{x}_i\boldsymbol{x}_i'\right)^{-1}\sum_U \boldsymbol{x}_i y_i \tag{7.9}$$

であり, $\sum_U \boldsymbol{x}_i\boldsymbol{x}_i'$ の逆行列が存在するものとする. この $\boldsymbol{b}$ は, 重回帰分析における回帰係数ベクトルである. 当然ながら, (7.7) 式の b を用いた差分推定量は, $\boldsymbol{x}_i = (1\ x_i)'$ とした (7.8) 式の差分推定量に一致し, (7.9) 式の $\boldsymbol{b}$ の最初の要素は回帰直線の切片となる. $\boldsymbol{x}_i$ の要素として 1 が含まれる意味は, 7.2.2 節の性質 3. でさらに説明する.

性質 4. 差分推定量の線形化変数は $z_i = y_i - \sum_{k=1}^K b_k^{(0)} x_{i(k)}$ となる. 特に, 分散が最小となる (7.8) 式の差分推定量の線形化変数

$$z_i = y_i - \boldsymbol{x}_i'\left(\sum_U \boldsymbol{x}_i\boldsymbol{x}_i'\right)^{-1}\sum_U \boldsymbol{x}_i y_i, \quad (i \in s) \tag{7.10}$$

は, 重回帰分析における残差となり, その母集団分散 σ_z^2 は変数 y の母集団分散 σ_y^2 より小さい. そのため (7.8) 式の差分推定量は線形推定量よりも分散が小さくなる.

例えば非復元単純無作為抽出法では, (7.7) 式の b を用いたとき, 差分推定量 $\hat{\tau}_{y,D}$ の分散は次式となる.

$$V(\hat{\tau}_{y,D}) = N^2(1-f)\frac{1}{n}\sigma_y^2(1-\rho_{yx}^2) \tag{7.11}$$

ただし ρ_{yx} は変数 y と x の母集団相関係数である. 線形推定量 $\hat{\tau}_y$ の分散は, (3.3) 式に示すように $V(\hat{\tau}_y) = N^2(1-f)\sigma_y^2/n$ であった. $1 - \rho_{yx}^2 \leq 1$ なので常に $V(\hat{\tau}_{y,D}) \leq V(\hat{\tau}_y)$ が成り立ち, 変数 y と補助変数 x の間の母集団相関係数 ρ_{xy} の絶対値が大きいほど, $V(\hat{\tau}_{y,D})$ は小さくなる. さらに (7.7) 式の b を用いれば, 比推定量とは異なり, 変数間の相関係数 ρ_{xy} が負のときでも差分推定量は有用である.

ただし (7.7) 式の b の代わりに, $b^{(0)}/b < 0$ あるいは $b^{(0)}/b > 2$ となる $b^{(0)}$ を用いると, 差分推定量は線形推定量よりも分散が大きくなってしまう.

例題 7.1　差分推定量の分散

5.1.2 節の例題 5.1 では, $n=3$ の標本を非復元単純無作為抽出したときの線形推定量と比推定量の分散を比較している. 同じ表 5.2 を用いて, 資本金 $x_{(1)}$ を補助変数とした差分推定量, あるいは年数 $x_{(2)}$ を補助変数とした差分推定量の分散を求めてみよう. ただし $b^{(0)}$ としては (7.7) 式の b を用いるものとする. つまり資本金 $x_{(1)}$ を補助変数とするときには係数を $b = \sigma_{yx_{(1)}}/\sigma^2_{x_{(1)}} = 3{,}348/243 = 13.79$ とし, 年数 $x_{(2)}$ を補助変数とするときには係数 $b = \sigma_{yx_{(2)}}/\sigma^2_{x_{(2)}} = 1{,}167/716 = 1.63$ を用いる. 売上高 y の母集団総計 τ_y に関する各推定量の分散は, 以下のとおりとなる.

$$V(\hat{\tau}_y) = 2{,}419^2 \quad : \text{線形推定量}$$

$$V(\hat{\tau}_{y,\mathrm{D}_{x_{(1)}}}) = 785^2 \quad : \text{資本金 } x_{(1)} \text{ を補助変数とした差分推定量} \quad (7.12)$$

$$V(\hat{\tau}_{y,\mathrm{D}_{x_{(2)}}}) = 2{,}374^2 \quad : \text{年数 } x_{(2)} \text{ を補助変数とした差分推定量}$$

年数 $x_{(2)}$ は, 売上高 y との母集団相関係数が $\rho_{yx_{(2)}} = .192$ と小さく, 比推定量の補助変数としては適さなかった. しかし (7.7) 式の b を係数 $b^{(0)}$ とした差分推定量では, 年数 $x_{(2)}$ を補助変数として用いても, 線形推定量より分散が小さくなる.

一方で (7.7) 式の b の代わりに, 例えば $b^{(0)} = 30$ とする. 資本金 $x_{(1)}$ あるいは年数 $x_{(2)}$ を用いた差分推定量の分散は, それぞれ $V(\hat{\tau}_{y,\mathrm{D}_{x_{(1)}}}) = 2{,}801^2$ と $V(\hat{\tau}_{y,\mathrm{D}_{x_{(2)}}}) = 8{,}421^2$ となり, いずれも線形推定量の分散 $V(\hat{\tau}_y) = 2{,}419^2$ より大きくなる.

例題 7.2　複数の補助変数を用いた差分推定量の分散

例題 7.1 で用いた資本金 $x_{(1)}$ と年数 $x_{(2)}$ を同時に用いた差分推定量を考えよう. 第 i 企業の補助変数ベクトルは $\boldsymbol{x}_i = (1 \ x_{i(1)} \ x_{i(2)})'$ とすればよい. このとき (7.9) 式の係数ベクトルは $\boldsymbol{b} = (-145.56 \quad 14.17 \quad -0.76)'$ となる. $n=3$ の標本を非復元単純無作為抽出したときの差分推定量の分散 $V(\hat{\tau}_{y,\mathrm{D}})$ を, 線形化変数 $z_i = y_i - \boldsymbol{x}'_i \boldsymbol{b}$ の母集団分散 $\sigma^2_z = 71.1^2$ を用いて求めると

$$V(\hat{\tau}_{y,\mathrm{D}}) = N^2(1-f)\frac{1}{n}\sigma^2_z = 757^2 \qquad (7.13)$$

である. つまり補助変数を二つ同時に用いることで, 補助変数を一つだけ用いた差分推定量よりも, 分散をさらに小さくすることができる.

7.2 一般化回帰推定量

7.2.1 一般化回帰推定量とは

$b_1^{(0)}, \ldots, b_K^{(0)}$ として適切な値を用いた差分推定量は,線形推定量よりも推定量の分散を小さくすることができる.特に単純無作為抽出法であれば,母集団における回帰係数 $\boldsymbol{b} = (\sum_U \boldsymbol{x}_i \boldsymbol{x}_i')^{-1} \sum_U \boldsymbol{x}_i y_i$ を用いるのがよい.しかし一般にはこの $\boldsymbol{b}$ が分かっていることはほとんどない.

そこで標本から母集団回帰係数 $\boldsymbol{b}$ を推定する.

$$\hat{\boldsymbol{b}} = \left(\sum_s w_i \frac{\boldsymbol{x}_i \boldsymbol{x}_i'}{c_i}\right)^{-1} \sum_s w_i \frac{\boldsymbol{x}_i y_i}{c_i} \tag{7.14}$$

ただし c_i はあらかじめ定めておく値である.$\hat{\boldsymbol{b}}$ に柔軟性を持たせるための係数であり,ふつう $c_i = 1$ $(i \in s)$ としてよい[*2].また必要に応じて適宜 $x_{i(k)} = 1$ $(i \in U)$ という定数を補助変数の一つとして加えるものとする.

差分推定量における係数の代わりに,(7.14) 式に示す回帰係数の推定量 $\hat{\boldsymbol{b}}$ を用いた推定量を**一般化回帰推定量**[*3] (generalized regression estimator) という (Cassel et al., 1976).

$$\hat{\tau}_{y,\text{GREG}} = \hat{\tau}_y + (\boldsymbol{\tau}_x - \hat{\boldsymbol{\tau}}_x)' \hat{\boldsymbol{b}} \tag{7.15}$$

(7.9) 式の $\sum_U \boldsymbol{x}_i \boldsymbol{x}_i'$ は補助変数のみから計算される値であり,ふつう知られている.しかし (7.14) 式に示すように,標本からの推定量 $\sum_s w_i \boldsymbol{x}_i \boldsymbol{x}_i'/c_i$ を用いる方が一般に望ましい.また (7.14) 式では $\sum_s w_i \boldsymbol{x}_i \boldsymbol{x}_i'/c_i$ の逆行列が必要である.そのためには少なくとも $n \geq K$ でなければならない.

例題 7.3 一般化回帰推定

表 7.2 は,$N = 20$ 社から $n = 3$ 社を非復元単純無作為抽出したものである.

[*2] 母集団に対して回帰モデルを考えたときの誤差分散が c_i であるが,この点については本書の範囲を超えるので詳しくは触れない.Särndal et al. (1992) を参照のこと.

[*3] 古典的な**回帰推定量** (regression estimator) では,(7.15) 式の線形推定量 $\hat{\tau}_y$ と $\hat{\boldsymbol{\tau}}_x$ の代わりに,単純無作為抽出法のもとで標本平均から求めた $N\bar{y}$ と $N\bar{\boldsymbol{x}}$ を用いる."一般化"回帰推定量とは,線形推定量 $\hat{\tau}_y$ と $\hat{\boldsymbol{\tau}}_x$ を用いることで,確率比例抽出法など様々な標本抽出法に対応していることを意味する.そのため (5.2) 式を一般化比推定量,(7.1) 式や (7.2) 式を一般化差分推定量と呼ぶこともある (Cassel et al., 1977; Thompson, 2002).本書では慣習に従い,回帰推定量にのみ"一般化"を冠した.

この標本を用いて売上高 y の母集団総計の一般化回帰推定値を求めてみよう.

表 7.2 非復元単純無作為抽出標本

企業 i	2	10	19	母集団総計の線形推定値	母集団総計
売上高 y_i	380	639	209	$\hat{\tau}_y = 8{,}187$	
定数 $x_{i(1)}$	1	1	1	$\hat{\tau}_{x_{(1)}} = 20$	$\tau_{x_{(1)}} = 20$
資本金 $x_{i(2)}$	31	60	28	$\hat{\tau}_{x_{(2)}} = 793$	$\tau_{x_{(2)}} = 663$
抽出ウェイト w_i	20/3	20/3	20/3		

補助変数としては, 定数 $x_{(1)}$ と資本金 $x_{(2)}$ の二つを用いるものとする. $c_i = 1$ とすると, (7.14) 式の $\hat{\bm{b}}$ は以下となる.

$$\hat{\bm{b}} = (-51.765 \quad 11.624)' \tag{7.16}$$

したがって売上高 y の母集団総計 τ_y の一般化回帰推定値は次式となる.

$$\hat{\tau}_{y,\text{GREG}} = 8{,}187 - 51.765 \times (20 - 20) + 11.624 \times (663 - 793)$$
$$= 6{,}672 \tag{7.17}$$

7.2.2 一般化回帰推定量の性質

性質 1. 一般化回帰推定量は, 一般に不偏推定量ではない. ただし標本サイズ n が十分に大きいとき, 偏りは無視してよい[*4]. 逆に n が小さいときには偏りを無視できないため, 一般化回帰推定量は好ましくない.

性質 2. 比推定量と事後層化推定量は, いずれも一般化回帰推定量の特別な場合とみなせる.

- 比推定量

(7.14) 式において $K = 1$ かつ $c_i = x_i$ とする. つまり定数の補助変数 $x_{i(k)} = 1 \ (i \in U)$ は用いない.

$$\hat{b} = \left(\sum_s w_i \frac{x_i^2}{x_i} \right)^{-1} \sum_s w_i \frac{x_i y_i}{x_i} = \frac{\hat{\tau}_y}{\hat{\tau}_x} \tag{7.18}$$

この $\hat{b}$ を用いた一般化回帰推定量 $\hat{\tau}_{y,\text{GREG}}$ は比推定量 $\hat{\tau}_{y,\text{R}}$ に一致する.

[*4] 詳細は Brewer (1979), Särndal (1980), Wright (1983) を参照のこと.

$$\hat{\tau}_{y,\text{GREG}} = \hat{\tau}_y + (\tau_x - \hat{\tau}_x)\frac{\hat{\tau}_y}{\hat{\tau}_x} = \tau_x \frac{\hat{\tau}_y}{\hat{\tau}_x} = \hat{\tau}_{y,\text{R}} \qquad (7.19)$$

係数を $\hat{b} = \hat{\tau}_y/\hat{\tau}_x$ とすることは，図 7.1 の右において原点を通る一点鎖線を用いることに相当する．なお (7.15) 式において係数を $\hat{b} = -\hat{\tau}_y/\hat{\tau}_x$ とすると**積推定量** $\hat{\tau}_{y,\text{P}}$ となる．

- **事後層化推定量**

一般化回帰推定量における補助変数 $x_{i(k)}$ を，第 i 要素が第 k 事後層に属せば x_i，そうでなければ 0 という値をとる変数とする．つまり第 i 要素が第 k 事後層に属すか否かを表す二値変数を $\delta_{k,i}$ $(k=1,\ldots,K)$ とすると (3.3.2 節)，$x_{i(k)} = \delta_{k,i} x_i$ である．$c_i = x_i$ とすれば，(7.14) 式の $\hat{b}$ は以下となる．

$$\hat{b} = \begin{pmatrix} \dfrac{\hat{\tau}_{y,1}}{\hat{\tau}_{x,1}} & \cdots & \dfrac{\hat{\tau}_{y,K}}{\hat{\tau}_{x,K}} \end{pmatrix} \qquad (7.20)$$

この $\hat{b}$ を用いた一般化回帰推定量 $\hat{\tau}_{y,\text{GREG}}$ は，(6.40) 式の事後層化推定量 $\hat{\tau}_{y,\text{PS}}$ の D を K に変えたものに一致する．

$$\begin{aligned}\hat{\tau}_{y,\text{GREG}} &= \hat{\tau}_y + \sum_{k=1}^{K}(\tau_{x,k} - \hat{\tau}_{x,k})\frac{\hat{\tau}_{y,k}}{\hat{\tau}_{x,k}} \\ &= \hat{\tau}_y + \sum_{k=1}^{K} \tau_{x,k}\frac{\hat{\tau}_{y,k}}{\hat{\tau}_{x,k}} - \hat{\tau}_y = \sum_{k=1}^{K}\tau_{x,k}\frac{\hat{\tau}_{y,k}}{\hat{\tau}_{x,k}}\end{aligned} \qquad (7.21)$$

性質 3. 係数 $\hat{b}$ の算出に用いた補助変数 $x_{(k)}$ については，一般化回帰推定値 $\hat{\tau}_{x_{(k)},\text{GREG}}$ が真値 $\tau_{x_{(k)}}$ に一致する．この性質は次式の関係から直ちにわかる．

$$\left(\sum_s w_i \frac{\boldsymbol{x}_i \boldsymbol{x}_i'}{c_i}\right)^{-1} \sum_s w_i \frac{\boldsymbol{x}_i x_{i(k)}}{c_i} = \boldsymbol{e}_k, \quad (k=1,\ldots,K) \qquad (7.22)$$

ただし $\boldsymbol{e}_k$ は k 番目の要素のみ 1 で，残りは 0 というベクトルである．

この性質は比推定量の性質 4. に対応するものであり，一般化回帰推定量の意味を理解する上で重要な性質である．一般化回帰推定量 $\hat{\tau}_{y,\text{GREG}}$ は次式のように書き直せるからである．

$$\hat{\tau}_{y,\text{GREG}} = \hat{\tau}_y + (\boldsymbol{\tau}_x - \hat{\boldsymbol{\tau}}_x)' \hat{b} = \sum_s w_i g_i y_i = \sum_s w_i^c y_i \qquad (7.23)$$

ただし $w_i^c = w_i g_i$ であり，g_i は以下のとおりである．

7.2 一般化回帰推定量

$$g_i = 1 + (\bm{\tau}_x - \hat{\bm{\tau}}_x)' \left(\sum_s w_i \frac{\bm{x}_i \bm{x}_i'}{c_i} \right)^{-1} \frac{\bm{x}_i}{c_i}, \quad (i \in s) \tag{7.24}$$

この g_i を **g ウェイト**という．g_i は抽出ウェイト w_i と補助変数 $\bm{x}_i$ のみから求められる．つまり一般化回帰推定量とは，補助変数を用いて抽出ウェイト w_i の大きさを $w_i^c = w_i g_i$ と調整する方法といえる．ただしこの調整は，全ての補助変数それぞれについて，新たなウェイト w_i^c を用いた母集団総計の推定値がその真値に一致するよう行う．補助変数として $x_{i(k)} = 1 \ (i \in U)$ という変数を用いるということは，調整後のウェイト w_i^c の標本総計 $\hat{N} = \sum_s w_i^c$ が母集団サイズ N に一致するようウェイトを調整していることを意味する．

例題 7.4　一般化回帰推定

表 7.2 の標本において，$c_i = 1 \ (i \in s)$ として (7.24) 式の g ウェイト g_i を求めると表 7.3 が得られる．この g_i を抽出ウェイト w_i に乗じたものが，一般化回帰推定量のためのウェイト $w_i^c = w_i g_i$ である．

表 7.3　一般化回帰推定量のためのウェイト

企業 i	2	10	19	標本総計
売上高 y_i	380	639	209	1,228
抽出ウェイト w_i	20/3	20/3	20/3	20
g ウェイト g_i	1.271	0.364	1.365	3
$w_i^c = w_i g_i$	8.475	2.424	9.101	20

売上高 y の母集団総計の一般化回帰推定値は以下のとおりとなる．

$$\hat{\tau}_{y,\text{GREG}} = \sum_s w_i^c y_i$$
$$= 8.475 \times 380 + 2.424 \times 639 + 9.101 \times 209 = 6{,}672 \tag{7.25}$$

また，各補助変数の母集団総計の一般化回帰推定値はいずれも真値に一致する．

$$\hat{\tau}_{x_{(1)},\text{GREG}} = 8.475 + 2.424 + 9.101 = 20 = \tau_{x_{(1)}} \tag{7.26}$$

$$\hat{\tau}_{x_{(2)},\text{GREG}} = 8.475 \times 31 + 2.424 \times 60 + 9.101 \times 28 = 663 = \tau_{x_{(2)}} \tag{7.27}$$

比推定量は，一つの補助変数についてのみ，推定値が真値に一致するようウェイトを調整する方法であった．そのため資本金について一致させると，母集団サイズについては一致しなくなった (例題 5.4)．一般化回帰推定量では資本金と同時

に母集団サイズについても一致させることができる．補助変数 $x_{i(k)} = 1$ $(i \in U)$ は $\sum_s w_i^c x_{i(k)} = \sum_s w_i^c = N$ として，w_i^c の標本総計を N に一致させるために必要だったのである．

性質 4. ウェイト w_i^c は負となることがある．(7.24) 式の g_i が必ずしも正になるとは限らないからである．しかしウェイト w_i^c は，第 i 要素が代表している母集団の要素の数を表す．負の値は望ましくない．

$w_i^c \leq 0$ となったときには，まず第一に，用いる補助変数の組み合わせを見直すのがよい．それでも負の値が生じるときには，例えば乗法関数を用いた**キャリブレーション推定量** (7.3 節) を用いるのが一つの対処法である．

性質 5. 一般化回帰推定量の分散 $V(\hat{\tau}_{y,\text{GREG}})$ を近似推定するための線形化変数 z_i は，以下のとおりである．

$$z_i = g_i \left\{ y_i - \bm{x}_i' \left(\sum_s w_i \frac{\bm{x}_i \bm{x}_i'}{c_i} \right)^{-1} \left(\sum_s w_i \frac{\bm{x}_i y_i}{c_i} \right) \right\}$$
$$= g_i \left(y_i - \bm{x}_i' \hat{\bm{b}} \right), \quad (i \in s) \tag{7.28}$$

この線形化変数 z_i を導出するには，以下の関係を利用すればよい．

$$\frac{\partial}{\partial w_i} \left(\sum_s w_i \frac{\bm{x}_i \bm{x}_i'}{c_i} \right)^{-1} = -\left(\sum_s w_i \frac{\bm{x}_i \bm{x}_i'}{c_i} \right)^{-1} \frac{\bm{x}_i \bm{x}_i'}{c_i} \left(\sum_s w_i \frac{\bm{x}_i \bm{x}_i'}{c_i} \right)^{-1} \tag{7.29}$$

$$\frac{\partial g_j}{\partial w_i} = -g_i \bm{x}_i' \left(\sum_s w_i \frac{\bm{x}_i \bm{x}_i'}{c_i} \right)^{-1} \frac{\bm{x}_j}{c_j} \tag{7.30}$$

$V(\hat{\tau}_{y,\text{GREG}})$ を近似するための線形化変数は，(7.28) 式の $\hat{\bm{b}}$ を，(7.9) 式の母集団回帰係数 $\bm{b}$ で置き換える．線形化変数は $z_i = y_i - \bm{x}_i' \bm{b}$ $(i \in U)$ となり，$\bm{b}$ を用いた差分推定量 $\hat{\tau}_{y,\text{D}}$ の線形化変数に一致する．つまり一般化回帰推定量の分散 $V(\hat{\tau}_{y,\text{GREG}})$ は，$\bm{b}$ を用いた差分推定量の分散 $V(\hat{\tau}_{y,\text{D}})$ に等しい．例えば非復元単純無作為抽出法で，定数以外に補助変数が一つであれば，一般化回帰推定量の分散 $V(\hat{\tau}_{y,\text{GREG}})$ は (7.11) 式と同じ次式となる．

$$V(\hat{\tau}_{y,\text{GREG}}) = N^2 (1-f) \frac{1}{n} \sigma_y^2 (1 - \rho_{yx}^2) \tag{7.31}$$

例題 7.5　一般化回帰推定量の分散の推定

表 7.3 の標本の線形化変数 z_i は，(7.16) 式の $\hat{\boldsymbol{b}} = (-51.765\ \ 11.624)'$ を用いると表 7.4 のとおりとなる．

表 7.4　一般化回帰推定量の線形化変数

企業 i	2	10	19	標本分散
売上高 y_i	380	639	209	$S_y^2 = 216.50$
資本金 x_i	31	60	28	$S_x^2 = 17.67^2$
g ウェイト g_i	1.271	0.364	1.365	$S_g^2 = .553^2$
線形化変数 z_i	90.8	-2.4	-88.3	$S_z^2 = 89.6^2$

$\hat{\tau}_{y,\mathrm{GREG}}$ の分散の推定値は以下となる．

$$\hat{V}(\hat{\tau}_{y,\mathrm{GREG}}) \approx N^2(1-f)\frac{1}{n}S_z^2 = 953.7^2 \tag{7.32}$$

7.2.3　部分母集団と一般化回帰推定

部分母集団総計 $\tau_{y,d}$ の推定に一般化回帰推定量を用いるには，二つの方法が考えられる (Särndal et al., 1992, p.399)．第一の方法では，線形推定量 $\hat{\tau}_{y,d}$ と $\hat{\boldsymbol{\tau}}_{x,d}$ を用いて一般化回帰推定量を構成する．

$$\hat{\tau}_{y,d,\mathrm{GREG}} = \hat{\tau}_{y,d} + (\boldsymbol{\tau}_{x,d} - \hat{\boldsymbol{\tau}}_{x,d})'\hat{\boldsymbol{b}} \tag{7.33}$$

また第二の方法では，部分母集団サイズを用いた比推定量 (5.1.3 節) $\hat{\tau}_{y,d,\mathrm{N}}$ と $\hat{\boldsymbol{\tau}}_{x,d,\mathrm{N}}$ を使って一般化回帰推定量を構成する．

$$\begin{aligned}\hat{\tau}_{y,d,\mathrm{GREG}} &= \hat{\tau}_{y,d,\mathrm{N}} + (\boldsymbol{\tau}_{x,d} - \hat{\boldsymbol{\tau}}_{x,d,\mathrm{N}})'\hat{\boldsymbol{b}} \\ &= N_d\frac{\hat{\tau}_{y,d}}{\hat{N}_d} + \left(\boldsymbol{\tau}_{x,d} - N_d\frac{\hat{\boldsymbol{\tau}}_{x,d}}{\hat{N}_d}\right)'\hat{\boldsymbol{b}}\end{aligned} \tag{7.34}$$

第一の方法では，部分母集団総計の推定値 $\hat{\tau}_{y,d,\mathrm{GREG}}$ を排反な全ての部分母集団に関して合計すると，母集団全体の一般化回帰推定値 $\hat{\tau}_{y,\mathrm{GREG}}$ に一致する．

$$\sum_{d=1}^{D}\hat{\tau}_{y,d,\mathrm{GREG}} = \hat{\tau}_{y,\mathrm{GREG}} \tag{7.35}$$

第二の方法はこのような性質を持たないが，一般に第一の方法よりも推定量の分散は小さいと期待できる．

また層化抽出標本では，2 通りの比推定量があるのと同様に，回帰推定量も二

つ考えることができる．**結合回帰推定量** (combined regression estimator) では，標本全体を使って回帰推定量の係数 $\hat{\boldsymbol{b}}$ を推定する．

$$\hat{\tau}_{y,\text{CREG}} = \sum_{h=1}^{H} \hat{\tau}_{y,h} + \left(\sum_{h=1}^{H} \boldsymbol{\tau}_{x,h} - \sum_{h=1}^{H} \hat{\boldsymbol{\tau}}_{x,h} \right) \hat{\boldsymbol{b}} \qquad (7.36)$$

一方の**個別回帰推定量** (separate regression estimator) では，まず層ごとに層総計 $\tau_{y,h}$ ($h = 1, \ldots, H$) の回帰推定量を求める．次にそれらを全ての層について合算する．

$$\hat{\tau}_{y,\text{SREG}} = \sum_{h=1}^{H} \left\{ \hat{\tau}_{y,h} + (\boldsymbol{\tau}_{x,h} - \hat{\boldsymbol{\tau}}_{x,h}) \hat{\boldsymbol{b}}_h \right\} \qquad (7.37)$$

ただし係数 $\hat{\boldsymbol{b}}_h$ は第 h 層の標本 s_h のみから求める．

$$\hat{\boldsymbol{b}}_h = \left(\sum_{s_h} w_i \frac{\boldsymbol{x}_i \boldsymbol{x}_i'}{c_i} \right)^{-1} \sum_{s_h} w_i \frac{\boldsymbol{x}_i y_i}{c_i} \qquad (7.38)$$

層によって回帰係数 $\boldsymbol{b}_h$ が大きく異なれば，結合回帰推定量よりも個別回帰推定量の方が一般に分散は小さくなる．しかし比推定量と同様に，各層の標本サイズが小さいときには偏りを無視できないため，個別回帰推定量は望ましくない．

7.3 キャリブレーション推定量

7.3.1 キャリブレーション推定量とは

一般化回帰推定量は，さらに一般的な**キャリブレーション推定量** (calibration estimator) の特別な場合とみなせる (Folsom, 1991; Deville and Särndal, 1992; Deville et al., 1993; Folsom and Singh, 2000)．キャリブレーション推定量の考え方は以下のとおりである．7.2.2 節の性質 3. では，一般化回帰推定量を抽出ウェイト w_i を調整し，新たなウェイト w_i^c を求める方法と位置づけた．ここでは調整後の新たなウェイト w_i^c を**キャリブレーションウェイト** (calibration weight) と呼ぶ．キャリブレーションウェイトの第一の要件は，K 個の補助変数に関して，この w_i^c を用いた推定値が母集団総計に一致することである．つまり補助変数 $x_{(1)}, \ldots, x_{(K)}$ のそれぞれに関して次式が成り立つようウェイト w_i^c を求める．

$$\sum_s w_i^c x_{i(k)} = \sum_U x_{i(k)} = \tau_{x_{(k)}}, \quad (k = 1, \ldots, K) \qquad (7.39)$$

(7.39) 式を**キャリブレーション方程式** (calibration equation) と呼ぶ．

さらに，抽出ウェイト w_i は標本抽出デザインを反映しているので，調整後の w_i^c

は，元の w_i とあまり大きくは異ならない方が望ましい．そこでキャリブレーション方程式が成り立つという制約条件の下で，w_i^c と w_i の間の距離 $\sum_s w_i G(w_i^c, w_i)$ を最小とする w_i^c を求める．具体的な距離関数 $G()$ は次節で述べる．w_i^c は次式を満たすものとすればよい．

$$\frac{\partial}{\partial w_i^c}\left\{\sum_s w_i G(w_i^c, w_i) - \left(\sum_s w_i^c \boldsymbol{x}_i - \boldsymbol{\tau}_x\right)' \boldsymbol{\beta}\right\} = 0, \quad (i \in s) \tag{7.40}$$

ただし $\boldsymbol{\beta}$ はラグランジュ乗数である．(7.40) 式を解いて得られる w_i^c は，一般に $\boldsymbol{x}_i'\boldsymbol{\beta}$ の関数 $g_i = F(\boldsymbol{x}_i'\boldsymbol{\beta})$ を用いて，$w_i^c = w_i g_i$ と表される (7.3.2 節)．この g_i を **g ウェイト** (g-weight) という．また，w_i^c を用いた推定量 $\hat{\tau}_{y,\mathrm{C}}$ を**キャリブレーション推定量**と呼ぶ．

$$\hat{\tau}_{y,\mathrm{C}} = \sum_s w_i F(\boldsymbol{x}_i'\boldsymbol{\beta}) y_i = \sum_s w_i g_i y_i = \sum_s w_i^c y_i \tag{7.41}$$

7.3.2 キャリブレーションウェイト

以下にいくつかの距離関数と，それらに対応する g ウェイト g_i とキャリブレーションウェイト w_i^c を紹介する．

- **線形関数**

まず，線形関数は次式のとおりである．

$$\sum_s w_i G(w_i^c, w_i) = \sum_s w_i \frac{(w_i^c/w_i - 1)^2}{2} \tag{7.42}$$

w_i^c/w_i の値が 1 に近くなるよう w_i^c を求めるのである．(7.40) 式を解くと

$$w_i^c = w_i g_i = w_i(1 + \boldsymbol{x}_i'\boldsymbol{\beta}), \quad (i \in s) \tag{7.43}$$

となる．g ウェイトは $g_i = 1 + \boldsymbol{x}_i'\boldsymbol{\beta}$ である．w_i^c が (7.39) 式を満たすよう $\boldsymbol{\beta}$ を求めると，g ウェイトは次式となる．

$$g_i = 1 + (\boldsymbol{\tau}_x - \hat{\boldsymbol{\tau}}_x)'\left(\sum_s w_i \boldsymbol{x}_i \boldsymbol{x}_i'\right)^{-1} \boldsymbol{x}_i, \quad (i \in s) \tag{7.44}$$

この g_i は，(7.24) 式にある一般化回帰推定量の g_i において，$c_i = 1$ としたものに一致する．つまり**一般化回帰推定量** $\hat{\tau}_{y,\mathrm{GREG}}$ とは，距離関数として線形関数を用いたキャリブレーション推定量 $\hat{\tau}_{y,\mathrm{C}}$ といえる．

なお線形関数では，いくつかの w_i^c の値が負となったり，極端に大きくなることがある．対処法としては，キャリブレーション方程式に加え，$L \leq w_i^c/w_i \leq U$ という制約条件の下で，(7.42) 式を最小とする w_i^c を

数値的最適化により求めればよい．ただし下限 L と上限 U は $L < 1 < U$ を満たすようあらかじめ定めておく．$w_i > 0$ であるので，$L \geq 0$ とすれば負の w_i^c が得られることはない．

- 乗法関数

乗法関数は次式のとおりである．

$$\sum_s w_i G(w_i^c, w_i) = \sum_s w_i \left\{ \frac{w_i^c}{w_i} \log\left(\frac{w_i^c}{w_i}\right) - \frac{w_i^c}{w_i} + 1 \right\} \quad (7.45)$$

このとき (7.40) 式を解くと，w_i^c は次式となる．

$$w_i^c = w_i g_i = w_i \exp(\boldsymbol{x}_i' \boldsymbol{\beta}), \quad (i \in s) \quad (7.46)$$

$g_i = \exp(\boldsymbol{x}_i' \boldsymbol{\beta})$ である．$\boldsymbol{\beta}$ は，w_i^c が (7.39) 式を満たすよう数値的最適化により求める．乗法関数では，w_i^c の値は必ず非負となる一方で，極端に大きくなることがある．そのため線形関数のときと同様に，$L \leq w_i^c/w_i \leq U$ という制約条件を課すこともある．なお，(6.56) 式に示す**レイキング比推定量**の w_i^c は，この (7.46) 式の w_i^c における $\boldsymbol{x}_i$ を $\boldsymbol{\delta}_i$ としたものである．つまりレイキング比推定量 $\hat{\tau}_{y,\mathrm{RR}}$ は，距離関数として乗法関数を用いたキャリブレーション推定量 $\hat{\tau}_{y,\mathrm{C}}$ の特別な場合といえる．

- ロジット関数

w_i^c に対して制約を設けるため，距離関数自体に w_i^c/w_i の下限 L と上限 U を組み込む方法もある．

$$\begin{aligned}\sum_s w_i G(w_i^c, w_i) = \sum_s w_i \Bigg[\frac{1}{A} \bigg\{ &\left(\frac{w_i^c}{w_i} - L\right) \log \frac{w_i^c/w_i - L}{C - L} \\ &+ \left(U - \frac{w_i^c}{w_i}\right) \log \frac{U - w_i^c/w_i}{U - C} \bigg\} \Bigg]\end{aligned} \quad (7.47)$$

ただし C はあらかじめ定めておく値で，$L < C < U$ を満たすものとする．また，$A = (U - L)/\{(U - C)(C - L)\}$ である．w_i^c は次式となる．

$$w_i^c = w_i g_i = w_i \frac{L(U - C) + U(C - L)\exp(A\boldsymbol{x}_i'\boldsymbol{\beta})}{(U - C) + (C - L)\exp(A\boldsymbol{x}_i'\boldsymbol{\beta})}, \quad (i \in s) \quad (7.48)$$

$\boldsymbol{\beta}$ は数値的最適化により求める．得られた w_i^c は $L \leq w_i^c/w_i \leq U$ を満たす．特に $L = 0$，$C = 1$，$U \to \infty$ とすれば，ロジット関数は乗法関数に一致する．また $L = 1$，$C = 2$，$U \to \infty$ とすれば，w_i^c は次式となる．

$$w_i^c = w_i \frac{1 + \exp(\boldsymbol{x}_i'\boldsymbol{\beta})}{\exp(\boldsymbol{x}_i'\boldsymbol{\beta})}, \quad (i \in s) \tag{7.49}$$

いずれの距離関数を用いるにせよ，キャリブレーションを行うと少数の w_i^c が極端な値をとることがある．w_i^c の箱ヒゲ図を描くなど，w_i^c の分布には常に注意を払うべきである[*5)]．場合によってはキャリブレーションに用いる補助変数 $\boldsymbol{x}$ を再検討する．

キャリブレーション推定量 $\hat{\tau}_{y,\mathrm{C}}$ の分散 $V(\hat{\tau}_{y,\mathrm{C}})$ を推定するには，(7.28) 式の一般化回帰推定量の線形化変数 z_i に含まれる g ウェイト g_i を，各距離関数に応じた g ウェイトで置き換えればよい[*6)] (Vanderhoeft, 2001)．

$$z_i = g_i \left\{ y_i - \boldsymbol{x}_i' \left(\sum_s w_i \boldsymbol{x}_i \boldsymbol{x}_i' \right)^{-1} \left(\sum_s w_i \boldsymbol{x}_i y_i \right) \right\}, \quad (i \in s) \tag{7.50}$$

標本サイズ n が大きいときには，どの距離関数を用いても推定値はほとんど違わないからである (Deville and Särndal, 1992)．

7.3.3 いくつかの推定量間の関係

図 7.2 は，本書でこれまでに紹介してきた推定量のうち，いくつか主な推定量

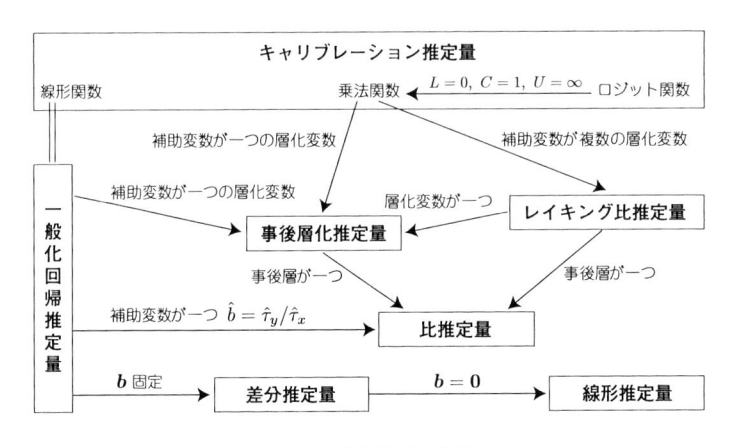

図 7.2 推定量間の関係

[*5)] 極端なウェイトをトリミングすることで推定量の分散増大を抑える方法もある．Kish (1992) や Research Triangle Institute (2008), Elliott (2008) を参照のこと．
[*6)] ただし Folsom (1991) や Folsom and Singh (2000) も参照のこと．

間の関係を整理したものである．これらの推定量は，いずれもキャリブレーション推定量 $\hat{\tau}_{y,\mathrm{C}}$ の枠組みで扱うことができ，一般に次式で表すことができる．

$$\hat{\tau}_{y,***} = \sum_s w_i g_i y_i = \sum_s w_i^c y_i \tag{7.51}$$

w_i は抽出ウェイトである．つまり様々な推定量は，抽出ウェイト w_i を g ウェイト g_i によって調整し，新たなウェイト w_i^c を用いて推定を行う方法といえる．

調整のための g ウェイト g_i を以下に整理しておく．

$$\text{線形推定量} \quad \hat{\tau}_y \quad : g_i = 1 \tag{7.52}$$

$$\text{比推定量} \quad \hat{\tau}_{y,\mathrm{R}} \quad : g_i = \frac{\tau_x}{\hat{\tau}_x} \tag{7.53}$$

$$\text{事後層化推定量} \quad \hat{\tau}_{y,\mathrm{PS}} \quad : g_i = \sum_{d=1}^{D} \delta_{d,i} \frac{\tau_{x,d}}{\hat{\tau}_{x,d}} \tag{7.54}$$

$$\text{レイキング比推定量} \quad \hat{\tau}_{y,\mathrm{RR}} \quad : g_i = \exp(\boldsymbol{x}_i' \boldsymbol{\beta}) \tag{7.55}$$

一般化回帰推定量 $\hat{\tau}_{y,\mathrm{GREG}}$：

$$g_i = 1 + (\boldsymbol{\tau}_x - \hat{\boldsymbol{\tau}}_x)' \left(\sum_s w_i \frac{\boldsymbol{x}_i \boldsymbol{x}_i'}{c_i} \right)^{-1} \frac{\boldsymbol{x}_i}{c_i} \tag{7.56}$$

8

集 落 抽 出 法

集落抽出法は，要素のまとまりである集落を抽出単位とする抽出方法である．一般に要素を抽出単位とするよりも推定量の分散は大きくなるが，調査実施上の制約があるときや，コストを抑制したいときに用いられることが多い．章の前半では，集落抽出法における推定量を説明する．また後半では，集落内の類似性の指標である級内相関係数を紹介し，集落抽出法のデザイン効果を導出する．

8.1 集落抽出法

8.1.1 集落抽出法とは

図 8.1 は，日本の 17 歳男子高校生の平均身長の推移である．平均身長は戦後一貫して伸び続けてきた．しかし平成に入った頃から伸びは鈍化している．

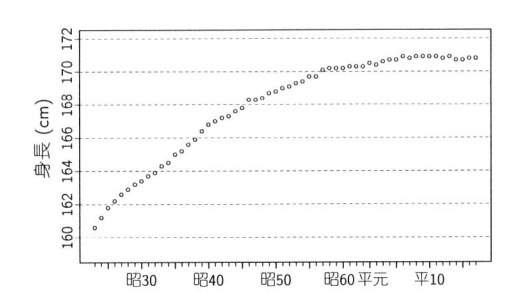

図 8.1 17 歳男子高校生の平均身長の推移 (出典：文部科学省 学校保健統計)

今年も標本調査によって平均身長を調べることにしよう．ただし全国の 17 歳男子高校生全員を掲載した名簿は存在しない．名簿の作成も現実にはほとんど不可能である．したがって単純無作為抽出法や系統抽出法など，高校生個人を直接選ぶ抽出法は使えない．そこで代わりに高校を抽出してはどうだろう．全国の高校一覧は容易に入手できる．そして抽出された高校に在籍する 17 歳男子全員を標本とするのである．つまり**抽出単位**を高校生個人とするのではなく，高校生の

集団である高校とすればよい.

一般に**集落抽出法** (cluster sampling) では，まず母集団を M 個のグループに分割する．このグループを**集落** (cluster) と呼ぶ．そして M 個の集落から m 個の集落を抽出する．標本は，選ばれた m 個の集落に含まれる全ての要素である．なお，層化抽出法でも母集団を同じくグループに分割した．層化抽出法では各グループを層と呼び，全てのグループから標本を抽出した．どのグループもその一部が標本となる．一方，集落抽出法ではグループを集落と呼び，グループが抽出単位となる．グループ単位で標本となる・ならないが決まる．

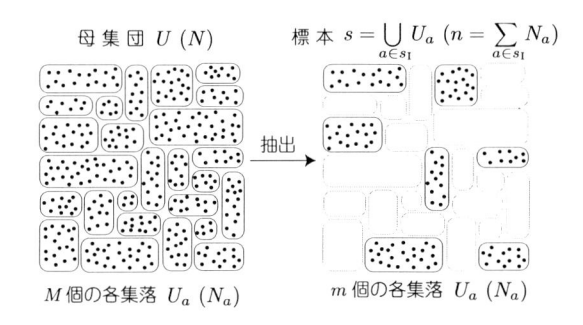

図 **8.2** 集落抽出法

　集落抽出法の利点は，第一に母集団の全要素をリストアップしなくてもよい点である．集落のリストさえあればよい．例えば母集団を全国の全ての入院患者とする．全患者リストの作成は困難だが，病院のリストは容易に入手可能である．第二に，母集団サイズ N が未知でもよい点である．母集団における集落の数 M さえ分かれば，標本抽出も推定も可能である (8.2 節)．第三に，要素を抽出単位とするよりも低コストで標本抽出や実査を行える点である．地理的なまとまりを集落とすれば，調査対象が点在する場合に比べ，調査員の移動にかかるコストを抑えられる．また子どもを対象に教室で一斉に調査をすれば，標本サイズを容易に大きくできる．

　逆に集落抽出法の難点は，デザイン効果が 1 を超えやすい点である (8.3.2 節)．同じ標本サイズの単純無作為抽出法よりも，推定量の精度は低いことが多いのである．その理由は，同一集落内の要素は似たような性質を持ちやすいことにある．

標本に含まれる情報が重複し，"ムダ"が増えてしまうのである．例えば同じ学校の高校生どうしは，他校の高校生と比べて学力は似通っている．一校で多数の高校生を調べても，学力に関する推定値は，選ばれる学校に応じて大きく変動してしまう．そこで集落抽出法を採用するときには抽出する集落の数を増やすとともに，層化抽出法と組み合わせるなど，推定量の精度低下を防ぐ工夫が必要である．別の難点は，集落のサイズが不揃いのとき，標本サイズ n を固定できない点である．n は選ばれた集落によって変わってしまう．ただし集落サイズが全て等しいときには，抽出する集落の数を固定すれば標本サイズ n も固定される．

8.1.2 集落抽出の方法

ここで集落抽出法の手順を追いながら，記号を整理しておく．

1) 母集団 U を M 個の集落 $U_1, \ldots, U_M$ に分割する．

$$U = U_1 \cup U_2 \cup \cdots \cup U_M = \bigcup_{a \in U_\mathrm{I}} U_a \tag{8.1}$$

$U_\mathrm{I} = \{1, 2, \ldots, M\}$ は集落の集合である．添字の I はローマ数字であることに注意すること．第 a 集落に含まれる要素の数，つまり**集落サイズ** (cluster size) を N_a とする．必ずしも N_a が等しい必要はない．母集団サイズ N は集落サイズ $N_1, \ldots, N_M$ の合計 $N = \sum_{a \in U_\mathrm{I}} N_a$ である．

集落総計 $\tau_{y,a}$ や集落平均 $\mu_{y,a}$，集落分散 $\sigma_{y,a}^2$ は，それぞれ第 a 集落に含まれる全要素から求めた総計や平均，分散である．

$$\tau_{y,a} = \sum_{U_a} y_i, \quad \mu_{y,a} = \frac{1}{N_a} \tau_{y,a}, \quad (a \in U_\mathrm{I}) \tag{8.2}$$

$$\sigma_{y,a}^2 = \frac{1}{N_a - 1} \sum_{U_a} (y_i - \mu_{y,a})^2, \quad (a \in U_\mathrm{I}) \tag{8.3}$$

母集団総計 τ_y は集落総計 $\tau_{y,1}, \ldots, \tau_{y,M}$ の合計である．

$$\tau_y = \tau_{y,1} + \cdots + \tau_{y,M} = \sum_{a \in U_\mathrm{I}} \tau_{y,a} \tag{8.4}$$

2) 集落を単位として m 個の集落を抽出 (単純無作為抽出・系統抽出・確率比例抽出・層化抽出など) する．なお，集落の間でサイズ N_a が大きく異なるときには，一般に集落を単純無作為抽出するよりも，そのサイズで確率比例抽出あるいは層化抽出する方が線形推定量の分散は小さい (8.2.3 節)．集落の抽出率を $f_\mathrm{I} = m/M$ とする．また抽出された集落の集合を s_I とす

る．例えば集落 1 と 4 が抽出されれば $s_{\mathrm{I}} = \{1,4\}$ である[1]．

3) 抽出された集落に属する全ての要素を標本 s とする．

$$s = \bigcup_{a \in s_{\mathrm{I}}} U_a \tag{8.5}$$

標本サイズ n は抽出された集落サイズの合計 $n = \sum_{a \in s_{\mathrm{I}}} N_a$ である．

例題 8.1　集落抽出法

表 8.1 は，$M = 5$ 校に在籍の $N = 20$ 名の高校生の身長である．$U = \{1, \ldots, 20\}$ であり $U_{\mathrm{I}} = \{1, \ldots, 5\}$ である．例えば学校 2 には $N_2 = 3$ 名の生徒が在籍しており，$U_2 = \{7, 8, 9\}$ である．学校 2 の集落総計は，学校 2 の 3 名の生徒の身長総計 $\tau_{y,2} = \sum_{U_2} y_i = 168 + 171 + 156 = 495$ であり，集落平均は $\mu_{y,2} = \tau_{y,2}/N_2 = 495/3 = 165$ である．

表 8.1　母集団 20 人の高校生の身長

生徒 i	1	2	3	4	5	6	7	8	9	10
学校 a	1	1	1	1	1	1	2	2	2	3
身長 y_i	162	170	172	172	161	155	168	171	156	171

11	12	13	14	15	16	17	18	19	20	母集団平均
3	3	3	3	4	4	4	5	5	5	
168	169	152	154	172	154	152	167	170	154	$\mu_y = 163.5$

$M = 5$ 校から，例えば $m = 2$ 校の学校を非復元単純無作為抽出する．仮に学校 1 と 4 の 2 校が選ばれたとする．$s_{\mathrm{I}} = \{1, 4\}$ である．この 2 校に在籍する $n = \sum_{a \in s_{\mathrm{I}}} N_a = N_1 + N_4 = 6 + 3 = 9$ 名の生徒が，非復元単純無作為集落抽出標本 $s = \{1, 2, \ldots, 6, 15, 16, 17\}$ である．表 8.2 は標本となった生徒の身長である．標本平均 $\bar{y} = 163.3$ は，9 名の生徒の平均身長である．

表 8.2　非復元単純無作為集落抽出標本

生徒 i	1	2	3	4	5	6	15	16	17	標本平均
学校 a	1	1	1	1	1	1	4	4	4	
身長 y_i	162	170	172	172	161	155	172	154	152	$\bar{y} = 163.3$

---

[1] 本書では一段目の抽出単位 (9.1.1 節) のラベル数字をタイプライタ体で表した．

8.2 集落抽出法における推定

8.2.1 集落抽出法における推定

母集団総計 τ_y の推定は，これまでの"要素"を"集落"と読み替えて考えていけばよい．つまり第 i 要素の変数値 y_i の代わりに，第 a 集落の集落総計 $\tau_{y,a}$ を用いればよい．これは抽出単位が要素ではなく集落だからであり，かつ，y_i の和が母集団総計 τ_y であるのと同じく，集落総計 $\tau_{y,a}$ の和も母集団総計 τ_y だからである．このような読み替えをしてよいことは，表 8.3 から直ちに推し量ることができよう．表 8.3 は抽出単位を要素とするときと，集落とするときとの間で，抽出単位ごとの特性値の対応関係を整理したものである．$\tau_{x,a} = \sum_{U_a} x_i$ は補助変数 x の集落総計である．要素を抽出単位とした抽出法は，全ての集落サイズが $N_a = 1$ である集落抽出法の特別な場合ともいえる．

表 8.3 抽出単位の読み替え

要素を抽出単位とする抽出法					集落を抽出単位とする抽出法			
要素	変数 y の値	補助変数 x の値	サイズ		集落	変数 y の集落総計	補助変数 x の集落総計	サイズ
1	y_1	x_1	1		1	$\tau_{y,1}$	$\tau_{x,1}$	N_1
2	y_2	x_2	1	⟶	2	$\tau_{y,2}$	$\tau_{x,2}$	N_2
⋮	⋮	⋮	⋮		⋮	⋮	⋮	⋮
N	y_N	x_N	1		M	$\tau_{y,M}$	$\tau_{x,M}$	N_M
総計	τ_y	τ_x	N		総計	τ_y	τ_x	N

したがって母集団総計 τ_y の線形推定量は，要素を抽出単位としたときの線形推定量 $\hat{\tau}_y = \sum_s w_i y_i$ の y_i を $\tau_{y,a}$ で置き換えればよい．抽出ウェイト w_a も集落を単位として考える．例えば集落を単純無作為抽出したのであれば，$w_a = M/m$ である．置き換え後は，要素ではなく集落について和をとる．

$$\hat{\tau}_y = \sum_{a \in s_\mathrm{I}} w_a \tau_{y,a} = \sum_{a \in s_\mathrm{I}} w_a \sum_{i \in U_a} y_i = \sum_{a \in s_\mathrm{I}} \sum_{i \in U_a} w_a y_i = \sum_s \check{y}_i \qquad (8.6)$$

つまり集落総計 $\tau_{y,a}$ さえ分かれば，集落内の個々の要素の変数値 y_i は不要である．ただし (8.6) 式に示すように書き直していけば，最終的に $\hat{\tau}_y$ は抽出ウェイト w_a による各要素の加重変数値 $\check{y}_i = w_a y_i$ $(i \in U_a)$ の標本総計となる．

$\hat{\tau}_y$ の分散やその推定量を求めるときにも，これまでの y_i を $\tau_{y,a}$ で読み替える．例えば変数 y_i の母集団分散 σ_y^2 や標本分散 S_y^2 は，集落総計 $\tau_{y,a}$ の母集団における分散 $\sigma_{\tau_y}^2$ や標本における分散 $S_{\tau_y}^2$ で置き換える．

$$\sigma_{\tau_y}^2 = \frac{1}{M-1} \sum_{a \in U_\mathrm{I}} \left(\tau_{y,a} - \frac{1}{M} \sum_{a \in U_\mathrm{I}} \tau_{y,a} \right)^2 \tag{8.7}$$

$$S_{\tau_y}^2 = \frac{1}{m-1} \sum_{a \in s_\mathrm{I}} \left(\tau_{y,a} - \frac{1}{m} \sum_{a \in s_\mathrm{I}} \tau_{y,a} \right)^2 \tag{8.8}$$

図 8.3 には，$\sigma_{\tau_y}^2$ や $S_{\tau_y}^2$ が集落総計 $\tau_{y,a}$ についての分散であることを示した．

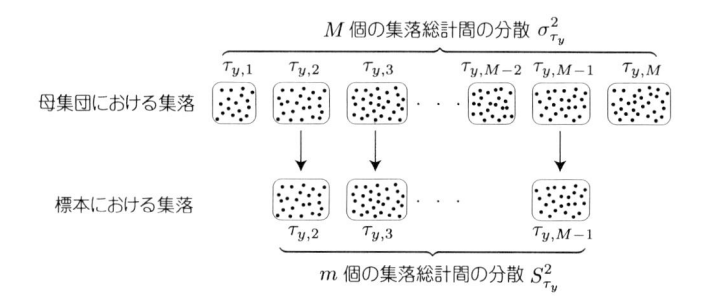

図 8.3 集落総計間分散

他にも母集団平均 μ_y や母集団割合 p_y など，母集団総計 τ_y を利用する特性値を推定するときには，集落総計 $\tau_{y,a}$ さえ分かればよい．各要素の変数値 y_i は不要である．例えばある地域において，病気を持つ樹木の割合を知りたいものとする．そこで地域を小区画に分割し，その中からいくつかの小区画を選ぶ．選ばれた区画ごとに，樹木の総数と病気に冒された樹木の総数とが分かればよい．病気を持つ樹木を特定しておく必要はない．

ただし母集団分散 σ_y^2 など，母集団総計に基づかない特性値を推定するには，各要素の変数値 y_i が必要である．また部分母集団に関する推定でも，個々の y_i が必要である．例えば部分母集団 U_d の総計 $\tau_{y,d}$ の推定量は次式となる．

$$\hat{\tau}_{y,d} = \sum_{a \in s_\mathrm{I}} w_a \sum_{i \in U_a} \delta_{d,i} y_i \tag{8.9}$$

$\delta_{d,i}$ は，第 i 要素が部分母集団 U_d に属するか否かを表す二値変数である．

ところで**系統抽出法**は集落抽出法の特別な場合とみなせる．例えば 3.2.2 節の表 3.3 を見てみよう．五つの系統抽出標本はそれぞれ企業の集落といえる．系統抽出法で標本を一つ選ぶということは，$M=5$ の集落から $m=1$ の集落を選ぶことに相当する．そのため (8.8) 式にある集落間の標本分散を求められず，推定量の分散を推定できないのである (3.2.2 節)．

8.2.2 単純無作為集落抽出法

集落を非復元単純無作為抽出したときの推定量を具体的に見てみよう．集落を単純無作為抽出する利点の一つは，個々の集落サイズ N_a があらかじめ分からなくてもよい点にある．第 a 集落の抽出ウェイト w_a は，M 個の集落から m 個を選ぶので，$w_a = M/m$ である．

まず線形推定量である．母集団総計の線形推定量 $\hat{\tau}_y$ とその分散 $V(\hat{\tau}_y)$，さらにその推定量 $\hat{V}(\hat{\tau}_y)$ は，非復元単純無作為抽出法の (3.3) 式や (3.7) 式を適宜書き換えて，それぞれ以下となる．

$$\hat{\tau}_y = \sum_{a \in s_\mathrm{I}} w_a \tau_{y,a} = \frac{M}{m} \sum_{a \in s_\mathrm{I}} \tau_{y,a} = \frac{M}{m} \sum_s y_i \tag{8.10}$$

$$V(\hat{\tau}_y) = M^2 (1-f_\mathrm{I}) \frac{1}{m} \sigma^2_{\tau_y} = \frac{M(M-m)}{m(M-1)} \sum_{a \in U_\mathrm{I}} \left(\tau_{y,a} - \frac{1}{M}\tau_y\right)^2 \tag{8.11}$$

$$\hat{V}(\hat{\tau}_y) = (1-f_\mathrm{I}) m S^2_{\tilde{\tau}_y} = M^2 (1-f_\mathrm{I}) \frac{1}{m} S^2_{\tau_y} \tag{8.12}$$

ただし $S^2_{\tilde{\tau}_y}$ は，集落総計 $\tau_{y,a}$ に抽出ウェイトを乗じた値 $\tilde{\tau}_{y,a} = w_a \tau_{y,a}$ の標本集落間の分散である．(8.10) 式によれば，母集団総計 τ_y の線形推定量は，集落一つ当たりの総計平均 $\sum_s y_i/m$ に母集団集落数 M を乗じたものである．また (8.11) 式によれば，推定量の分散 $V(\hat{\tau}_y)$ は抽出する集落の数 m にほぼ反比例する．集落抽出法で推定量の分散を小さくするには，標本サイズ n というよりは，抽出する集落の数 m を大きくする必要がある．さらに $V(\hat{\tau}_y)$ は集落総計間の分散 $\sigma^2_{\tau_y}$ に比例する．

母集団平均 μ_y の線形推定量は以下となる．

$$\hat{\mu}_y = \frac{1}{N}\hat{\tau}_y = \frac{1}{N}\frac{M}{m}\sum_{a \in s_\mathrm{I}} \tau_{y,a} = \frac{1}{N}\frac{M}{m}\sum_s y_i \tag{8.13}$$

要素を単純無作為抽出すると，線形推定量 $\hat{\mu}_y = \hat{\tau}_y/N$ は標本平均 $\bar{y}$ に一致した．

しかし集落を単純無作為抽出したときには両者は一致しない.

次は比推定量である. 特に補助変数は $x_i = 1$ $(i \in U)$ とする. この変数 x の集落総計 $\tau_{x,a} = N_a$ は集落サイズ, 母集団総計 $\tau_x = N$ は母集団サイズとなる. 一般に集落総計 $\tau_{y,a} = \sum_{U_a} y_i$ は, 集落サイズ N_a と相関が高いことが多い. 学校の在籍数 N_a が多いほど, 生徒の身長総計 $\tau_{y,a}$ も大きくなる. そのためサイズを用いた比推定量 $\hat{\tau}_{y,N}$ は, 線形推定量 $\hat{\tau}_y$ よりも精度が高いと期待できる.

$$\hat{\tau}_{y,\mathrm{N}} = N\frac{\hat{\tau}_y}{\hat{N}} = N\frac{M}{m}\sum_{a \in s_\mathrm{I}} \tau_{y,a} \Big/ \frac{M}{m}\sum_{a \in s_\mathrm{I}} N_a = \frac{N}{n}\sum_s y_i = N\bar{y} \qquad (8.14)$$

母集団総計の比推定量 $\hat{\tau}_{y,\mathrm{N}}$ は, 標本平均 $\bar{y}$ を母集団サイズ N で拡大したものとなる. そのため母集団平均 μ_y の推定量 $\hat{\mu}_{y,\mathrm{N}} = \hat{\tau}_{y,\mathrm{N}}/N$ は標本平均 $\bar{y}$ に一致する. つまり単純無作為集落抽出法において標本平均 $\bar{y}$ を求めることは, サイズとの比の推定値を求めることに相当する.

サイズを用いた比推定量 $\hat{\tau}_{y,\mathrm{N}}$ の分散 $V(\hat{\tau}_{y,\mathrm{N}})$ は, 線形化変数 $z_i = y_i - \mu_y$ を, (8.11) 式に含まれる y_i と置き換えて次式となる.

$$V(\hat{\tau}_{y,\mathrm{N}}) \approx \frac{M(M-m)}{m(M-1)} \sum_{a \in U_\mathrm{I}} (\tau_{y,a} - N_a \mu_y)^2 \qquad (8.15)$$

特に集落の間でサイズ N_a が大きく異なるときは, (8.11) 式にある, 母集団総計を集落数で割った τ_y/M よりは, (8.15) 式にある, 母集団平均に集落サイズを乗じた $N_a\mu_y$ の方が, 集落総計 $\tau_{y,a}$ との相関が高いであろう. そのためサイズを用いた比推定量 $\hat{\tau}_{y,\mathrm{N}}$ は, 線形推定量 $\hat{\tau}_y$ よりも精度が高くなる. $V(\hat{\tau}_{y,\mathrm{N}})$ の推定量は, (8.12) 式に含まれる y_i を, 線形化変数 $z_i = mN(y_i - \bar{y})/nM$ で置き換えればよい.

$$\hat{V}(\hat{\tau}_{y,\mathrm{N}}) \approx \frac{N^2}{n^2}(1-f_\mathrm{I})\frac{m}{m-1}\sum_{a \in s_\mathrm{I}}(\tau_{y,a} - N_a\bar{y})^2 \qquad (8.16)$$

例題 8.2　単純無作為集落抽出法

表 8.4 は, 表 8.2 の単純無作為集落抽出標本を学校ごとに整理したものである. 学校 1 の身長総計 $\tau_{y,1}$ は, 在籍する 6 名の身長総計である.

$$\tau_{y,1} = \underbrace{162 + 170 + 172 + 172 + 161 + 155}_{\text{学校 1 の 6 名}} = 992 \qquad (8.17)$$

各学校の抽出ウェイトは, $M = 5$ 校から $m = 2$ 校を単純無作為抽出してい

るので, $w_a = M/m = 5/2$ である. 抽出ウェイトの標本集落に関する合計 $\hat{M} = \sum_{a \in s_I} w_a = 5/2 + 5/2 = 5$ は, 母集団学校数 M の推定値となる.

表 8.4 単純無作為集落抽出標本の抽出ウェイト

学校 a	1	4	標本総計
身長総計 $\tau_{y,a}$	992	478	1,470
在籍数 N_a	6	3	$n = 9$
抽出ウェイト w_a	5/2	5/2	5

身長の母集団平均 μ_y の線形推定値は次式となる.

$$\hat{\mu}_y = \frac{1}{N}\frac{M}{m}\sum_s y_i = \frac{1}{20} \times \frac{5}{2} \times 1{,}470 = \frac{1}{20} \times 3{,}675 = 183.8 \tag{8.18}$$

明らかに過大な推定値となったのは, 母集団サイズ N の線形推定値が $\hat{N} = \sum_{a \in s_I} w_a N_a = 22.5$ だからである. つまり母集団総計の線形推定値 $\hat{\tau}_y = M/m \sum_s y_i = 3{,}675$ は 22.5 人分の身長総計に相当する. しかし線形推定値 $\hat{\mu}_y$ は, $\hat{N}$ の値にかかわらず $N = 20$ で割る. そのため過大となったのである. サイズとの比の推定量では $\hat{N}$ で割る.

$$\hat{\mu}_{y,\mathrm{N}} = \frac{\hat{\tau}_y}{\hat{N}} = \frac{3{,}675}{22.5} = 163.3 \tag{8.19}$$

この $\hat{\mu}_{y,\mathrm{N}}$ は標本平均 $\bar{y} = 1{,}470/9 = 163.3$ に一致する.

表 8.1 を用いると, 線形推定量 $\hat{\mu}_y$ と比の推定量 $\hat{\mu}_{y,\mathrm{N}}$ の分散はそれぞれ

$$V(\hat{\mu}_y) = 28.4^2, \quad V(\hat{\mu}_{y,\mathrm{N}}) \approx 1.6^2 \tag{8.20}$$

となる. また, 表 8.4 の標本では, 分散の推定値は以下のとおりである.

$$\hat{V}(\hat{\mu}_y) = 49.8^2, \quad \hat{V}(\hat{\mu}_{y,\mathrm{N}}) \approx 2.1^2 \tag{8.21}$$

いずれにしても分散は, サイズとの比の推定量の方がかなり小さい.

8.2.3 確率比例集落抽出法

次は集落を復元確率比例抽出する場合である. そのためには補助変数 x の集落総計 $\tau_{x,a}$ ($a \in U_I$) が分かっている必要がある. 第 a 集落の抽出ウェイトは $w_a = \tau_x/(m\tau_{x,a})$ となる. 特に集落の間でサイズ N_a が大きく異なるときには, $\tau_{x,a}$ として N_a を用いることが多い. 一般に N_a が大きな集落ほど変数 y の集落総計 $\tau_{y,a}$ も大きいと考えられ, 集落を単純無作為抽出するよりも線形推定量の

精度は高くなると期待できるからである．以下の説明でも N_a を用いることにする．これは補助変数を $x_i = 1$ $(i \in U)$ とすることに相当する．$\tau_x = N$ であり，$w_a = N/(mN_a)$ となる．

母集団総計 τ_y の線形推定量は次式となる．

$$\hat{\tau}_y = \sum_{a \in s_\mathrm{I}} w_a \tau_{y,a} = \frac{N}{m} \sum_{a \in s_\mathrm{I}} \frac{1}{N_a} \tau_{y,a} = \frac{N}{m} \sum_{a \in s_\mathrm{I}} \mu_{y,a} \tag{8.22}$$

線形推定量 $\hat{\tau}_y$ は，集落平均 $\mu_{y,a}$ のさらに平均を N 倍したものである．そのため母集団平均 μ_y の線形推定量は，集落平均の平均 $\hat{\mu}_y = m^{-1} \sum_{a \in s_\mathrm{I}} \mu_{y,a}$ となる．

線形推定量 $\hat{\tau}_y$ の分散 $V(\hat{\tau}_y)$ およびその推定量 $\hat{V}(\hat{\tau}_y)$ は，復元確率比例抽出法の (4.6) 式あるいは (4.8) 式を利用して，それぞれ次式となる．

$$V(\hat{\tau}_y) = \frac{N}{m} \sum_{a \in U_\mathrm{I}} N_a \left(\mu_{y,a} - \mu_y \right)^2 \tag{8.23}$$

$$\hat{V}(\hat{\tau}_y) = \frac{N^2}{m(m-1)} \sum_{a \in s_\mathrm{I}} \left(\mu_{y,a} - \frac{1}{m} \sum_{a \in s_\mathrm{I}} \mu_{y,a} \right)^2 \tag{8.24}$$

なお，サイズを用いた比推定量 $\hat{\tau}_{y,\mathrm{N}}$ は線形推定量 $\hat{\tau}_y$ に等しい．

$$\hat{\tau}_{y,\mathrm{N}} = N \frac{\hat{\tau}_y}{\hat{N}} = N \sum_{a \in s_\mathrm{I}} \frac{N}{mN_a} \tau_{y,a} \bigg/ \sum_{a \in s_\mathrm{I}} \frac{N}{mN_a} N_a = \hat{\tau}_y \tag{8.25}$$

既に N_a を用いて確率比例抽出をしており，$\hat{N} = N$ となるからである．

例題 8.3　確率比例集落抽出法

表 8.5 は，在籍数 N_a で学校を復元確率比例抽出した標本とする．学校の抽出ウェイトは，例えば学校 1 は $w_1 = N/(mN_1) = 20/(2 \times 6) = 5/3$ となる．

表 8.5　確率比例集落抽出標本の抽出ウェイト

学校 a	1	4	標本総計
身長総計 $\tau_{y,a}$	992	478	1,470
在籍数 N_a	6	3	$n = 9$
抽出ウェイト w_a	5/3	10/3	5

身長の母集団平均 μ_y の線形推定値は，集落平均 $\mu_{y,a}$ のさらに平均である．

$$\hat{\mu}_y = \frac{1}{N} \hat{\tau}_y = \frac{1}{m} \sum_{a \in s_\mathrm{I}} \mu_{y,a} = \frac{1}{2} \left(\frac{1}{6} \times 992 + \frac{1}{3} \times 478 \right) = 162.3 \tag{8.26}$$

(8.25) 式から分かるとおり，在籍数 N_a を用いた比推定値 $\hat{\mu}_{y,\mathrm{N}} = N^{-1} \hat{\tau}_{y,\mathrm{N}}$ は

線形推定値 $\hat{\mu}_y$ に一致し,$\hat{\mu}_{y,\mathrm{N}} = 162.3$ である.ただし集落を単純無作為抽出したときとは異なり,$\hat{\mu}_{y,\mathrm{N}}$ は標本平均 $\bar{y} = 1,470/9 = 163.3$ とは一致しない.

線形推定量 $\hat{\mu}_y$ の分散 $V(\hat{\mu}_y)$ およびその推定値 $\hat{V}(\hat{\mu}_y)$ は,表 8.1 も利用すると,それぞれ以下となる.

$$V(\hat{\mu}_y) = 1.9^2, \quad \hat{V}(\hat{\mu}_y) = 3.0^2 \tag{8.27}$$

8.3 級内相関係数

8.3.1 級内相関係数と推定量の分散

8.1.1 節では,集落抽出法のデザイン効果は 1 より大きいことが多いと述べた.同一集落内の要素は似ていることが多いからである.このことを確かめる準備として,この節では,集落内で変数値がどの程度似ているのかを表す指標を二つ紹介する.まず分散分析と同様に,母集団全体 (Total) における平方和 $\mathrm{SST} = \sum_U (y_i - \mu_y)^2$ を集落内 (Within) の平方和 SSW と,集落間 (Between) の平方和 SSB とに分解する.

$$\begin{aligned}\mathrm{SST} &= \sum_{a \in U_\mathrm{I}} \sum_{i \in U_a} (y_i - \mu_y)^2 \\ &= \sum_{a \in U_\mathrm{I}} \sum_{i \in U_a} (y_i - \mu_{y,a})^2 + \sum_{a \in U_\mathrm{I}} N_a (\mu_{y,a} - \mu_y)^2 = \mathrm{SSW} + \mathrm{SSB}\end{aligned} \tag{8.28}$$

SST は "母集団" における変数値 y_i の散らばり,SSW は "集落内" での散らばりの大きさを表す指標である.各集落内で y_i が等しいと SSW $= 0$ となる.SSB は集落の間での集落平均 $\mu_{y,a}$ の散らばりの大きさを表す指標である.集落平均 $\mu_{y,a}$ が全ての集落で等しいと SSB $= 0$ となる.

このとき次式の η を**等質性係数** (homogeneity coefficient) という[*2)] (Särndal et al., 1992).

$$\eta = 1 - \frac{N-1}{N-M} \frac{\mathrm{SSW}}{\mathrm{SST}} = \frac{(N-1)\mathrm{SSB} - (M-1)\mathrm{SST}}{(N-M)\mathrm{SST}} \tag{8.29}$$

また,集落サイズが $N_1 = \cdots = N_M = N/M = \bar{N}$ と全て等しいとき,次式の ρ を**級内相関係数**[*3)] (intraclass correlation coefficient) と呼ぶ.

[*2)] 等質性係数 η は,y を基準変数とし,各集落への所属を表すダミー変数を説明変数とした重回帰分析 (数量化 I 類) における自由度調整済み決定係数に等しい.

[*3)] 母集団相関係数 ρ_{yx} との混同を避けるため,級内相関係数 ρ には添字は付さないこととする.

$$\rho = 1 - \frac{\bar{N}}{\bar{N}-1}\frac{\text{SSW}}{\text{SST}} = \frac{\bar{N}\text{SSB}-\text{SST}}{(\bar{N}-1)\text{SST}} \qquad (8.30)$$

集落サイズが $\bar{N} = N/M$ と等しいときには，等質性係数 η は級内相関係数 ρ にほぼ等しくなる．

$$\eta = 1 - \frac{\bar{N}-1/M}{\bar{N}-1}\frac{\text{SSW}}{\text{SST}} \approx 1 - \frac{\bar{N}}{\bar{N}-1}\frac{\text{SSW}}{\text{SST}} = \rho \qquad (8.31)$$

等質性係数 η や級内相関係数 ρ は，集落内の等質性あるいは集落間の異質性を測る指標である．各集落内で y_i が等しく $\text{SSW}=0$ のとき，上限値 $\eta=1$ あるいは $\rho=1$ となる．逆に下限値 $\eta=-(M-1)/(N-M)$ あるいは $\rho=-1/(\bar{N}-1)$ は，集落の間で集落平均 $\mu_{y,a}$ が全て等しく，$\text{SSB}=0$ となるときである．

8.3.2　集落抽出法のデザイン効果

集落を非復元単純無作為抽出するとき，(8.11) 式に示す線形推定量 $\hat{\tau}_y$ の分散 $V(\hat{\tau}_y)$ は，等質性係数 η を用いると次式のように書き直すことができる．

$$V_{\text{SIC}}(\hat{\tau}_y) = N^2\left(1-\frac{n_s}{N}\right)\frac{1}{n_s}\left(1+\frac{N-M}{M-1}\eta\right)\sigma_y^2$$
$$+M^2\left(1-\frac{m}{M}\right)\frac{1}{m(M-1)}\sum_{a\in U_\text{I}}\left(1-\frac{N}{MN_a}\right)\tau_{y,a}^2 \qquad (8.32)$$

添字の SIC は非復元単純無作為集落抽出法を表し，n_s は標本サイズの期待値 $n_s = E(n) = mN/M$ である．(8.32) 式の第 2 項は，集落の間でサイズが異なることによる分散の拡大分である．集落サイズが等しく，$MN_a = M\bar{N} = N$ のときには，(8.32) 式の第 2 項は 0 となり，次式が得られる．

$$V_{\text{SIC}}(\hat{\tau}_y) = N^2\left(1-\frac{n}{N}\right)\frac{1}{n}\left\{1+(\bar{N}-1)\rho\right\}\frac{1-1/N}{1-1/M}\sigma_y^2$$
$$\approx N^2\left(1-\frac{n}{N}\right)\frac{1}{n}\left\{1+(\bar{N}-1)\rho\right\}\sigma_y^2 \qquad (8.33)$$

サイズ n_s の標本を非復元単純無作為抽出したときの $\hat{\tau}_y$ の分散は，(3.3) 式を用いて $V_{\text{SI}}(\hat{\tau}_y) = N^2(1-n_s/N)n_s^{-1}\sigma_y^2$ なので，集落を非復元単純無作為抽出したときのデザイン効果は次式となる．

$$\text{Deff} = 1 + \frac{N-M}{M-1}\eta + C \qquad (8.34)$$

ただし C は (8.32) 式の第 2 項を $V_{\text{SI}}(\hat{\tau}_y)$ で割ったもので，正の値である．また集落サイズが等しいときには，(8.33) 式を用いてデザイン効果は次式となる．

$$\text{Deff} \approx 1 + (\bar{N} - 1)\rho \tag{8.35}$$

(8.34) 式によれば，デザイン効果の大きさは三つの要因によって決まる．まず，集落間でそのサイズが異なり，標本サイズ n をあらかじめ固定できないと，$C > 0$ となってデザイン効果は 1 より大きくなる．次に，集落内の等質性が高く，等質性係数 η や級内相関係数 ρ が正の値となると，デザイン効果はやはり 1 より大きくなる．一般に η や ρ が負の値をとることはあまりない．つまり集落抽出法は単純無作為抽出法に比べ，推定量の精度は低いことが多い．最後に，集落サイズ $\bar{N}$ が大きいほどデザイン効果は大きい．これは標本サイズ n が同じとき，集落サイズ $\bar{N}$ が大きいと，標本として抽出できる集落の数 m は少なくなるからである．逆に集落サイズが小さいとデザイン効果も小さくなり，$\bar{N} = 1$ のとき，集落抽出法は単純無作為抽出法に一致する．集落抽出法では標本誤差を小さくするために，等質性係数 η や級内相関係数 ρ が小さい集落を用いる工夫をすると同時に，可能な限り集落のサイズ N_a を小さくし，抽出する集落の数 m を多くするのがよい．

例題 8.4　要素単位のデータを用いた層化集落抽出法

級内相関係数と集落抽出法のデザイン効果との関係を理解するため，以下の例を見てみよう．

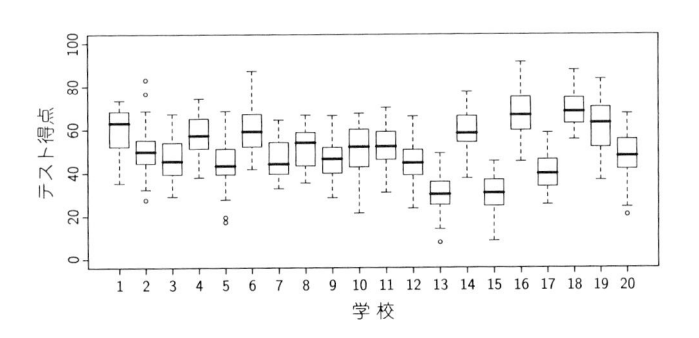

図 **8.4**　テスト得点の学校別の母集団分布

図 8.4 は，母集団 $N = 800$ 人の高校生のテスト得点の分布を，$M = 20$ 校ごとに箱ヒゲ図で示したものである．各校の在籍数はいずれも $N_a = \bar{N} = 40$ 人で

表 8.6 母集団 800 人の高校生の学校内分散

学校 a	1	2	3	4	5	6	7	8	9	10
テスト得点	119.6	122.6	93.0	91.4	119.8	93.4	72.6	81.8	73.5	109.8
性別が男子	.2538	.2564	.2558	.2564	.2538	.2538	.2558	.2538	.2558	.2506

	11	12	13	14	15	16	17	18	19	20
	91.0	94.2	66.0	87.2	77.4	108.1	71.0	63.4	124.5	101.3
	.2506	.2558	.2506	.2564	.2538	.2538	.2564	.2538	.2558	.2506

ある.学校の平均得点は,学校間で大きく異なる.

表 8.6 はテスト得点の学校内分散 $\sigma_{y,a}^2 = \sum_{U_a}(y_i - \mu_{y,a})^2/(\bar{N}-1)$ である.なお母集団全体の分散は $\sigma_y^2 = 193.9081$ である.表 8.6 には,生徒の性別が男子であることを表す二値変数の学校内分散も示す.

$$y_i = \begin{cases} 1, & \text{第 } i \text{ 生徒が男子の場合} \\ 0, & \text{第 } i \text{ 生徒が女子の場合} \end{cases} \quad (8.36)$$

この二値変数の母集団分散は $\sigma_y^2 = .2503$ である.

まず,テスト得点の平方和 SST と学校内の平方和 SSW はそれぞれ

$$\text{SST} = (N-1)\sigma_y^2 = (800-1) \times 193.9081 = 154{,}933 \quad (8.37)$$

$$\text{SSW} = \sum_{a \in U_\text{I}} (\bar{N}-1)\sigma_{y,a}^2 = \underbrace{(40-1) \times 119.6 + \cdots}_{\text{母集団の 20 校}} = 72{,}604 \quad (8.38)$$

である.したがって級内相関係数は以下となる.

$$\rho = 1 - \frac{\bar{N}}{\bar{N}-1}\frac{\text{SSW}}{\text{SST}} = 1 - \frac{40}{40-1} \times \frac{72{,}604}{154{,}933} = 0.519 \quad (8.39)$$

集落抽出法のデザイン効果は次式のとおりである.

$$\text{Deff} \approx 1 + (\bar{N}-1)\rho = 1 + (40-1) \times 0.519 = 21.3 \quad (8.40)$$

このことは,例えば $m=3$ 校を単純無作為抽出して $n = m\bar{N} = 120$ 人の生徒を標本としても,その標本に基づく推定量の分散は,**有効標本サイズ**

$$n_\text{EFF} = \frac{n}{\text{Deff}} = \frac{120}{21.3} = 5.6 \text{ 人} \quad (8.41)$$

の生徒を単純無作為抽出したときの推定量の分散と同程度に過ぎないことを意味する.図 8.4 に見るように,学校内の分散が全体の分散に比べて小さく,学校内で 40 人を調べても情報に "ムダ" が多いのである.

性別については SST = 200.0 と SSW = 198.3 である.級内相関係数は

$$\rho = 1 - \frac{\bar{N}}{\bar{N}-1}\frac{\text{SSW}}{\text{SST}} = 1 - \frac{40}{40-1} \times \frac{198.3}{200.0} = -0.0169 \tag{8.42}$$

と負の値となる．したがって集落抽出法のデザイン効果は以下となる．

$$\text{Deff} \approx 1 + (\bar{N}-1)\rho = 1 + (40-1) \times (-0.0169) = 0.34 \tag{8.43}$$

つまり性別については，単純無作為抽出法よりも集落抽出法の方が，推定量の分散は小さい．これは，いずれの学校も男子の割合がほぼ 0.5 であり，母集団における割合と同じだからである．どの学校を選んでも母集団の"縮図"が得られる．一方，単純無作為抽出法では男女比が半々になるとは限らない．

9

多 段 抽 出 法

　多段抽出法は，集落抽出した標本からさらにその一部を抽出していく方法である．単純無作為抽出法よりも推定量の分散は大きくなりがちであるが，例えば住民を対象とする社会調査などでは，調査実施上の制約からしばしば用いられる．まず章の前半では二段抽出法における推定量を説明する．後半では，三段以上としたときや層化抽出法を組み合わせる場合に拡張する．

9.1 多 段 抽 出 法

9.1.1 多段抽出法とは

　集落抽出法では集落を抽出単位とし，選ばれた集落内の"全て"の要素を標本とした．これに対し，選ばれた集落ごとに，その中でさらに一部の要素を抽出するのが**二段抽出法** (two-stage sampling) である．例えばまず一段目として学校を選ぶ．集落抽出法では選んだ学校の全ての生徒が標本となるが，二段抽出法では選んだ学校の中からさらに抽出した一部の生徒のみを標本とする．一段目の抽出単位を**第一次抽出単位** (primary sampling unit; **PSU**) と呼び，二段目の抽出単位を**第二次抽出単位** (secondary sampling unit; **SSU**) と呼ぶ．学校の例では学校が PSU，生徒が SSU である．特に SSU が集落のときには**二段集落抽出法** (two-stage cluster sampling) という．

　二段集落抽出法において，SSU の中からさらに一部の要素を抽出すれば**三段抽出法** (three-stage sampling) となる．三段目の抽出単位を**第三次抽出単位** (tertiary sampling unit; **TSU**) と呼ぶ．例えば学校を PSU，学級を SSU とし，さらに生徒を TSU とすれば三段抽出法となる．あるいは地域を PSU，世帯を SSU，世帯員を TSU とするのも三段抽出法である．

　一般に，選ばれた集落内でさらに抽出を繰り返す方法を**多段抽出法** (multi-stage sampling) という．また，最後の段の抽出単位を**最終抽出単位** (ultimate sampling unit; **USU**) と呼ぶ．二段抽出法では SSU が USU であり，三段抽出法では TSU が USU である．

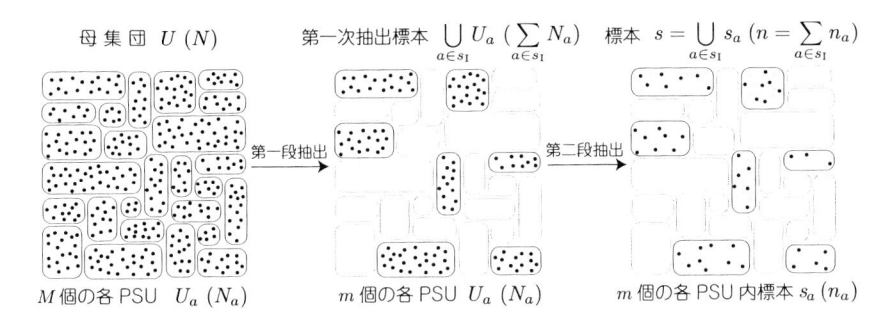

図 9.1 二段抽出法

　多段抽出法が用いられるのは，集落が大きく，集落内の全要素を調べるのが困難な場合である．例えば調査対象を日本人個人とする．日本人全員が掲載されたリストは存在しないので，各市区町村の住民基本台帳を枠として用いることとし，町丁字を PSU として抽出する．ここで選ばれた町丁字内の住民全員を調べ尽くすのは容易ではない．各町丁字内でさらに一部の住民を抽出すると二段抽出法となる．電話調査において，無作為に発生させた番号に電話をかけ，電話がかかった世帯の人全員を調査すると世帯に負担がかかる．各世帯から一人ずつを選べば二段抽出法となる．

　また級内相関係数 ρ が大きく，集落内の要素が似通っているときには，それらを全て調べるのは効率が悪い．一部の要素だけを調べても，集落総計 $\tau_{y,a}$ は十分に高い精度で推定できるからである．例えば高校生を調査対象とし，高校を PSU とする．一般に同じ学校内の生徒は似た傾向を持つ．全体の標本サイズが同じならば，少数の学校において校内の全生徒を調べる集落抽出法よりは，一つの学校内では一部の生徒を調べるにとどめ，代わりに他の多くの学校を調べる二段抽出法の方が推定量の精度は高くなる．

9.1.2　二段抽出の方法

　この 9.1.2 節と次の 9.2 節ではまず，二段抽出法に限定して話を進める．三段以上への拡張や層化抽出法への拡張は 9.3 節で扱う．

1) 一段目の抽出は集落抽出法と同様である．まず母集団 U を M 個の集落 $U_1, \ldots, U_M$ に分割する (図 9.1 参照)．この集落が PSU であり，その集合を $U_{\mathrm{I}} = \{1, 2, \ldots, M\}$ とする．

$$U = U_1 \cup U_2 \cup \cdots \cup U_M = \bigcup_{a \in U_\mathrm{I}} U_a \qquad (9.1)$$

第 a PSU のサイズを N_a とする．変数 y の PSU 総計を $\tau_{y,a} = \sum_{U_a} y_i$ とし，PSU 分散を $\sigma_{y,a}^2 = (N_a - 1)^{-1} \sum_{U_a} (y_i - \tau_{y,a}/N_a)^2$ とする．母集団サイズは $N = \sum_{a \in U_\mathrm{I}} N_a$ であり，母集団総計は $\tau_y = \sum_{a \in U_\mathrm{I}} \tau_{y,a}$ である．

2) M 個の PSU から m 個の PSU を抽出する．抽出された PSU の集合を s_I とし，その抽出率を $f_\mathrm{I} = m/M$ とする．

3) 二段目の抽出は，選ばれた PSU ごとに独立に行う．第 a PSU に含まれる N_a 個の SSU から n_a 個の SSU を抽出する．第 a PSU において抽出された SSU の集合を s_a とし，その抽出率を $f_{\mathrm{II},a} = n_a/N_a$ とする．

4) 標本 s は，全ての s_a の和 $s = \cup_{a \in s_\mathrm{I}} s_a$ である．また標本サイズ n は全ての s_a のサイズ n_a の合計 $n = \sum_{a \in s_\mathrm{I}} n_a$ である．

9.2 二段抽出法における推定

9.2.1 二段抽出法における線形推定量

まず線形推定のための抽出ウェイト w_i を考えよう．抽出が独立に繰り返される多段抽出法では，抽出確率 p_i あるいは包含確率 π_i は，各段の抽出確率や包含確率の積となる．そのため抽出ウェイト w_i は各段の抽出ウェイトの積となる．例えば一段目は全国の M 市区町村から m 市区町村を単純無作為抽出し，二段目は選ばれた市区町村に住む N_a 人から n_a 人を単純無作為抽出する．第 a 市区町村に住む第 i 個人の抽出ウェイト w_i は，一段目の第 a 市区町村の抽出ウェイト M/m と二段目の個人の抽出ウェイト N_a/n_a の積となる．

$$w_i = \frac{M}{m}\frac{N_a}{n_a}, \quad (i \in s_a) \qquad (9.2)$$

一段目が確率比例抽出であれば，第 a PSU の抽出ウェイトは $\tau_x/(m\tau_{x,a})$ となる．ただし $\tau_{x,a}$ は補助変数 x の PSU 総計 $\tau_{x,a} = \sum_{U_a} x_i$ であり，τ_x は母集団総計 $\tau_x = \sum_{a \in U_\mathrm{I}} \tau_{x,a}$ である．二段目が単純無作為抽出であれば，第 a PSU の第 i SSU の抽出ウェイトは次式となる．

$$w_i = \frac{\tau_x}{m\tau_{x,a}}\frac{N_a}{n_a}, \quad (i \in s_a) \qquad (9.3)$$

特に社会調査では，個人の抽出ウェイト w_i を等しくするために以下の方法が

よく用いられる．一段目は地域を PSU とし，そのサイズ N_a で m 地点を確率比例抽出する．二段目は個人を SSU とし，全住民 N_a 人の中からどの地点も同じ $\bar{n} = n/m$ 人を単純無作為抽出する．どの個人も抽出ウェイト w_i は等しくなる．

$$w_i = \frac{N}{mN_a}\frac{N_a}{\bar{n}} = \frac{N}{m\bar{n}} = \frac{N}{n}, \quad (i \in s) \tag{9.4}$$

なお抽出ウェイトを等しくするには，一段目を単純無作為抽出とし，二段目はそれぞれ PSU サイズ N_a に比例させた数の SSU を単純無作為抽出してもよい．二段目の抽出率 $f_{\mathrm{II},a} = n_a/N_a$ は一定となり，抽出ウェイト $w_i = M/(mf_{\mathrm{II},a})$ は等しくなる．ただし一つの PSU で選ばれた全ての SSU の調査を一人の調査員が担当するとき，担当する SSU の数 n_a が調査員の間で異なることになる．(9.4)式では担当する SSU の数 $\bar{n}$ は等しい．

次に母集団総計の線形推定量 $\hat{\tau}_y$ を考えよう．抽出ウェイト w_i を用いれば，多段抽出法であっても，$\hat{\tau}_y$ は $\check{y}_i = w_i y_i$ の標本総計となる．

$$\hat{\tau}_y = \sum_s w_i y_i = \sum_s \check{y}_i \tag{9.5}$$

単純無作為抽出法 (一段抽出) では，母集団サイズの推定量 $\hat{N} = \sum_s w_i$ は母集団サイズ N に一致した．しかし二段抽出法では一段目・二段目ともに単純無作為抽出であっても，一般に母集団サイズの推定量 $\hat{N}$ は N に一致しない．

$$\hat{N} = \sum_s w_i = \sum_{a \in s_\mathrm{I}} n_a \frac{M}{m} \frac{N_a}{n_a} = \frac{M}{m} \sum_{a \in s_\mathrm{I}} N_a \neq N \tag{9.6}$$

ただし (9.4) 式のように，一段目は PSU サイズ N_a で確率比例抽出をし，二段目はサイズ $\bar{n} = n/m$ の単純無作為抽出を行うと，$\hat{N} = N$ となる．つまり母集団平均 μ_y の線形推定量 $\hat{\mu}_y$ や，サイズとの比の推定量 $\hat{\mu}_{y,\mathrm{N}}$，標本平均 $\bar{y}$ が全て一致する**自己加重標本**が得られる．

$$\hat{\mu}_y = \hat{\mu}_{y,\mathrm{N}} = \bar{y} = \frac{1}{n}\sum_s y_i \tag{9.7}$$

確率比例抽出法–単純無作為抽出法がしばしば用いられる所以である．

例題 9.1　単純無作為抽出 – 単純無作為抽出

表 9.1 は学校を PSU，生徒を SSU として二段抽出した標本の性別，身長 y_i，体重 x_i である．母集団における全学校数が $M = 336$ とし，全生徒数は $N = 3{,}370$ とする．すなわち母集団における PSU は $U_\mathrm{I} = \{1, \ldots, 336\}$ であり，標本における PSU は $s_\mathrm{I} = \{2, 3, 5\}$ である．表 9.2 には，PSU である学校ごとの統計量

を整理してある.

表 9.1 二段抽出標本

学校 a	2	2	2	2	2	2	2	2	2	2	2	2
性別	男	男	男	男	男	男	男	女	女	女	女	女
身長 y_i	162	172	170	160	172	168	172	154	161	161	155	159
体重 x_i	73	60	68	64	66	53	55	47	49	55	70	55

学校 a	3	3	3	3	3	3
性別	男	男	女	女	女	女
身長 y_i	168	173	154	167	156	159
体重 x_i	57	65	53	47	55	69

学校 a	5	5	5	5	5	5	5	5	5	5
性別	男	男	男	男	男	男	女	女	女	女
身長 y_i	171	168	168	168	169	160	152	160	154	161
体重 x_i	59	61	48	59	55	52	52	46	59	76

表 9.1 あるいは表 9.2 が，一段目・二段目ともに非復元単純無作為抽出されたものとして，身長 y の母集団平均 μ_y を推定してみよう．学校 2 の生徒の抽出ウェイトは

$$w_i = \frac{M}{m}\frac{N_2}{n_2} = \frac{336}{3} \times \frac{33}{12} = 308, \quad (i \in s_2) \tag{9.8}$$

となる．同様に学校 3 の生徒は $w_i = 261.3$，学校 5 の生徒は $w_i = 336$ となる．

表 9.2 PSU ごとの統計量

学校 a	2	3	5
学校サイズ N_a	33	14	30
標本サイズ n_a	12	6	10
学校内標本平均 $\bar{y}_a$	163.8	162.8	163.1
学校内標本分散 $S_{2,a}^2$	44.3	57.4	44.3

身長の母集団総計 τ_y の線形推定値は

$$\hat{\tau}_y = \sum_s w_i y_i = \underbrace{308 \times 12 \times 163.8 + \cdots}_{\text{標本の 3 学校}} = 1,408,867 \tag{9.9}$$

となり，身長の母集団平均 μ_y の線形推定値は次式となる．

$$\hat{\mu}_y = \frac{1}{N}\hat{\tau}_y = \frac{1,408,867}{3,370} = 418.1 \tag{9.10}$$

あり得ない推定値となっているのは、母集団総計の推定値 $\hat{\tau}_y$ が真の母集団サイズ $N = 3,370$ 人分の総計に相当していないからである．母集団サイズ N の推定値は

$$\hat{N} = \sum_s w_i = 308 \times 12 + 261.3 \times 6 + 336 \times 10 = 8,624 \tag{9.11}$$

である．つまり母集団総計の線形推定値 $\hat{\tau}_y = 1,408,867$ は $\hat{N} = 8,624$ 人分の身長総計に相当する．

母集団平均 μ_y のサイズとの比の推定値は次式となる．

$$\hat{\mu}_{y,N} = \frac{1}{\hat{N}}\hat{\tau}_y = \frac{1,408,867}{8,624} = 163.4 \tag{9.12}$$

したがってサイズを用いた母集団総計 τ_y の比推定値は以下のとおりとなる．

$$\hat{\tau}_{y,N} = N\frac{\hat{\tau}_y}{\hat{N}} = 3,370 \times 163.4 = 550,543 \tag{9.13}$$

例題 9.2　確率比例抽出 - 単純無作為抽出

次に、表 9.2 が一段目は学校サイズ N_a で学校を確率比例抽出、二段目は生徒を非復元単純無作為抽出したものとしよう[*1]．抽出ウェイトは、学校 2 の生徒は

$$w_i = \frac{N}{mN_2} \times \frac{N_2}{n_2} = \frac{N}{mn_2} = \frac{3,370}{3 \times 12} = 93.6, \quad (i \in s_2) \tag{9.14}$$

であり、同様に学校 3 の生徒は $w_i = 187.2$、学校 5 の生徒は $w_i = 112.3$ となる．身長の母集団総計 τ_y の線形推定値は

$$\hat{\tau}_y = \sum_s w_i y_i = \underbrace{93.6 \times 12 \times 163.8 + \cdots}_{\text{標本の 3 学校}} = 550,171 \tag{9.15}$$

となる．そのため母集団平均 μ_y の線形推定値は次式となる．

$$\hat{\mu}_y = \frac{1}{N}\hat{\tau}_y = \frac{550,171}{3,370} = 163.3 \tag{9.16}$$

またサイズとの比の推定値 $\hat{\mu}_{y,N} = \hat{\tau}_y/\hat{N}$ は線形推定値 $\hat{\mu}_y$ に一致する．母集団サイズ N の線形推定量は $\hat{N} = \sum_s w_i = \sum_{a \in s_1} n_a \times N/(mn_a) = N$ となって、母集団サイズ N に一致するからである．

[*1] 同じ標本に対して異なる抽出方法を仮定するのは、あくまでも説明のためである．実際の標本抽出デザインとは異なるデザインを勝手に仮定してよいわけではない．

9.2.2 線形推定量の分散

ここからは線形推定量 $\hat{\tau}_y$ の分散を見ていく．まず，二段抽出で各段とも非復元単純無作為抽出とする．一段目の抽出率は $f_\mathrm{I} = m/M$ であり，第 a PSU 内での二段目の抽出率は $f_{\mathrm{II},a} = n_a/N_a$ である．適切な一次および二次の包含確率を (2.5) 式に代入して整理すると，次式が得られる (9.4 節)．

$$V(\hat{\tau}_y) = M^2(1-f_\mathrm{I})\frac{1}{m}\sigma_1^2 + \frac{M}{m}\sigma_2^2 = V_1 + V_2 \qquad (9.17)$$

ただし σ_1^2 および σ_2^2 は以下のとおりである[*2]．

$$\sigma_1^2 = \frac{1}{M-1}\sum_{a\in U_\mathrm{I}}\left(\tau_{y,a} - \frac{1}{M}\sum_{a\in U_\mathrm{I}}\tau_{y,a}\right)^2 \qquad (9.18)$$

$$\sigma_2^2 = \frac{1}{M}\sum_{a\in U_\mathrm{I}}\frac{N_a^2}{1/M}(1-f_{\mathrm{II},a})\frac{1}{n_a}\sigma_{y,a}^2 \qquad (9.19)$$

σ_1^2 は PSU 総計 $\tau_{y,a} = \sum_{U_a} y_i$ の PSU 間分散であり，集落抽出法における (8.7) 式の $\sigma_{\tau_y}^2$ と同じものである．つまり (9.17) 式の $V_1 = M^2(1-f_\mathrm{I})\sigma_1^2/m$ は，PSU を抽出することによる分散成分である．仮に二段目の抽出率が全て $f_{\mathrm{II},a} = 1$ であり，選ばれた PSU 内の全ての要素が標本となるものとしよう．(9.17) 式は集落抽出法における推定量の分散に一致する．

$$V(\hat{\tau}_y) = V_1 = M^2(1-f_\mathrm{I})\frac{1}{m}\sigma_1^2 \qquad (9.20)$$

また (9.19) 式の σ_2^2 は，PSU 総計 $\tau_{y,a}$ の推定量の分散 $V(\hat{\tau}_{y,a}) = N_a^2(1-f_{\mathrm{II},a})\sigma_{y,a}^2/n_a$ を PSU ごとに求め，それを M 個全ての PSU にわたって合計したものである．つまり (9.17) 式の $V_2 = M\sigma_2^2/m$ は，PSU 内で SSU を抽出することによる分散成分である．仮に一段目の抽出率が $f_\mathrm{I} = 1$ で，全ての PSU を抽出するものとする．この場合 PSU は抽出単位というよりも層とみなせる．実際，(9.17) 式は層化抽出法における推定量の分散に一致する．

$$V(\hat{\tau}_y) = V_2 = \sum_{a\in U_\mathrm{I}}N_a^2(1-f_{\mathrm{II},a})\frac{1}{n_a}\sigma_{y,a}^2 \qquad (9.21)$$

以上をまとめると，二段抽出法における推定量の分散 $V(\hat{\tau}_y)$ は，PSU を抽出することによる分散成分 V_1 と，SSU を抽出することによる分散成分 V_2 の和から成る．この $V(\hat{\tau}_y)$ は，集落抽出法の分散 V_1 に，全ての SSU を抽出しないこ

[*2] σ_2^2 の表現は冗長だが，(9.22) 式や (9.26) 式などとの対応の見やすさを優先した．

とによる分散 V_2 が加わったと考えることもできるし，層化抽出法の分散 V_2 に，全ての層から標本を抽出しないことによる分散 V_1 が加わったと考えることもできる．

(9.17) 式では，V_1 と V_2 の両方に $1/m$ が含まれている．これに対し $1/n_a$ は V_2 の方にしか含まれていない．つまり推定量の分散 $V(\hat{\tau}_y)$ を小さくするには，標本サイズ n が同じならば，PSU 内で抽出する SSU の数 n_a を大きくするよりも，標本として抽出する PSU の数 m を大きくする方が一般に効果的である．

次に，二段抽出法において復元抽出法を用いるときの推定量の分散を見てみよう．まず一段目が復元抽出，二段目が非復元単純無作為抽出の場合である．第 a PSU の抽出確率を p_a とすると，$\hat{\tau}_y$ の分散は次式となる[*3]．

$$V(\hat{\tau}_y) = \frac{1}{m}\sum_{a\in U_\mathrm{I}} p_a\left(\frac{\tau_{y,a}}{p_a} - \tau_y\right)^2 + \frac{M}{m}\frac{1}{M}\sum_{a\in U_\mathrm{I}}\frac{N_a^2}{p_a}(1-f_{\mathrm{II},a})\frac{1}{n_a}\sigma_{y,a}^2 \quad (9.22)$$

この (9.22) 式と，一段目が非復元単純無作為抽出である (9.17) 式とを見比べると，一段目の抽出に対応する第 1 項が HH 推定量の分散の表現 (2.2.3 節) に置き換わると同時に，第 2 項の σ_2^2 に含まれていた $1/M$ が p_a に置き換わっていることが分かる．仮に一段目が復元単純無作為抽出であれば，(9.22) 式で $p_a = 1/M$ とすればよい．また一段目が PSU サイズ N_a で復元確率比例抽出であれば，$p_a = N_a/N$ とすればよい．

次に一段目が非復元単純無作為抽出，二段目が復元抽出であれば，第 a PSU に含まれる第 i SSU の抽出確率を p_i として次式となる．

$$V(\hat{\tau}_y) = M^2(1-f_\mathrm{I})\frac{1}{m}\sigma_1^2 + \frac{M}{m}\frac{1}{M}\sum_{a\in U_\mathrm{I}}\frac{1}{1/M\times n_a}\sum_{i\in U_a} p_i\left(\frac{y_i}{p_i} - \tau_{y,a}\right)^2 \quad (9.23)$$

つまり (9.19) 式の σ_2^2 に含まれる非復元単純無作為抽出のときの分散を，HH 推定量の分散 $V(\hat{\tau}_{y,a}) = n_a^{-1}\sum_{U_a} p_i(y_i/p_i - \tau_{y,a})^2$ で置き換えたものとなる．

9.2.3 線形推定量の分散の推定量

さらに $V(\hat{\tau}_y)$ の不偏推定量を見ていこう．まず一段目・二段目ともに非復元単純無作為抽出であれば次式となる．

[*3] 導出法は 9.4 節や鈴木・高橋 (1998) を参照のこと．

$$\hat{V}(\hat{\tau}_y) = M^2(1-f_\mathrm{I})\frac{1}{m}S_1^2 + f_\mathrm{I}\frac{M}{m}S_2^2 = \hat{V}_1 + f_\mathrm{I}\hat{V}_2 \tag{9.24}$$

ただし S_1^2 および S_2^2 は以下のとおりである．

$$S_1^2 = \frac{1}{m-1}\sum_{a\in s_\mathrm{I}}\left(\hat{\tau}_{y,a} - \frac{1}{m}\sum_{a\in s_\mathrm{I}}\hat{\tau}_{y,a}\right)^2 \tag{9.25}$$

$$S_2^2 = \frac{1}{m}\sum_{a\in s_\mathrm{I}}\frac{N_a^2}{1/M}(1-f_{\mathrm{II},a})\frac{1}{n_a}S_{y,a}^2 \tag{9.26}$$

$\hat{\tau}_{y,a}$ は PSU 総計の線形推定量 $\hat{\tau}_{y,a} = N_a/n_a \sum_{s_a} y_i$ であり，$S_{y,a}^2$ は PSU 内標本分散 $S_{y,a}^2 = (n_a-1)^{-1}\sum_{s_a}(y_i - n_a^{-1}\sum_{s_a} y_i)^2$ である．

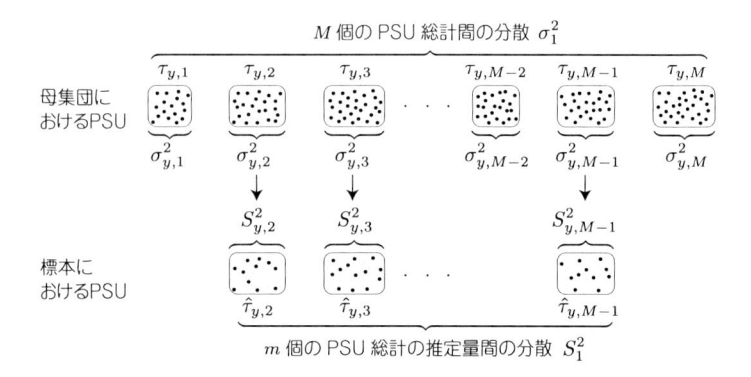

図 **9.2** PSU 総計間分散と PSU 内分散

(9.24) 式の $\hat{V}(\hat{\tau}_y)$ と (9.17) 式の $V(\hat{\tau}_y)$ とを見比べると，まず σ_1^2 と σ_2^2 がそれぞれ対応する S_1^2 と S_2^2 に置き換わっている．図 9.2 はこれらの関係を示したものである．

さらに (9.24) 式の第 2 項には PSU の抽出率 f_I が乗じられている．理由は以下のとおりである．まず S_1^2 と S_2^2 の期待値はそれぞれ以下となる．

$$E(S_1^2) = \sigma_1^2 + \frac{1}{M}\sigma_2^2, \qquad E(S_2^2) = \sigma_2^2 \tag{9.27}$$

S_1^2 の期待値は σ_1^2 ではなく，これに σ_2^2/M が加わる．これは，PSU 間分散を求める (9.25) 式の S_1^2 で，真の PSU 総計 $\tau_{y,a}$ の代わりに誤差を含む推定量 $\hat{\tau}_{y,a}$ を用いるからである．$\hat{V}_1 = M^2(1-f_\mathrm{I})S_1^2/m$ の期待値は $E(\hat{V}_1) = V_1 + (1-f_\mathrm{I})V_2$ となる．図 9.3 はこれを図示したものである．$V(\hat{\tau}_y) = V_1 + V_2$ の不偏推定量は，

不足分に相当する $f_1\hat{V}_2$ を $\hat{V}_1$ に加えればよい．(9.24) 式の $\hat{V}(\hat{\tau}_y)$ の期待値は $E[\hat{V}(\hat{\tau}_y)] = E[\hat{V}_1 + f_1\hat{V}_2] = V_1 + (1 - f_1)V_2 + f_1V_2 = V(\hat{\tau}_y)$ となる．

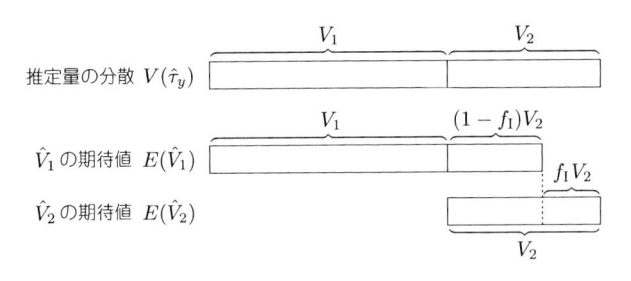

図 **9.3** 各分散成分の期待値

(9.24) 式では $\hat{V}_2$ に f_1 が乗じられていた．そのため仮に f_1 が十分に小さければ[*4)]，(9.24) 式の第 2 項は 0 とみなし，$\hat{V}(\hat{\tau}_y) \approx \hat{V}_1$ としてよい．$\hat{V}(\hat{\tau}_y)$ の期待値は $E\{\hat{V}(\hat{\tau}_y)\} \approx V_1 + V_2 = V(\hat{\tau}_y)$ となる．このことは，PSU 分散 $\sigma_{y,a}^2$ の推定量 $S_{y,a}^2$ を求められないときでも，f_1 が十分に小さければ $V(\hat{\tau}_y)$ を推定できることを意味する．例えば SSU を系統抽出すると，PSU 分散は推定できない (3.2.2 節)．また一段目で世帯を抽出し，二段目で世帯員を一人抽出すると，$n_a = 1$ となるので PSU 内標本分散 $S_{y,a}^2$ は求められない．しかしいずれの場合も，f_1 が十分に小さければ二段目の $\hat{V}_2$ は不要である．

(9.24) 式を，抽出ウェイトを用いた表現に書き直してみよう．まず抽出ウェイトは以下のとおりである．

$$w_i = \frac{1}{f_1}\frac{1}{f_{II,a}} = \frac{M}{m}\frac{N_a}{n_a}, \quad (i \in s_a) \tag{9.28}$$

変数 y_i に抽出ウェイト w_i を乗じた加重変数 $\breve{y}_i = w_i y_i$ を用いると，(9.24) 式は次式のように書き直すことができる[*5)]．

$$\hat{V}(\hat{\tau}_y) = (1 - f_1)m S_{\breve{1}}^2 + f_1 \sum_{a \in s_I}(1 - f_{II,a})n_a S_{\breve{2},a}^2 \tag{9.29}$$

ただし $S_{\breve{1}}^2$ は，$\breve{y}_i$ の PSU 内標本総計 $\sum_{s_a}\breve{y}_i$ の標本 PSU 間分散であり，$S_{\breve{2},a}^2$ は $\breve{y}_i$ の PSU 内標本分散である．

[*4)] 目安として Research Triangle Institute (2008) は $f_1 < 10\%$ を挙げている．
[*5)] $S_{\breve{1}}^2$ や $S_{\breve{2},a}^2$ の添字の数字には ˇ がついている点に注意すること．

$$S_{\mathrm{I}}^2 = \frac{1}{m-1} \sum_{a \in s_{\mathrm{I}}} \left(\sum_{i \in s_a} \breve{y}_i - \frac{1}{m} \sum_{a \in s_{\mathrm{I}}} \sum_{i \in s_a} \breve{y}_i \right)^2 \tag{9.30}$$

$$S_{2,a}^2 = \frac{1}{n_a - 1} \sum_{s_a} \left(\breve{y}_i - \frac{1}{n_a} \sum_{s_a} \breve{y}_i \right)^2, \quad (a \in s_{\mathrm{I}}) \tag{9.31}$$

(3.7) 式に示すように, 一段の非復元単純無作為抽出法では $\hat{V}(\hat{\tau}_y) = (1-f)nS_y^2$ であり, (9.29) 式にはこの表現が繰り返し現れる. ただし例えば (9.29) 式の第1項は一段目に対応するので, $\breve{y}_i$ の標本分散 S_y^2 の代わりに $\breve{y}_i$ の PSU 総計間の標本分散 S_{I}^2 が用いられ, 有限母集団修正項には PSU の抽出率 f_{I} が用いられる. なお二段目は, 各 PSU 内の $(1-f_{\mathrm{II},a})n_a S_{2,a}^2$ を合計するだけでなく, これに一段目の抽出率 f_{I} が乗じられる. 三段以上となってもこの繰り返しが続く (9.3.1 節).

次に一段目あるいは二段目が復元抽出法の場合である. 適当な抽出ウェイトを用いれば, (9.29) 式を基本とすることができる. つまり (9.29) 式において復元抽出されている段の抽出率を 0 とすればよい. 例えば一段目が復元抽出, 二段目が非復元単純無作為抽出とする. $V(\hat{\tau}_y)$ の推定量は, (9.29) 式において一段目の抽出率を $f_{\mathrm{I}} = 0$ とすればよい.

$$\hat{V}(\hat{\tau}_y) = mS_{\mathrm{I}}^2 \tag{9.32}$$

ただし一段目が単純無作為抽出であれば, 抽出ウェイト w_i として (9.2) 式を用い, 補助変数 x で確率比例抽出であれば w_i として (9.3) 式を用いる. いずれにせよ一段目が復元抽出であれば, 二段目の SSU 間分散を評価する必要はないことになる. 一段目に加え, 二段目が復元抽出の場合にも, (9.32) 式となる. もちろん抽出ウェイト w_i は必要に応じて適当に変えなければならない.

別の例として一段目は非復元単純無作為抽出, 二段目は復元抽出とする. 適当な抽出ウェイトを用いた上で, (9.29) 式において $f_{\mathrm{II},a} = 0$ とすればよい.

$$\hat{V}(\hat{\tau}_y) = (1-f_{\mathrm{I}})mS_{\mathrm{I}}^2 + f_{\mathrm{I}} \sum_{a \in s_{\mathrm{I}}} S_{2,a}^2 \tag{9.33}$$

例題 9.3 二段抽出法 (非復元単純無作為抽出 - 非復元単純無作為抽出) における推定量の分散の推定

表 9.2 が PSU・SSU ともに非復元単純無作為抽出されたものとして, 身長 y

の母集団平均 μ_y の線形推定量 $\hat{\mu}_y$ の分散を推定してみよう．まず (9.29) 式の第 1 項・第 2 項はそれぞれ以下のとおりとなる．

$$(1-f_\mathrm{I})mS_1^2 = 104,865,660,825$$
$$f_\mathrm{I} \sum_{a \in s_\mathrm{I}} (1-f_{\mathrm{II},a})n_a S_{2,a}^2 = 704,528 \qquad (9.34)$$

したがって $V(\hat{\mu}_y)$ の推定値は $\hat{V}(\hat{\mu}_y) = N^{-2}\hat{V}(\hat{\tau}_y) = 323{,}831^2/3{,}370^2 = 96.09^2$ となる．

次に，サイズとの比の推定量 $\hat{\mu}_{y,\mathrm{N}}$ の分散を推定するには，線形化変数 $z_i = (y_i - \hat{\mu}_{y,\mathrm{N}})/\hat{N}$ を用いる．(9.30) 式と (9.31) 式の $\tilde{y}_i$ を $\tilde{z}_i = w_i z_i$ で置き換えると，$\hat{V}(\hat{\mu}_{y,\mathrm{N}}) \approx 0.0896 + 3/336 \times 1.0610 = 0.31^2$ が得られる．なお，PSU の抽出率 $f_\mathrm{I} = 3/336$ が非常に小さいため，$\hat{V}(\hat{\mu}_y)$ と $\hat{V}(\hat{\mu}_{y,\mathrm{N}})$ はいずれも第 1 項だけで値を求めても，推定値は大きくは変わらない．

例題 9.4 二段抽出法 (復元確率比例抽出 - 単純無作為抽出) における推定量の分散の推定

表 9.2 が PSU を学校サイズ N_a で復元確率比例抽出されたものとして，$\hat{\mu}_y$ の分散を推定してみよう．なお例題 9.2 で示したように $\hat{\mu}_y = \hat{\mu}_{y,\mathrm{N}}$ である．

一段目が復元抽出なので，母集団総計 $\hat{\tau}_y$ の $V(\hat{\tau}_y)$ を推定するには (9.32) 式を用いればよい．$\hat{V}(\hat{\tau}_y) = 1{,}008^2$ となるので，母集団平均 μ_y については $\hat{V}(\hat{\mu}_y) = N^{-2}\hat{V}(\hat{\tau}_y) = 0.30^2$ となる．

9.3 多段抽出法と層化抽出法

9.3.1 多段抽出法における推定量

ここからはより複雑なデザインを扱っていく．まず三段以上の場合である．二段抽出のときと同様に，抽出ウェイトは各段の抽出ウェイトの積である．例えば三段抽出でどの段も単純無作為抽出とすれば，抽出ウェイトは次式となる．

$$w_i = \frac{1}{f_\mathrm{I}} \frac{1}{f_{\mathrm{II},a}} \frac{1}{f_{\mathrm{III},ab}} = \frac{M}{m} \frac{N_a}{n_a} \frac{O_{ab}}{o_{ab}}, \quad (i \in s_{ab}) \qquad (9.35)$$

ただし $f_{\mathrm{III},ab} = o_{ab}/O_{ab}$ は三段目の抽出率である．一段目のみ確率比例抽出であれば，抽出ウェイトは次式となる．

$$w_i = \frac{\tau_x}{m\tau_{x,a}}\frac{N_a}{n_a}\frac{O_{ab}}{o_{ab}}, \quad (i \in s_{ab}) \tag{9.36}$$

母集団総計 τ_y の線形推定量は，加重変数 $\check{y}_i = w_i y_i$ の標本総計である．

$$\hat{\tau}_y = \sum_{a \in s_{\mathrm{I}}} \sum_{b \in s_{\mathrm{II},a}} \sum_{i \in s_{ab}} \check{y}_i = \sum_s \check{y}_i \tag{9.37}$$

ただし $s_{\mathrm{II},a}$ は第 a PSU において抽出した SSU の集合であり，s_{ab} は第 a PSU の第 b SSU において抽出した TSU の集合である．

$\hat{\tau}_y$ の分散 $V(\hat{\tau}_y)$ は，(9.17) 式や (9.22) 式などから類推できよう．例えば全ての段が非復元単純無作為抽出である三段抽出法では次式となる．

$$V(\hat{\tau}_y) = M^2(1-f_{\mathrm{I}})\frac{1}{m}\sigma_1^2 + \frac{M}{m}\sigma_2^2 + \frac{M}{m}\sum_{a \in U_{\mathrm{I}}}\frac{N_a}{n_a}\sigma_{3,a}^2 \tag{9.38}$$

ただし $\sigma_{\tau_{y,ab},a}^2 = (N_a-1)^{-1}\sum_{b \in U_{\mathrm{II},a}}(\tau_{y,ab} - \tau_{y,a}/N_a)^2$ を，第 a PSU の第 b SSU における変数 y_i の総計 $\tau_{y,ab} = \sum_{U_{ab}} y_i$ の PSU 内 SSU 間分散とし，$\sigma_{y,ab}^2 = (O_{ab}-1)^{-1}\sum_{U_{ab}}(y_i - \tau_{y,ab}/O_{ab})^2$ を変数 y_i の SSU 内 TSU 間分散とすると，σ_2^2 と $\sigma_{3,a}^2$ は以下のとおりである．

$$\sigma_2^2 = \frac{1}{M}\sum_{a \in U_{\mathrm{I}}}\frac{N_a^2}{1/M}(1-f_{\mathrm{II},a})\frac{1}{n_a}\sigma_{\tau_{y,ab},a}^2 \tag{9.39}$$

$$\sigma_{3,a}^2 = \frac{1}{MN_a}\sum_{b \in U_{\mathrm{II},a}}\frac{O_{ab}^2}{1/M \times 1/N_a}(1-f_{\mathrm{III},ab})\frac{1}{o_{ab}}\sigma_{y,ab}^2 \tag{9.40}$$

また，全ての段が復元抽出である三段抽出法では次式となる．

$$V(\hat{\tau}_y) = \frac{1}{m}\sum_{a \in U_{\mathrm{I}}} p_a\left(\frac{\tau_{y,a}}{p_a} - \tau_y\right)^2 + \frac{M}{m}\sigma_2^2 + \frac{M}{m}\sum_{a \in U_{\mathrm{I}}}\frac{N_a}{n_a}\sigma_{3,a}^2 \tag{9.41}$$

ただし p_a, p_{ab}, p_i をそれぞれ PSU, SSU, TSU の抽出確率とすると，σ_2^2 と $\sigma_{3,a}^2$ は以下のとおりである．

$$\sigma_2^2 = \frac{1}{M}\sum_{a \in U_{\mathrm{I}}}\frac{1}{n_a p_a}\sum_{b \in U_{\mathrm{II},a}} p_{ab}\left(\frac{\tau_{y,ab}}{p_{ab}} - \tau_{y,a}\right)^2 \tag{9.42}$$

$$\sigma_{3,a}^2 = \frac{1}{MN_a}\sum_{b \in U_{\mathrm{II},a}}\frac{1}{o_{ab}p_a p_{ab}}\sum_{i \in U_{ab}} p_i\left(\frac{y_i}{p_i} - \tau_{y,ab}\right)^2 \tag{9.43}$$

四段以上となっても，(9.38) 式や (9.41) 式にならって各段の分散成分を積み重ねればよい．

推定量 $\hat{\tau}_y$ の分散 $V(\hat{\tau}_y)$ の推定量は，(9.29) 式を拡張する．例えば三段抽出法で，各段が非復元単純無作為抽出のときには以下となる．

$$\hat{V}(\hat{\tau}_y) = (1 - f_{\mathrm{I}})mS_1^2 + f_{\mathrm{I}} \sum_{a \in s_{\mathrm{I}}} (1 - f_{\mathrm{II},a})n_a S_{2,a}^2$$
$$+ f_{\mathrm{I}} \sum_{a \in s_{\mathrm{I}}} f_{\mathrm{II},a} \sum_{b \in s_{\mathrm{II},a}} (1 - f_{\mathrm{III},ab})o_{ab} S_{3,ab}^2$$
$$= \hat{V}_1 + f_{\mathrm{I}}\hat{V}_2 + f_{\mathrm{I}} \sum_{a \in s_{\mathrm{I}}} f_{\mathrm{II},a}\hat{V}_{3,a} \qquad (9.44)$$

ただし S_1^2 は $\sum_{b \in s_{\mathrm{II},a}} \sum_{i \in s_{ab}} \check{y}_i$ の PSU 間標本分散であり，$S_{2,a}^2$ は第 a PSU における $\sum_{s_{ab}} \check{y}_i$ の SSU 間標本分散，$S_{3,ab}^2$ は第 b SSU における $\check{y}_i$ の TSU 間標本分散である．(9.44) 式から分かるように，三段抽出法における $\hat{V}(\hat{\tau}_y)$ は，二段抽出法における $\hat{V}(\hat{\tau}_y)$ に三段目の抽出による分散成分 $\hat{V}_{3,a}$ が加わる．$\hat{V}_{3,a}$ には一段目の抽出率 f_{I} と二段目の抽出率 $f_{\mathrm{II},a}$ が乗じられている点に注意すること．

四段以上になっても，(9.44) 式にならって対応する段の分散成分を積み重ねればよい．ただし T 段目の分散成分には 1 段目から $T-1$ 段目までの抽出率を乗じる必要がある．このことは，ある段において復元抽出法を採用すれば，それよりも後の段の分散成分は求める必要がないことを意味する．例えば一段目で PSU を復元確率比例抽出したのであれば，段の数がいくつであっても二段目以降の分散成分は不要であり，$\hat{V}(\hat{\tau}_y) = mS_1^2$ とすればよい．ただし抽出ウェイト w_i は，全ての段の抽出ウェイトを乗じる必要がある．

9.3.2 多段抽出法における層化抽出法

最後に層化抽出法を併用する場合である．抽出ウェイトの定め方について，もはや詳しい説明は不要であろう．例えば二段抽出法で，一段目が補助変数 x で層化確率比例抽出，二段目が単純無作為抽出であれば，第 h 層の第 a PSU に含まれる第 i SSU の抽出ウェイトは次式となる．

$$w_i = \frac{\tau_{x,h}}{m_h \tau_{x,ha}} \frac{N_{ha}}{n_{ha}}, \quad (i \in s_{ha}) \qquad (9.45)$$

線形推定量 $\hat{\tau}_y$ の分散 $V(\hat{\tau}_y)$ やその推定量 $\hat{V}(\hat{\tau}_y)$ を求めるには，層化が行われた段について各層の分散成分を合計する．例えば一段目は層化確率比例抽出とし，二段目を非復元単純無作為抽出とする．推定量の分散 $V(\hat{\tau}_y)$ は，層ごとの (9.22) 式を合計すればよい．また $\hat{V}(\hat{\tau}_y)$ は層ごとの (9.32) 式を合計する．

$$\hat{V}(\hat{\tau}_y) = \sum_{h=1}^{H} \hat{V}(\hat{\tau}_{y,h}) = \sum_{h=1}^{H} m_h S_{1,h}^2$$

$$= \sum_{h=1}^{H} \frac{m_h}{m_h - 1} \sum_{a \in s_{I,h}} \left(\sum_{i \in s_{ha}} \check{y}_i - \frac{1}{m_h} \sum_{a \in s_{I,h}} \sum_{i \in s_{ha}} \check{y}_i \right)^2 \quad (9.46)$$

あるいは一段目は復元確率比例抽出，二段目は L 個の層による層化抽出とする．一段目が復元抽出なので，二段目以降の分散成分を推定する必要はない．適当な抽出ウェイト w_i を用いて $\check{y}_i = w_i y_i$ を求めた上で，その PSU 総計 $\sum_{\ell=1}^{L} \sum_{s_{a\ell}} \check{y}_i$ の PSU 間標本分散 S_1^2 に，標本 PSU の数 m を乗じる．

$$\hat{V}(\hat{\tau}_y) = m S_1^2 = \frac{m}{m-1} \sum_{a \in s_I} \left(\sum_{\ell=1}^{L} \sum_{i \in s_{a\ell}} \check{y}_i - \frac{1}{m} \hat{\tau}_y \right)^2 \quad (9.47)$$

例題 9.5　二段抽出における層化

表 9.1 を，一段目は $M = 336$ 校から $m = 3$ 校を非復元単純無作為抽出し，二段目は性別で層化した上で生徒を非復元単純無作為抽出した標本とする．身長 y の母集団平均 μ_y を推定してみよう．表 9.3 は身長 y に関する統計量を整理したものである．

表 9.3　二段目を層化抽出した標本

学校 a	2		3		5	
層 ℓ	男	女	男	女	男	女
学校層サイズ $N_{a\ell}$	19	14	5	9	18	12
標本サイズ $n_{a\ell}$	7	5	2	4	6	4
学校内標本平均 $\bar{y}_{a\ell}$	168.0	158.0	170.5	159.0	167.3	156.8
学校内標本分散 $S_{2,a\ell}^2$	25.3	11.0	12.5	32.7	14.3	19.6

一段目・二段目ともに単純無作為抽出なので，各生徒の抽出ウェイト w_i は

$$w_i = \frac{M}{m} \frac{N_{a\ell}}{n_{a\ell}} \quad (9.48)$$

となる．例えば学校 2 の男子は $w_i = 336/3 \times 19/7$ である．身長 y の母集団総計 τ_y の推定値は $\hat{\tau}_y = 1{,}409{,}016$ となり，抽出ウェイトの標本総計は $\hat{N} = 8{,}624$ となるので，サイズとの比の推定値 $\hat{\mu}_{y,\text{N}}$ は次式となる．

$$\hat{\mu}_{y,\text{N}} = \frac{\hat{\tau}_y}{\hat{N}} = \frac{1{,}409{,}016}{8{,}624} = 163.4 \quad (9.49)$$

次に，$V(\hat{\mu}_{y,N})$ を推定するには，線形化変数として $z_i = (y_i - \hat{\mu}_{y,N})/\hat{N}$ を用いる．一段目・二段目ともに非復元抽出であるので，$V(\hat{\mu}_{y,N})$ は

$$\hat{V}(\hat{\mu}_{y,N}) \approx \hat{V}(\hat{\tau}_z) = (1 - f_I)mS_I^2 + f_I \sum_{a \in s_I} \sum_{\ell=1}^{2} (1 - f_{II,a\ell})n_{a\ell}S_{2,a\ell}^2 \quad (9.50)$$

で近似推定することができる．ただし $\sum_s w_i z_i = 0$ であることに注意すると

$$S_I^2 = \frac{1}{m-1} \sum_{a \in s_I} \left(\sum_{\ell=1}^{2} \sum_{i \in s_{a\ell}} w_i z_i \right)^2 \quad (9.51)$$

$$S_{2,a\ell}^2 = \frac{1}{n_{a\ell}-1} \sum_{s_{a\ell}} \left(w_i z_i - \frac{1}{n_{a\ell}} \sum_{s_{a\ell}} w_i z_i \right)^2 \quad (9.52)$$

である．推定値は $\hat{V}(\hat{\mu}_{y,N}) \approx 0.25^2$ となる．

9.4 補　　　遺

一段目・二段目ともに単純無作為抽出法であれば，一次と二次の包含確率はそれぞれ以下のとおりとなる．

$$\pi_i = \frac{m}{M}\frac{n_a}{N_a}, \quad (i \in U_a) \quad (9.53)$$

$$\pi_{ij} = \begin{cases} \dfrac{m}{M}\dfrac{n_a}{N_a}, & (i = j \in U_a) \\[6pt] \dfrac{m}{M}\dfrac{n_a(n_a-1)}{N_a(N_a-1)}, & (i \& j \in U_a,\ i \neq j) \\[6pt] \dfrac{m(m-1)}{M(M-1)}\dfrac{n_a}{N_a}\dfrac{n_b}{N_b}, & (i \in U_a,\ j \in U_b,\ a \neq b) \end{cases} \quad (9.54)$$

あるいは二段抽出法における線形推定量 $\hat{\tau}_y$ の分散 $V(\hat{\tau}_y)$ は，以下のように導出することもできる．まず $\hat{\tau}_y$ の期待値は次式のように表せる．

$$E(\hat{\tau}_y) = E_I \{E_{II}(\hat{\tau}_y | s_I)\} \quad (9.55)$$

ただし $E_{II}(\cdot|s_I)$ は，一段目の標本 s_I が抽出されたという条件の下での二段目の抽出に関する期待値であり，$E_I(\cdot)$ は一段目の抽出に関する期待値である．例えば各段とも単純無作為抽出であれば

$$E_{II}(\hat{\tau}_y | s_I) = E_{II}\left(\sum_{a \in s_I} \sum_{i \in s_a} \frac{M}{m}\frac{N_a}{n_a} y_i \,\bigg|\, s_I \right) = \frac{M}{m} \sum_{a \in s_I} \tau_{y,a} \quad (9.56)$$

$$E_{\mathrm{I}}\{E_{\mathrm{II}}(\hat{\tau}_y|s_{\mathrm{I}})\} = E_{\mathrm{I}}\left(\frac{M}{m}\sum_{a\in s_{\mathrm{I}}}\tau_{y,a}\right) = \tau_y \qquad (9.57)$$

となる．次に $V_{\mathrm{II}}(\hat{\tau}_y|s_{\mathrm{I}}) = E_{\mathrm{II}}(\hat{\tau}_y^2|s_{\mathrm{I}}) - \{E_{\mathrm{II}}(\hat{\tau}_y|s_{\mathrm{I}})\}^2$ なので，$\hat{\tau}_y$ の分散は

$$\begin{aligned}
V(\hat{\tau}_y) &= E_{\mathrm{I}}\left[E_{\mathrm{II}}\left\{(\hat{\tau}_y - \tau_y)^2|s_{\mathrm{I}}\right\}\right] \\
&= E_{\mathrm{I}}\left\{E_{\mathrm{II}}(\hat{\tau}_y^2|s_{\mathrm{I}})\right\} - [E_{\mathrm{I}}\{E_{\mathrm{II}}(\hat{\tau}_y|s_{\mathrm{I}})\}]^2 \\
&= E_{\mathrm{I}}\left[\{E_{\mathrm{II}}(\hat{\tau}_y|s_{\mathrm{I}})\}^2\right] - [E_{\mathrm{I}}\{E_{\mathrm{II}}(\hat{\tau}_y|s_{\mathrm{I}})\}]^2 + E_{\mathrm{I}}\{V_{\mathrm{II}}(\hat{\tau}_y|s_{\mathrm{I}})\} \\
&= V_{\mathrm{I}}\{E_{\mathrm{II}}(\hat{\tau}_y|s_{\mathrm{I}})\} + E_{\mathrm{I}}\{V_{\mathrm{II}}(\hat{\tau}_y|s_{\mathrm{I}})\} \qquad (9.58)
\end{aligned}$$

となる．つまり $\hat{\tau}_y$ の分散は，"二段目の抽出に関する期待値の分散" と "一段目の抽出に関する分散の期待値" の和として表せる．

例えば各段とも非復元単純無作為抽出であれば，(9.58) 式の第 1 項は，$E_{\mathrm{II}}(\hat{\tau}_y|s_{\mathrm{I}}) = M/m\sum_{a\in s_{\mathrm{I}}}\tau_{y,a}$ の分散なので，次式となる．

$$V_{\mathrm{I}}\{E_{\mathrm{II}}(\hat{\tau}_y|s_{\mathrm{I}})\} = M^2\left(1 - \frac{M}{m}\right)\frac{1}{m}\sigma_1^2 \qquad (9.59)$$

ただし σ_1^2 は (9.18) 式に示すように，PSU 総計 $\tau_{y,a}$ の PSU 間分散である．また第 2 項は，$\sigma_{y,a}^2$ を PSU 分散とすると，

$$V_{\mathrm{II}}\left(\sum_{a\in s_{\mathrm{I}}}\sum_{i\in s_a}\frac{M}{m}\frac{N_a}{n_a}y_i\bigg| s_{\mathrm{I}}\right) = \sum_{a\in s_{\mathrm{I}}}\frac{M^2}{m^2}N_a^2\left(1 - \frac{n_a}{N_a}\right)\frac{1}{n_a}\sigma_{y,a}^2 \qquad (9.60)$$

であることを用いれば次式となる．

$$E_{\mathrm{I}}\{V_{\mathrm{II}}(\hat{\tau}_y|s_{\mathrm{I}})\} = \sum_{a\in U_{\mathrm{I}}}\frac{m}{M}\frac{M^2}{m^2}N_a^2\left(1 - \frac{n_a}{N_a}\right)\frac{1}{n_a}\sigma_{y,a}^2 \qquad (9.61)$$

あるいは一段目が復元抽出であり，二段目が非復元単純無作為抽出であれば，(9.58) 式の第 1 項は $E_{\mathrm{II}}(\hat{\tau}_y|s_{\mathrm{I}}) = m^{-1}\sum_{a\in s_{\mathrm{I}}}\tau_{y,a}/p_a$ の分散なので

$$V_{\mathrm{I}}\{E_{\mathrm{II}}(\hat{\tau}_y|s_{\mathrm{I}})\} = \frac{1}{m}\sum_{a\in U_{\mathrm{I}}}p_a\left(\frac{\tau_{y,a}}{p_a} - \tau_y\right)^2 \qquad (9.62)$$

となり，第 2 項は次式となる．

$$E_{\mathrm{I}}\{V_{\mathrm{II}}(\hat{\tau}_y|s_{\mathrm{I}})\} = \sum_{a\in U_{\mathrm{I}}}\frac{mp_a}{m^2p_a^2}N_a^2\left(1 - \frac{n_a}{N_a}\right)\frac{1}{n_a}\sigma_{y,a}^2 \qquad (9.63)$$

なお，三段抽出法では $V(\hat{\tau}_y)$ は次式となる．

$$V(\hat{\tau}_y) = V_{\mathrm{I}}[E_{\mathrm{II}}\{E_{\mathrm{III}}(\hat{\tau}_y)\}] + E_{\mathrm{I}}[V_{\mathrm{II}}\{E_{\mathrm{III}}(\hat{\tau}_y)\}] + E_{\mathrm{I}}[E_{\mathrm{II}}\{V_{\mathrm{III}}(\hat{\tau}_y)\}] \qquad (9.64)$$

10

二 相 抽 出 法

二相抽出法は，抽出した標本の中からさらに標本を抽出する方法である．一相目で抽出した標本について補助変数の情報を収集し，それらを二相目の標本抽出や推定に利用することで，推定量の精度を高めるのである．章の前半では，一相目の標本の補助情報を，確率比例抽出や層化抽出あるいは比推定量や回帰推定量に利用する方法を説明する．また後半では，継続調査とローテーション抽出法を紹介する．

10.1 二 相 抽 出 法

10.1.1 二相抽出法とは

推定量の精度を向上させる方法として，本書では確率比例抽出法や層化抽出法，比推定量や回帰推定量を紹介してきた．これらの方法を利用するには，母集団の全ての要素の補助変数値 x_i，あるいはその母集団総計 τ_x が不可欠である．しかし時として有効な x_i の値があらかじめ入手できていないことがある．そこでまず比較的大きなサイズの標本調査によって，補助変数 x_i の値だけを調べる．x_i だけとするのは，目的とする変数 y_i も同時に調べると，コストがかかったり調査対象に負担がかかるからである．次に，抽出した標本の中からさらに小さな標本を抽出し，目的とする変数 y_i の値を調べる．ただし最初の調査で得た補助変数 x_i の値を，抽出や推定の際に利用するのである．

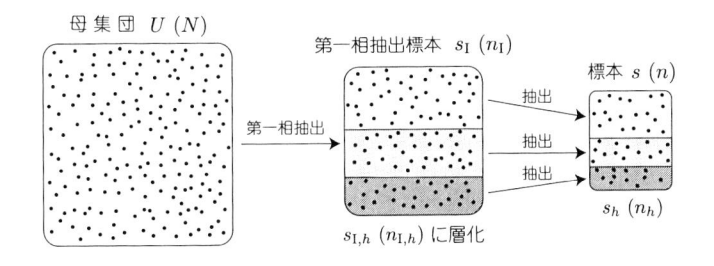

図 10.1 層化抽出のための二相抽出法

例えば全国の子どもの学力テストの平均点を調べるため，学校を集落とした抽出を行うものとする．仮に学力向上に習熟度別授業が有効であれば，その実施の有無によって学校を層化抽出するのが理想的である．しかし習熟度別授業の実施校は明確には特定できていない．そこでまず全国の数万校から例えば3,000校を単純無作為抽出し，習熟度別授業実施の有無だけを調べる．この結果を使って3,000校を層化し，3,000校から例えば100校を層化集落抽出する．選ばれた100校で，子どもの学力テスト得点を調べればよい．

二相抽出法 (two-phase sampling) あるいは**二重抽出法** (double sampling) とは，標本の中からさらに小さな標本を抽出する方法である．一般に標本からの抽出を繰り返していく方法を**多相抽出法** (multi-phase sampling) と呼ぶ．

二相抽出法は，補助変数の情報が推定量の改善に役立つときに用いられる．限られたコストの下で調査を二回行えば，二相目の標本サイズは小さくせざるを得ない．しかし一相目で有用な補助変数の値が得られれば，標本サイズの縮小分を十分補えるので，補助変数を利用せずに標本を抽出する場合よりも推定量の精度を高めることができる．例えば時系列的な変化を捉える調査を，毎月標本を替えて実施したいものとする．中規模の標本を毎月独立に抽出する代わりに，より大規模な調査を年初に一度実施する．年間のコストが限られていれば，各月の標本サイズはその分小さくなる．しかし大規模調査の結果をうまく利用して毎月の標本抽出や推定を行えば，補助変数を利用しない中規模調査よりも精度はむしろ高くできる．

標本からの抽出を繰り返す方法としては，既に説明した**多段抽出法**がある．多段抽出法と多相抽出法の形式的な違いは，多段抽出法では段によって抽出単位が異なる (一段目は学校，二段目は生徒など) のに対し，多相抽出法では相によって異なるとは限らない (一相目は学校，二相目も学校など) 点である．より本質的な違いは，多相抽出法では，ある相で得た補助情報を利用して抽出や推定を行うという点である．例えば単純無作為抽出標本の中からさらに単純無作為抽出で標本を抽出することは，形式的には二相抽出法である．しかし一相目で調べた標本の情報を二相目の抽出や推定で用いなければ，単純無作為抽出を一度行うことに等しい．

調査結果を基にさらに標本抽出を行う方法としては，他にも**逐次抽出法** (sequential sampling) がある (Wald, 1947)．標本調査を一度行い，その結果を利

用して，必要な精度を確保するために標本をさらに追加していくのである[*1]．

10.1.2 二相抽出の方法
ここで二相抽出法の手順を追いながら，記号の整理をしておく．

1) まず，サイズ N の母集団 U からサイズ n_I の標本 s_I を抽出する．抽出ウェイトを $w_{\mathrm{I},i}$ とする．例えば単純無作為抽出法であれば $w_{\mathrm{I},i} = N/n_\mathrm{I}$ である．
2) 次に標本 s_I の各要素について補助変数 x の値を調べる．標本 s_I を用いた，補助変数 x の母集団総計 τ_x の線形推定量を $\hat{\tau}_x^{(\mathrm{I})} = \sum_{s_\mathrm{I}} w_{\mathrm{I},i} x_i$ とする．
3) 第一相標本 s_I を H 個の層 $s_{\mathrm{I},1},\ldots,s_{\mathrm{I},H}$ に分割する．層化抽出を行わないときには $H=1$ とすればよい．層のサイズを $n_{\mathrm{I},1},\ldots,n_{\mathrm{I},H}$ とする．また，母集団において対応する層のサイズを $N_1,\ldots,N_H$ とする．

$$s_\mathrm{I} = \bigcup_{h=1}^{H} s_{\mathrm{I},h}, \quad n_\mathrm{I} = \sum_{h=1}^{H} n_{\mathrm{I},h}, \quad N = \sum_{h=1}^{H} N_h \tag{10.1}$$

4) 第 h 層において，第一相標本 $s_{\mathrm{I},h}$ からサイズ n_h の第二相標本 s_h を抽出する．第一相標本の中での第二相標本の抽出ウェイトを $w_{\mathrm{II},i|\mathrm{I}}$ とする．例えば層内で単純無作為抽出であれば，$w_{\mathrm{II},i|\mathrm{I}} = n_{\mathrm{I},h}/n_h$ である．第二相標本全体を s とし，そのサイズを n とする．

$$s = \bigcup_{h=1}^{H} s_h, \quad n = \sum_{h=1}^{H} n_h \tag{10.2}$$

10.2 二相抽出法における推定量

10.2.1 二相抽出法における推定量
例えば一相目も二相目も単純無作為抽出法の場合など，二相目の抽出における包含確率 $1/w_{\mathrm{II},i|\mathrm{I}}$ が一相目の標本によらず一定であれば，第 i 要素の包含確率は $w_{\mathrm{I},i} w_{\mathrm{II},i|\mathrm{I}}$ の逆数となる．しかし二相抽出法では，原則として一相目の標本の情報を用いて二相目の標本を抽出する．同じ第 i 要素であっても，二相目の抽出における包含確率 $1/w_{\mathrm{II},i|\mathrm{I}}$ は，一相目で選ばれた標本に応じて変わることになる．例

[*1] 詳細は Thompson (2002) を参照のこと．

えば二相目は層化抽出とする.一相目の層サイズ $n_{I,h}$ は一相目の標本 s_I によって異なるので,二相目の標本サイズ n_h が固定されていれば,$w_{II,i|I} = n_{I,h}/n_h$ は一相目の標本に応じて変わってくる.したがって第 i 要素の包含確率 π_i を求めるには,一相目の全ての可能な標本と,それに応じた二相目の包含確率を全て求めなければならない.現実には一相目で得られる標本は s_I の一つであり,これに応じた二相目の包含確率は直ちに求められる.しかし一相目で抽出され得る他の標本に応じて,二相目の包含確率を全て求めることは難しい.つまり一般に二相抽出法では包含確率 π_i を求めることは困難であり,HT 推定量は求められない.

そこで二相抽出法では以下のように考える.まず一相目の標本 s_I 全体について y_i が得られていれば,母集団総計 τ_y の線形推定量は $\hat{\tau}_y = \sum_{s_I} w_{I,i} y_i$ となる.しかし y_i は二相目の標本 s についてしか得られていない.そこで $\sum_{s_I} w_{I,i} y_i$ 自体を二相目の標本で線形推定する.

$$\hat{\tau}_y = \sum_s w_{II,i|I}(w_{I,i} y_i) = \sum_s w_{I,i} w_{II,i|I} y_i = \sum_s w_i y_i \qquad (10.3)$$

(10.3) 式の $\hat{\tau}_y$ は,母集団総計 τ_y の不偏推定量となる[*2].結果的に二相抽出法では,一相目の抽出ウェイト $w_{I,i}$ と二相目の抽出ウェイト $w_{II,i|I}$ の積を推定用のウェイト w_i とすればよい.

$$w_i = w_{I,i} w_{II,i|I} \qquad (10.4)$$

ただし先述のとおり,第一相標本によって $w_{II,i|I}$ が異なるときには,w_i は包含確率 π_i の逆数ではないため,(10.3) 式は母集団総計 τ_y の不偏推定量ではあっても HT 推定量ではない.

これ以降は簡単のため,第一相標本は非復元単純無作為抽出するものとする.一相目の抽出ウェイトは $w_{I,i} = N/n_I$ となる.また $V(\hat{\tau}_y)$ は一般に次式で表すことができる.

$$V(\hat{\tau}_y) = N^2 \left(1 - \frac{n_I}{N}\right) \frac{1}{n_I} \sigma_y^2 + V_2 = V_1 + V_2 \qquad (10.5)$$

第 1 項の V_1 は,サイズ n_I の標本を非復元単純無作為抽出することによる分散成分であり,第 2 項の V_2 は,二相目を抽出することによる分散成分である.二段抽出法の (9.17) 式における V_1 や V_2 とは異なるものである.次節以降では,二

[*2] 詳細は Särndal et al.(1992) を参照のこと.

相目を確率比例抽出あるいは層化抽出する場合，二相目を単純無作為抽出し，比推定量あるいは回帰推定量を用いる場合をそれぞれ見ていく．

10.2.2 確率比例抽出のための二相抽出法

まず，二相目を補助変数 x で復元確率比例抽出する場合である．二相目の抽出ウェイトは $w_{\mathrm{II},i|\mathrm{I}} = (\sum_{s_\mathrm{I}} x_i)/nx_i$ となるので，推定用のウェイトは次式となる．

$$w_i = \frac{N}{n_\mathrm{I}} \frac{\sum_{s_\mathrm{I}} x_i}{nx_i}, \quad (i \in s) \tag{10.6}$$

また (10.5) 式の $V(\hat{\tau}_y)$ は次式となる (Raj, 1964).

$$V(\hat{\tau}_y) = V_1 + \frac{N}{N-1}\frac{n_\mathrm{I}-1}{n_\mathrm{I} n}\sum_U \frac{x_i}{\tau_x}\left(\tau_x\frac{y_i}{x_i}-\tau_y\right)^2 \tag{10.7}$$

(10.7) 式の第 2 項は $n = n_\mathrm{I}$ であっても 0 とはならない．復元抽出だからである．$V(\hat{\tau}_y)$ の不偏推定量は次式となる．

$$\hat{V}(\hat{\tau}_y) = \frac{(N-1)n_\mathrm{I}}{N(n_\mathrm{I}-1)}nS_{\breve{y}}^2 + \frac{N-n_\mathrm{I}}{n_\mathrm{I}-1}\left(\sum_s w_i y_i^2 - \frac{1}{N}\hat{\tau}_y^2\right) \tag{10.8}$$

ただし第 1 項の $S_{\breve{y}}^2$ は $\breve{y}_i = w_i y_i$ の標本分散である．

10.2.3 層化抽出のための二相抽出法

次は二相目を層化抽出する場合である (Neyman, 1938; Rao, 1973). 各層内は非復元単純無作為抽出とする．二相目の抽出ウェイトは $w_{\mathrm{II},i|\mathrm{I}} = n_{\mathrm{I},h}/n_h$ となるので，推定用のウェイトは次式となる．

$$w_i = \frac{N}{n_\mathrm{I}}\frac{n_{\mathrm{I},h}}{n_h}, \quad (i \in s_h) \tag{10.9}$$

$V(\hat{\tau}_y)$ は各層の第二相標本サイズ n_h の定め方によって異なる．例えば n_h を一相目の各層の標本サイズ $n_{\mathrm{I},h}$ に比例割当とする．つまり全ての層の抽出率をあらかじめ n/n_I と定めておく．n_h は一相目の標本に応じて決まることになる．このとき $V(\hat{\tau}_y)$ は次式となる．

$$V(\hat{\tau}_y) = V_1 + N^2\left(1-\frac{n}{n_\mathrm{I}}\right)\frac{1}{n}\sum_{h=1}^H \frac{N_h}{N}\sigma_{y,h}^2 \tag{10.10}$$

仮に $n_\mathrm{I} = N$ として一相目は全数抽出とすれば，$V_1 = 0$ となり，$V(\hat{\tau}_y)$ は第 2 項のみとなる．これは (6.20) 式の比例割当による層化抽出法に一致する．あるいは $n = n_\mathrm{I}$ として二相目を全数抽出とすれば，$V(\hat{\tau}_y) = V_1$ となり，サイズ n_I

の単純無作為抽出法に一致する.

次に n_h は一相目の各層の標本サイズ $n_{\mathrm{I},h}$ に依存せず,あらかじめ固定しておくものとする. $V(\hat{\tau}_y)$ は次式となる.

$$V(\hat{\tau}_y) = V_1 + \sum_{h=1}^{H} N_h^2 \frac{N(n_\mathrm{I}-1)}{(N-1)n_\mathrm{I}}$$
$$\times \left\{\left(1 - \frac{n_h}{N_h}\right) - \frac{(N-n_\mathrm{I})(n_h-1)}{N_h(n_\mathrm{I}-1)}\right\} \frac{1}{n_h} \sigma_{y,h}^2 \quad (10.11)$$

(10.10) 式も (10.11) 式もともに,二相目において層の数を $H=1$ とすれば,$V(\hat{\tau}_y) = N^2(1-f)n^{-1}\sigma_y^2$ となる.つまり二相目で層化を行わず,単純無作為抽出を繰り返すことは,サイズ n の単純無作為抽出を一度行うことに等しい.

いずれの n_h の定め方においても, $V(\hat{\tau}_y)$ の推定量は次式となる.

$$\hat{V}(\hat{\tau}_y) = \frac{N-1}{N}\sum_{h=1}^{H} \left(\frac{n_{\mathrm{I},h}-1}{n_\mathrm{I}-1} - \frac{n_h-1}{N-1}\right) \frac{n_\mathrm{I}}{n_{\mathrm{I},h}} n_h S_{\breve{y},h}^2$$
$$+ \left(1 - \frac{n_\mathrm{I}}{N}\right) \frac{1}{n_\mathrm{I}-1} \sum_{h=1}^{H} \frac{n_\mathrm{I}}{n_{\mathrm{I},h}} \left(\sum_{s_h} \breve{y}_i - \frac{n_{\mathrm{I},h}}{n_\mathrm{I}}\hat{\tau}_y\right)^2 \quad (10.12)$$

ただし $S_{\breve{y},h}^2$ は $\breve{y}_i = w_i y_i$ の層内標本分散である.

層化を伴う二相抽出法は,無回答に対する考え方の基礎としても用いられる (11.5 節).なお,二相目とは異なる基準で一相目も層化する場合については,Binder et al. (1997) を参照のこと.

10.2.4 比推定のための二相抽出法

次に,一相目の抽出標本について得た補助変数 x の情報を比推定に利用することを考える.簡単のため,二相目も非復元単純無作為抽出とする.二相目の抽出ウェイトは $w_{\mathrm{II},i|\mathrm{I}} = n_\mathrm{I}/n$ となるので,推定用のウェイトは次式となる.

$$w_i = \frac{N}{n_\mathrm{I}}\frac{n_\mathrm{I}}{n} = \frac{N}{n} \quad (10.13)$$

母集団総計 τ_y の比推定量は次式となる.

$$\hat{\tau}_{y,\mathrm{R}} = \hat{\tau}_x^{(1)}\hat{R} = \hat{\tau}_x^{(1)}\frac{\hat{\tau}_y}{\hat{\tau}_x} = \hat{\tau}_x^{(1)}\frac{\sum_s w_i y_i}{\sum_s w_i x_i} \quad (10.14)$$

(10.14) 式では,通常の比推定量で用いる母集団総計 τ_x の代わりに,第一相標本 s_I 全体を用いた線形推定量 $\hat{\tau}_x^{(1)}$ を用いる.

$$\hat{\tau}_x^{(\mathrm{I})} = \sum_{s_\mathrm{I}} w_{\mathrm{I},i} x_i = \sum_{s_\mathrm{I}} \frac{N}{n_\mathrm{I}} x_i \qquad (10.15)$$

母集団総計 τ_x が分かっていれば,二相抽出を行う必要はないからである.

(10.14) 式は,比推定量であるので偏りを持つ.その大きさは次式で近似できる.

$$B(\hat{\tau}_{y,\mathrm{R}}) \approx N^2 \left(1 - \frac{n}{n_\mathrm{I}}\right) \frac{1}{n\tau_x} (R\sigma_x^2 - \sigma_{xy}) \qquad (10.16)$$

$n_\mathrm{I} = N$ として一相目を全数抽出すると,(10.16) 式は (5.14) 式の非復元単純無作為抽出法における比推定量の偏りに一致する.また $n = n_\mathrm{I}$ として二相目を全数抽出すると,(10.14) 式の比推定量は単なる線形推定量 $\hat{\tau}_y$ となり,(10.16) 式の偏りも 0 となる.

(10.14) 式の比推定量の分散 $V(\hat{\tau}_{y,\mathrm{R}})$ は次式で近似できる.

$$V(\hat{\tau}_{y,\mathrm{R}}) \approx V_1 + N^2 \left(1 - \frac{n}{n_\mathrm{I}}\right) \frac{1}{n} \sigma_z^2 \qquad (10.17)$$

ただし σ_z^2 は $z_i = y_i - Rx_i$ の母集団分散であり,$R = \tau_y/\tau_x$ である.(10.17) 式の第 2 項は,比推定量を用いることによる分散成分である.n_I を N で置き換えると,第 2 項はサイズ N の母集団からサイズ n の標本を非復元単純無作為抽出したときの比推定量の分散 (5.2.2 節) に一致する.また (10.17) 式は,σ_z^2 を σ_y^2 で置き換えると $V(\hat{\tau}_y) = N^2(1-f)n^{-1}\sigma_y^2$ となる.二相抽出を行っても比推定量を利用しなければ,サイズ n の単純無作為抽出法に等しい.

(10.14) 式の比推定量の分散 $V(\hat{\tau}_{y,\mathrm{R}})$ の推定量は次式となる.

$$\hat{V}(\hat{\tau}_{y,\mathrm{R}}) \approx \left(1 - \frac{n_\mathrm{I}}{N}\right) \frac{n^2}{n_\mathrm{I}} S_{\breve{y}}^2 + \left(1 - \frac{n}{n_\mathrm{I}}\right) n S_{\breve{z}}^2 \qquad (10.18)$$

ただし $S_{\breve{y}}^2$ と $S_{\breve{z}}^2$ はそれぞれ $\breve{y}_i = w_i y_i$ と $\breve{z}_i = w_i \hat{\tau}_x^{(\mathrm{I})}(y_i - \hat{R}x_i)/\hat{\tau}_x$ の標本分散である.

10.2.5 一般化回帰推定のための二相抽出法

最後に一般化回帰推定量を考える.標本は一相目,二相目ともに非復元単純無作為抽出する.推定のためのウェイトは次式となる.

$$w_i = \frac{N}{n_\mathrm{I}} \frac{n_\mathrm{I}}{n} = \frac{N}{n} \qquad (10.19)$$

母集団総計 τ_y の一般化回帰推定量は次式となる.

$$\hat{\tau}_{y,\mathrm{GREG}} = \hat{\tau}_y + \hat{b}(\hat{\tau}_x^{(\mathrm{I})} - \hat{\tau}_x) \qquad (10.20)$$

ただし $\hat{\tau}_x^{(1)}$ は,比推定量と同様に第一相標本 s_I 全体を用いた τ_x の線形推定量である.また,$\hat{b}$ は第二相標本を用いて求めた回帰係数である.

$$\hat{b} = \frac{S_{xy}}{S_x^2} = \frac{\sum_s (x_i - \bar{x})(y_i - \bar{y})}{\sum_s (x_i - \bar{x})^2} \tag{10.21}$$

一般化回帰推定量の分散 $V(\hat{\tau}_{y,\mathrm{GREG}})$ およびその推定量は以下のとおりとなる.

$$V(\hat{\tau}_{y,\mathrm{GREG}}) \approx V_1 + N^2 \left(1 - \frac{n}{n_\mathrm{I}}\right) \frac{1}{n} \sigma_y^2 (1 - \rho_{xy}^2) \tag{10.22}$$

$$\hat{V}(\hat{\tau}_{y,\mathrm{GREG}}) \approx \left(1 - \frac{n_\mathrm{I}}{N}\right) \frac{n^2}{n_\mathrm{I}} S_{\check{y}}^2 + \left(1 - \frac{n}{n_\mathrm{I}}\right) n S_{\check{z}}^2 \tag{10.23}$$

ただし $\check{z}_i = w_i(y_i - \hat{b}x_i)$ である.なお補助変数が複数である一般化回帰推定量の利用については,Särndal and Swensson (1987) を参照のこと.

例題 10.1　二相抽出法

表 4.1 に示す $N = 20$ の母集団から $n = 3$ の標本を二相抽出し,売上高総計 τ_y を推定することを考えよう.ただし一相目はサイズ n_I の標本を非復元単純無作為抽出し,資本金 x を調べる.二相目は $n = 3$ の標本を資本金で復元確率比例抽出する.あるいは $n = 3$ の標本を非復元単純無作為抽出し,資本金で比推定あるいは回帰推定する.表 10.1 は,一相目の標本サイズ n_I を 3 から 20 まで変えたときの三つの方法の推定量の分散である.

表 10.1　二相抽出法における推定量の分散

n_I	3	4	5	6	7	8	9	10	11
$V_{\mathrm{II,PPS}}(\hat{\tau}_y)$	$2,627^2$	$2,304^2$	$2,087^2$	$1,929^2$	$1,807^2$	$1,710^2$	$1,631^2$	$1,565^2$	$1,508^2$
$V(\hat{\tau}_{y,\mathrm{R}})$	$2,419^2$	$2,120^2$	$1,919^2$	$1,772^2$	$1,659^2$	$1,569^2$	$1,496^2$	$1,434^2$	$1,381^2$
$V(\hat{\tau}_{y,\mathrm{GREG}})$	$2,419^2$	$2,076^2$	$1,840^2$	$1,665^2$	$1,527^2$	$1,415^2$	$1,321^2$	$1,241^2$	$1,171^2$

	12	13	14	15	16	17	18	19	20
	$1,460^2$	$1,417^2$	$1,380^2$	$1,346^2$	$1,316^2$	$1,289^2$	$1,265^2$	$1,243^2$	$1,222^2$
	$1,336^2$	$1,296^2$	$1,262^2$	$1,230^2$	$1,203^2$	$1,178^2$	$1,155^2$	$1,134^2$	$1,115^2$
	$1,110^2$	$1,055^2$	$1,006^2$	961^2	921^2	883^2	848^2	816^2	785^2

二相抽出ではなく,母集団から $n = 3$ の標本を非復元単純無作為抽出するとき,線形推定量の分散は (3.4) 式にあるように $V_{\mathrm{SI}}(\hat{\tau}_y) = 2,419^2$ である.したがって一相目の標本サイズを $n_\mathrm{I} \geq 4$ とすれば,いずれの方法にせよ二相抽出法

は非復元単純無作為抽出法よりも推定量の分散が小さい．これは補助変数の情報を少しでも利用できるからである．さらに n_I を大きくし，多くの補助情報を得るほど分散は小さくなる．そして一相目で $n_\mathrm{I} = 20$ とすれば，二相抽出法は母集団 $N = 20$ から直接 $n = 3$ を復元確率比例抽出する，あるいは非復元単純無作為抽出を行い比推定や回帰推定をすることと同等となる．なお，二相目を確率比例抽出する $V_\mathrm{II,PPS}(\hat\tau_y)$ が他の二つの方法よりも推定量の分散が大きいのは，復元抽出法だからである．

10.3 継続調査

10.3.1 継続調査

二相抽出法に関連した話題として**継続調査** (repeated survey) に触れておく[*3)]．例えば経済の時系列的な変化を捉えるため，一定の周期で統計調査を繰り返すことがある．あるいは内閣支持率を毎月調べることもあろう．継続調査の目的は，(1) 現在の母集団特性値 θ を知るため，(2) 母集団特性値 θ の変化，すなわち t 期における母集団特性値 θ_t と $t-1$ 期における θ_{t-1} との差 $D = \theta_t - \theta_{t-1}$ を知るため，などであることが多い．

表 10.2 母集団 20 社の売上高

企業 i	1	2	3	4	5	6	7	8	9	10
第 1 期売上高 $y_{i(1)}$	576	380	74	292	94	158	636	479	236	639
第 2 期売上高 $y_{i(2)}$	523	464	73	285	117	196	657	554	247	553

11	12	13	14	15	16	17	18	19	20	母集団総計
465	133	84	565	25	660	65	148	209	62	$\tau_{y(1)} = 5{,}980$
412	50	84	510	21	675	82	160	202	62	$\tau_{y(2)} = 5{,}927$

例えば表 10.2 は母集団 $N = 20$ 社の第 1 期と第 2 期の売上高である．現実には調査を継続していく間に，母集団 U は企業の参入・退出によって変わっていく[*4)]．ここでは簡単のため，母集団 U は固定とする．継続調査の目的は，第 1 期の売上高総計 $\tau_{y(1)}$ と第 2 期の売上高総計 $\tau_{y(2)}$ を知ることだけでなく，両期の差

[*3)] 様々な継続調査の種類と特徴に関しては Duncan and Kalton (1987) や Kish (1987) を参照のこと．

[*4)] 例えば Ohlsson (1995) や Srinath and Carpenter (1995) を参照のこと．

$$D = \tau_{y_{(2)}} - \tau_{y_{(1)}} = 5,927 - 5,980 = -53 \qquad (10.24)$$

を知ることである.

10.3.2　ローテーション抽出法

変化 D を知ることが目的であれば，標本は固定し，両期とも同じ対象を調査するのがよい．次節で見るように，調査のたびに標本を抽出し直すよりも，D の推定量は分散が小さくなるからである．一方で同一の調査対象を何度も調査することは，**回答者の負担** (respondent burden) が大きいためできるだけ避けたい．また標本が固定されていると，母集団の変化や標本の脱落に対応できない．

そこで折衷的な方法の一つとして，**ローテーション抽出法** (rotation sampling) がある (Patterson, 1950; Hansen et al., 1955; Sunter, 1977a)．標本の一部を新たに抽出した要素と順に入れ替えていくことで，標本の一部は継続させ，残りは新規とするのである．

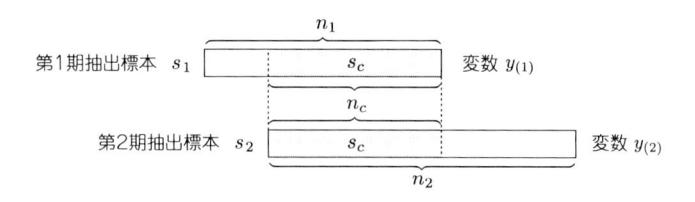

図 10.2　ローテーション抽出法

図 10.2 では，サイズ n_1 の第 1 期標本 s_1 のうち，n_c 個の要素は第 2 期にも継続して標本とする．さらに第 1 期で標本とならなかった $N - n_1$ 個の要素から，$n_2 - n_c$ 個の要素を選んで第 2 期の標本として加える．第 2 期の標本サイズは，全体で n_2 である[*5]．仮に $n_1 = n_2 = n_c$ であれば固定標本となる．これを**パネル調査** (panel survey) という[*6]．$n_c = 0$ であれば，第 1 期と第 2 期で標本を完全に入れ替えることになる．

[*5] Wolter (1979) は，本文中で説明した，二期の間で実際に標本を重複させ，各期において当該期の値のみを調査する方法を one-level scheme と呼び，二期の間で標本は独立に抽出するが，各期において前期と当該期の両方の値を調査することで，実質的に標本を重複させる方法を two-level scheme と呼んでいる．

[*6] 詳細は Kasprzyk et al. (1989) を参照のこと．また Kish (1987) は，二期間で抽出単位が同じ場合を complete overlap と呼び，標本となる要素が二期間で同じである panel とは区別している．

10.3.3 母集団総計の差の推定量

次式は D の素朴な推定量である.

$$\hat{D} = \hat{\tau}_{y_{(2)}} - \hat{\tau}_{y_{(1)}} \tag{10.25}$$

ただし $\hat{\tau}_{y_{(1)}}$ と $\hat{\tau}_{y_{(2)}}$ は，それぞれ第 1 期と第 2 期の線形推定量である．一般に $\hat{D}$ の分散は次式となる．

$$V(\hat{D}) = V(\hat{\tau}_{y_{(1)}}) + V(\hat{\tau}_{y_{(2)}}) - 2C(\hat{\tau}_{y_{(1)}}, \hat{\tau}_{y_{(2)}}) \tag{10.26}$$

$C(\hat{\tau}_{y_{(1)}}, \hat{\tau}_{y_{(2)}})$ は，推定量 $\hat{\tau}_{y_{(1)}}$ と $\hat{\tau}_{y_{(2)}}$ の共分散 (12.1.2 節) である.

標本のローテーションを行わず，第 1 期と第 2 期の標本抽出が独立であれば，(10.26) 式の共分散の項は 0 となる．標本抽出が独立であるとは，第 1 期にどの標本が抽出されたかということを一切考慮せずに，第 2 期の標本を抽出するということである．ある要素が両期とも標本となる可能性がある．例えば両期とも標本を独立に非復元単純無作為抽出するのであれば，$V(\hat{D})$ は次式となる．

$$V(\hat{D}) = N^2\left(1 - \frac{n_1}{N}\right)\frac{1}{n_1}\sigma_{y_{(1)}}^2 + N^2\left(1 - \frac{n_2}{N}\right)\frac{1}{n_2}\sigma_{y_{(2)}}^2 \tag{10.27}$$

これに対し，標本ローテーションを行うと次式となる．

$$V(\hat{D}) = N^2\left(1 - \frac{n_1}{N}\right)\frac{1}{n_1}\sigma_{y_{(1)}}^2 + N^2\left(1 - \frac{n_2}{N}\right)\frac{1}{n_2}\sigma_{y_{(2)}}^2$$
$$-2N^2\left(n_c - \frac{n_1 n_2}{N}\right)\frac{1}{n_1 n_2}\sigma_{y_{(1)}y_{(2)}} \tag{10.28}$$

ただし第 1 期はサイズ n_1 の標本を非復元単純無作為抽出する．第 2 期の標本は，まず第 1 期の標本 s_1 からサイズ n_c の継続標本を非復元単純無作為抽出する．この継続標本に加え，第 1 期の標本以外 $U - s_1$ からサイズ $n_2 - n_c$ の追加標本を非復元単純無作為抽出する．

(10.28) 式において n_c の値が極端な場合を考えてみよう．まず $n_1 = n_2 = n_c$ である固定標本では，(10.28) 式の共分散の項は $-2N^2(1 - n_c/N)n_c^{-1}\sigma_{y_{(1)}y_{(2)}}$ となる．一般に第 1 期の変数 $y_{(1)}$ と第 2 期の変数 $y_{(2)}$ との間の母集団共分散 $\sigma_{y_{(1)}y_{(2)}}$ は正に大きいことが多い．そのため第 2 期の標本を第 1 期とは独立に抽出する場合よりも $V(\hat{D})$ は小さい．一方，$n_c = 0$ として第 1 期と第 2 期では標本の重複がなく，要素を完全に入れ替えると，(10.28) 式の共分散の項は $2N\sigma_{y_{(1)}y_{(2)}}$

例えば地域や住居を抽出単位とするとき，住民が移動しても同じ地域や住居を標本とするのが前者であり，一度選ばれた住民を追跡するのが後者である．

となる.標本を独立に抽出するよりも $V(\hat{D})$ は大きくなる.

(10.27) 式に対する (10.28) 式の比は,標本を独立に抽出せずローテーションを行うことで推定量の分散がどの程度縮小するのかを示す指標となる.簡単のため,$n_1 = n_2 = n$ と $\sigma^2_{y_{(1)}} = \sigma^2_{y_{(2)}}$ とすれば次式となる.

$$1 - \frac{n_c/n - n/N}{1 - n/N}\rho_{y_{(1)}y_{(2)}} \approx 1 - \frac{n_c}{n}\rho_{y_{(1)}y_{(2)}} \tag{10.29}$$

両期の間の相関係数が $\rho_{y_{(1)}y_{(2)}} \approx 1$ のときに,$n_c/n = 1/2$ として半分の標本を継続させると,独立に標本を抽出する場合に比べ,推定量の分散はほぼ $1 - 1/2 = 1/2$ となる.ただし標準誤差でいえば $1/\sqrt{2} = 71\%$ である.標準誤差を半分とするには,$n_c/n = 1 - (1/2)^2 = 3/4$ の標本を継続させる必要がある.また $\rho_{y_{(1)}y_{(2)}}$ が1に近くないときには,より大きな割合の標本を継続させなければならない.

第2期の母集団総計 $\tau_{y_{(2)}}$ や母集団総計の差 D の推定に一般化回帰推定を利用する方法も考えられる[*7].両期で共通の標本を s_c とする.二相抽出法の枠組みにおいて,第1期標本 s_1 を第一相標本,s_c を第二相標本とみなせば,(10.20) 式にならい,$\tau_{y_{(2)}}$ の推定量として以下を考えることができる.

$$\hat{\tau}^{(s_c)}_{y_{(2)},\text{GREG}} = \hat{\tau}^{(s_c)}_{y_{(2)}} + \hat{b}(\hat{\tau}^{(s_1)}_{y_{(1)}} - \hat{\tau}^{(s_c)}_{y_{(1)}}) \tag{10.30}$$

ただし右上の添字 (s_1) や (s_c) は,その推定量を求める標本を表す.また第2期の追加標本 $s_2 - s_c$ だけを用いた $\tau_{y_{(2)}}$ の推定量を $\hat{\tau}^{(s_2-s_c)}_{y_{(2)}}$ とする.これら二つの推定量を適当な重み ω_1 と ω_2 で重みづける.

$$\hat{\tau}_{y_{(2)},\text{REP}} = \omega_1 \hat{\tau}^{(s_c)}_{y_{(2)},\text{GREG}} + \omega_2 \hat{\tau}^{(s_2-s_c)}_{y_{(2)}} \tag{10.31}$$

ただし $\omega_1 + \omega_2 = 1$ である.第1期の調査結果を利用しているため,第2期の標本だけを用いた線形推定量 $\hat{\tau}_{y_{(2)}}$ よりも分散が小さくなると期待できる.

例題 10.2 ローテーション抽出

表 10.2 の $N = 20$ 社から両期とも $n = 3$ 社を抽出し,売上高総計の差 $D = \tau_{y_{(2)}} - \tau_{y_{(1)}}$ を推定することとする.ただし第2期の標本は,第1期の標本とは独立に抽出する場合と,ローテーション抽出を行う場合とを考える[*8].

[*7] 詳細は Patterson (1950) や Eckler (1955), Rao and Graham (1964), Cochran (1977), Särndal et al. (1992) を参照のこと.

[*8] $n_c = 0$ あるいは $n_c = 3$ は厳密にいえばローテーション抽出ではないが,統一的に扱うため,この枠組みを用いている.

表 10.3　第 2 期の標本抽出法に応じた推定量の分散

標本抽出法	独立	標本ローテーション			
		$n_c=0$	$n_c=1$	$n_c=2$	$n_c=3$
$V(\hat{D})$	$3,393^2$	$3,674^2$	$3,012^2$	$2,157^2$	481^2

$n_c=0$ として第 2 期の標本を第 1 期と完全に入れ替えれば，$V(\hat{D})=3,674^2$ である．この値は独立に抽出するときの $V(\hat{D})=3,393^2$ より大きい．一方で第 1 期と第 2 期で同じ標本を用いる $n_c=3$ では，$V(\hat{D})=481^2$ とかなり小さい．

11

その他の話題

この章では，標本調査において重要ではあるが，これまで十分説明してこなかった話題を取り上げる．具体的には標本サイズの定め方，推定量の分散の推定法，区間推定の方法，非標本誤差と間接質問法，無回答に対する考え方を順に概観していく．

11.1　標本サイズの定め方

11.1.1　目標精度

標本サイズ n を定めるには，まず推定値の標本誤差をどの程度に抑えたいのかを決める必要がある．これを**目標精度** (degree of precision desired) という．例えば母集団割合 p_y を推定したいとき，推定値 $\hat{p}_y$ は真の値 p_y から ±5 ポイント程度ズレてもよいのか，あるいは ±1 ポイントという高い精度が必要なのかということである．

もちろん推定値の精度は高いほどよい．しかし高い精度を求めれば，それに応じて必要な標本サイズ n あるいは標本における PSU の数 m は大きくなり，調査のコストは増加する．目標精度は結果の利用目的を考え，必要最低限の値とする．また現実の調査では母集団全体の特性値 θ だけでなく，部分母集団の特性値 θ_d にも関心があることが多い．そのような θ_d についても必要な精度の推定値が得られるよう配慮する．

目標精度が定まれば，必要な標本サイズ n はそこから逆算できる．例えば図 11.1 は，真の母集団割合が $p_y = 0.1,\ 0.3,\ 0.5$ のそれぞれのときに，サイズ $N = 100{,}000{,}000$ の母集団からそれぞれサイズ $n = 20,\ 50,\ 200$ の標本を非復元単純無作為抽出したときの推定値 $\hat{p}_y$ の分布である．母集団割合 p_y の値がどれであっても，推定値がとり得る範囲は標本サイズ n が大きくなるほど狭まる．例えば最右列の $p_y = 0.5$ のとき，サイズ $n = 20$ の標本では推定値が $\hat{p}_y \geq 0.7$ となる可能性がいくらかあるが，サイズ $n = 200$ の標本ではほとんどない．推定

値が p_y から ± 0.2 程度ズレてもよければ $n = 20$ でよいが,$p_y \pm 0.1$ 以内に収めたいのであれば $n = 200$ が必要である.

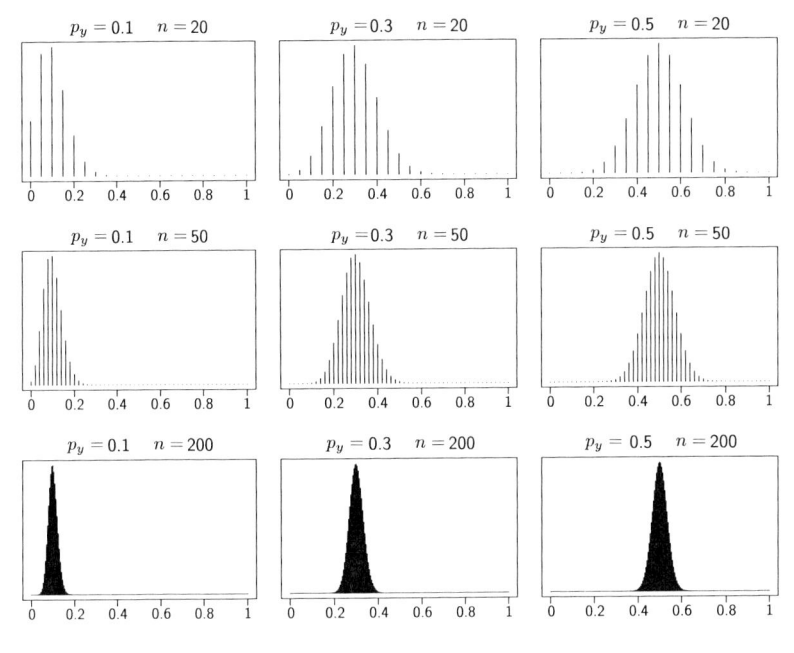

図 11.1 母集団割合の推定値の分布

11.1.2 標本サイズの定め方

標本サイズを定める具体的な手順は以下のとおりである.まず目標精度として,許容できる最大の誤差幅 d を定める.例えば母集団割合 p_y を推定するとき,推定値 $\hat{p}_y$ が真の p_y を中心とした $p_y \pm 0.01$ の範囲に入ってほしいのであれば,$d = 0.01$ である.

ただし範囲を設定したからといって,必ずしも全ての推定値がその範囲に収まるわけではない.稀に誤差の非常に大きな推定値が得られることがある.例えば図 11.1 の右下の図のように,$p_y = 0.5$ のときに $n = 200$ の調査を繰り返せば,ほとんどの推定値は $\hat{p}_y = 0.4$ から 0.6 の範囲に入る.しかし推定値が $\hat{p}_y = 0$ や $\hat{p}_y = 1$ となる可能性も,非常にわずかではあるが残っている.全ての推定値が

入る範囲を定めると，$\hat{p}_y = 0$ から $\hat{p}_y = 1$ までとなってしまう．そこで適当な α を定め，調査を繰り返したとき得られる推定値のうちの $100 \times (1-\alpha)\%$ が，$\theta \pm d$ の範囲に入ればよいと考える．α としては 0.05 や 0.01 とすることが多い．つまり 95% や 99% が $\theta \pm d$ の範囲に入ればよいと考える．

次に，図 11.1 から分かるように，標本サイズ n がある程度大きいとき ($n > 30$ 〜 50 など)，推定値の分布は正規分布とみなしてよい．正規分布では変数値の 95% は ±1.96 × 標準偏差 の範囲に入る (図 11.2)．また 99% は ±2.56 × 標準偏差 の範囲に入る．

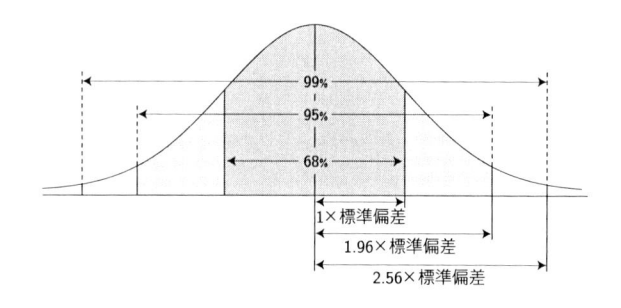

図 11.2 正規分布

一般に $100 \times (1-\alpha)\%$ が入る範囲は $\pm z_{\alpha/2} \times$ 標準偏差 と表せる．ただし $z_{\alpha/2}$ は平均 0，標準偏差 1 の標準正規分布の上側 $100\alpha/2$ % 点であり[*1)]，先に定めた α に応じて決まる値である．例えば $\alpha = 0.05$ であれば $z_{.025} = 1.96$ であり，$\alpha = 0.01$ であれば $z_{.005} = 2.56$ である．

ところで推定値 $\hat{\theta}$ の分布の標準偏差とは標準誤差 $SE(\hat{\theta})$ のことである．つまり目標精度の幅 d は

$$d = z_{\alpha/2} SE(\hat{\theta}) \tag{11.1}$$

と表せる．一般に標準誤差 $SE(\hat{\theta})$ は，標本サイズ n あるいは PSU の数 m の関数であり，n や m が大きくなるほど小さくなる．そこで (11.1) 式が成り立つよう必要な n や m を逆算すればよい．具体的には後の例題を参照のこと．

なお標本抽出デザインが複雑になれば $SE(\hat{\theta})$ も複雑になり，(11.1) 式を n や

[*1)] ふつう上側 $100\alpha/2$ % 点は $z_{1-\alpha/2}$ と表すが，添字が複雑になるので本書では $z_{\alpha/2}$ と表す．

m について解くのは難しくなる. 一つの簡便な方法は**デザイン効果**を利用することである. デザイン効果 Deff や Deft^2 のだいたいの大きさが知られていれば, 単純無作為抽出法の下で必要な標本サイズ n' を求めた後に, $n = n' \times$ Deff などとすることで, 実際に採用する標本抽出デザインの下で必要な標本サイズ n を見積もることができる (Cornfield, 1951). 例えば前田・中村 (2000) は層化二段抽出法による「日本人の国民性調査」のデザイン効果を $\mathrm{deff} = 1.1^2 \sim 1.3^2$ としている. 同様の標本設計と調査内容による調査では, 単純無作為抽出法を仮定して必要な標本サイズを求めた後に, それを最大 $1.3^2 = 1.7$ 倍すればよい.

例題 11.1　非復元単純無作為抽出法

表 3.1 に示す $N = 20$ 社から n 社を非復元単純無作為抽出し, 売上高の母集団総計 τ_y を線形推定するものとしよう. $V(\hat{\tau}_y)$ は (3.3) 式にある. 売上高の母集団分散 $\sigma_y^2 = 227.2^2$ を用いて, $n = 1$ から 20 までの各標本サイズに対応する

$$d = z_{.025}\sqrt{N^2\left(1 - \frac{n}{N}\right)\frac{1}{n}\sigma_y^2} \tag{11.2}$$

を求めたものが表 11.1 である. ただし $z_{.025} = 1.96$ である.

表 11.1　各標本サイズに対応した d

n	1	2	3	4	5	6	7	8	9	10
d	8,680	5,974	4,741	3,983	3,449	3,042	2,714	2,439	2,202	1,991

	11	12	13	14	15	16	17	18	19	20
	1,801	1,626	1,461	1,304	1,150	996	837	664	457	0

例えば目標精度を $d = 1,000$ としたいのであれば, 標本サイズは $n = 16$ としなければならない.

なお実際にはあらゆる標本サイズに対応した d を求めるのではなく, (11.2) 式を n について解いた次式に適当な値を代入し, 必要な n を求めればよい.

$$n = \frac{z_{\alpha/2}^2 N^2 \sigma_y^2}{d^2 + z_{\alpha/2}^2 N \sigma_y^2} \tag{11.3}$$

例えば調査を繰り返したときに, 推定値の 95% が $\tau_y \pm 1,000$ の範囲に入ってほしいのであれば,

$$n = \frac{1.96^2 \times 20^2 \times 227.2^2}{1,000^2 + 1.96^2 \times 20 \times 227.2^2} = 15.97 \tag{11.4}$$

なので $n = 16$ となる．ただしこの値を求めるには母集団分散 $\sigma_y^2 = 227.2^2$ が必要である．そのため，これまでに行われた同様の調査などを参考にして，σ_y^2 の見当をつけなければならない．その意味でも，調査結果を公表するときには，推定値の他に標準誤差やデザイン効果を併記しておくことが重要である．

例題 11.2　母集団割合の推定

非復元単純無作為抽出標本を基に，母集団割合 p_y を線形推定するものとする．線形推定量 $\hat{p}_y$ の分散 $V(\hat{p}_y)$ は，(5.60) 式にあるように次式となる．

$$V(\hat{p}_y) = \frac{N-n}{N-1} \frac{p_y(1-p_y)}{n} \tag{11.5}$$

$V(\hat{p}_y)$ の大きさは母集団割合 p_y に依存し，N と n が固定されていれば，$p_y = 0.5$ のとき最大となる．図 11.3 は，$N = 100,000,000$ と $n = 1,000$ としたときの p_y と $V(\hat{p}_y)$ の関係である．

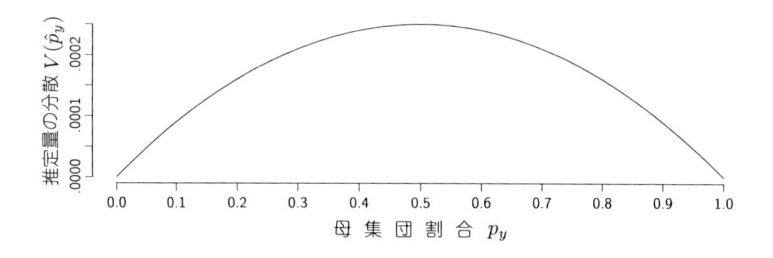

図 11.3　母集団割合と推定量の分散

逆にいえば，同じ目標精度を達成するのに必要な標本サイズ n は，$p_y = 0.5$ のとき最も大きい．そこで $p_y = 0.5$ のときに必要な標本サイズ n を求めておけば，母集団割合 p_y が他の値であっても，目標精度は自然に達成される．$p_y = 0.5$ として $d = z_{\alpha/2}\sqrt{V(\hat{p}_y)}$ を n について解くと

$$n = \frac{z_{\alpha/2}^2 N}{4d^2(N-1) + z_{\alpha/2}^2} \tag{11.6}$$

が得られる．例えば目標精度を $p_y \pm 0.01$ とする．母集団サイズが $N = 1$ 億人のとき，必要な標本サイズは

$$n = \frac{1.96^2 \times 100,000,000}{4 \times 0.01^2 \times 99,999,999 + 1.96^2} = 9,603 \tag{11.7}$$

となるので，1万人程度となる．

図 11.4 は，(11.6) 式において $\alpha = 0.05$ としたときの，N ごとの n と d の関係を示したものである．$d = 0.02$ とするのであれば，母集団サイズが $N = 10,000$ 程度を超えれば，母集団サイズにかかわらず $n = 2,000 \sim 3,000$ 程度とすればよい．

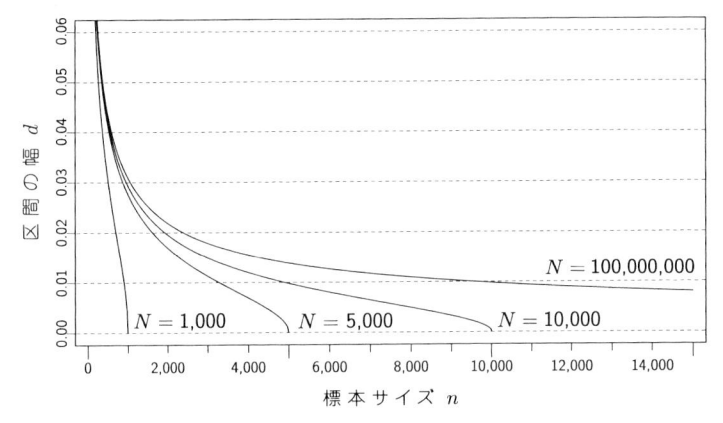

図 11.4　標本サイズと目標精度

11.2　分散の推定法

5.2.1 節では，複雑な $\hat{\theta}$ の分散 $V(\hat{\theta})$ あるいはその推定量 $\hat{V}(\hat{\theta})$ を近似する方法として，線形化変数 z_i を用いる方法を説明した．ここでは $\hat{V}(\hat{\theta})$ を求める他の方法を概観する[*2]．これらの方法は，系統抽出法における線形推定量など，推定量 $\hat{\theta}$ 自体は単純であっても，その分散の不偏推定量が存在しないときにも有用である．

11.2.1　副 標 本 法

推定量の分散 $V(\hat{\theta})$ とは，標本抽出と推定を何度も繰り返したときの推定値の分散である．しかしふつう標本抽出は一回である．そこで**副標本法** (random

---

[*2]　詳細や推定法間の比較は，Kish and Frankel (1974) や Shao and Tu (1995), Rust and Rao (1996), Wolter (2007) を参照のこと．

groups technique) では，まずこの一つの標本 s を無作為に R 個に分割し，R 個の副標本を作成する[*3] (Hansen et al., 1953). ただし副標本への分割は，標本抽出デザインを反映させ，各副標本が標本 s の縮図となるよう行う. 例えば単純無作為抽出法や確率比例抽出法では，標本 s からサイズ n/R の副標本を非復元単純無作為抽出し，残りの標本からさらにサイズ n/R の標本を抽出することを繰り返す. 系統抽出法では，標本 s の最初の R 個の要素をそれぞれスタートとして，抽出間隔 R の系統抽出を繰り返す. 層化抽出法では各層を R 個に分割し，各層の副標本一つずつを組み合わせて一つの副標本を構成する. 集落抽出法や多段抽出法では，標本となった m 個の PSU を R 個に分割する. つまり一般に一段目の抽出単位のみに着目すればよい.

次に副標本ごとに推定値 $\hat{\theta}^{(r)}$ を求める. このとき抽出ウェイトなどは，母集団 U から各副標本を直接抽出したものとみなして作成し直す. $\hat{\theta}$ の分散の推定値 $\hat{V}(\hat{\theta})$ は，次式を用いて求められる.

$$\hat{V}(\hat{\theta}) = \frac{1}{R(R-1)} \sum_{r=1}^{R} \left(\hat{\theta}^{(r)} - \hat{\theta}^{(*)}\right)^2 \tag{11.8}$$

ただし $\hat{\theta}^{(*)}$ としては，$\hat{\theta}^{(1)}, \ldots, \hat{\theta}^{(R)}$ の平均，あるいは標本 s 全体を用いて求めた $\hat{\theta}$ のいずれかを用いる. 一般に，$\hat{\theta}^{(*)}$ として $\hat{\theta}$ を用いる方が，$\hat{\theta}^{(1)}, \ldots, \hat{\theta}^{(R)}$ の平均を用いるよりも $\hat{V}(\hat{\theta})$ の値は大きくなる. なお，(11.8) 式の分母が $R(R-1)$ となっているのは，副標本のサイズが標本 s のサイズの $1/R$ だからである.

層化抽出法では二つの推定量が考えられる. 副標本法により第 h 層の $\hat{V}(\hat{\theta}_h)$ を求め，$\hat{V}(\hat{\theta}) = \sum_{h=1}^{H} \hat{V}(\hat{\theta}_h)$ として全体の $\hat{V}(\hat{\theta})$ を求める方法と，副標本ごとに母集団全体に関する $\hat{\theta}^{(r)}$ を求めた上で，(11.8) 式により $\hat{V}(\hat{\theta})$ を求める方法である. ただしいずれの方法がよいのかは明らかではない.

副標本はそれぞれ独立に抽出された標本ではない. そのため $\hat{V}(\hat{\theta})$ は $V(\hat{\theta})$ の不偏推定量ではなく，過大推定となる. また安定した $\hat{V}(\hat{\theta})$ の値を得るには，副標本の数 R が少なくとも 10 以上は必要である. 例えば層内で $m_h = 2$ の PSU しか抽出していないときには $R = 2$ の副標本しか得られず，副標本法は適切ではない.

[*3] 実際に標本抽出を R 回独立に繰り返すことで，副標本を作成するという考え方もある (Deming, 1956). また調査員の影響という非標本誤差を調べるために副標本を利用する方法は，**相互貫入副標本法** (interpenetrating subsamples) と呼ばれる (Mahalanobis, 1939).

11.2.2 Balanced Repeated Replication 法

副標本法で作成される副標本は,それらの間で要素が重複せず,標本 s からいわば "非復元" 抽出されたものである.これに対し以下の三つの方法では,"復元" 抽出によって副標本を作成する.副標本の間で要素の重複を許すことで,副標本の数を増やすのである.まず **Balanced Repeated Replication 法 (BRR 法)** は,層の数を H とした層化抽出法において,どの層も $m_h = 2$ の PSU を抽出した場合の方法である[*4] (McCarthy, 1966; 1969). ただしここでいう PSU とは,多段抽出法に限らず一般に一段目の抽出単位のことである.

層ごとにいずれか一つの PSU を選び,それらを組み合わせたものを**半標本** (half-sample) という.半標本は標本の半分から成る.半標本として可能な PSU の組み合わせは全部で 2^H 通りある.BRR 法では,そのうち R 個の**平衡した半標本** (balanced half-samples) を選び出す.平衡した半標本とは,後述のように,組み合わせが特定の PSU どうしに偏らないものをいう.そして各半標本を用いて推定値 $\hat{\theta}^{(r)}$ を求める.ただし推定値を求めるときは,抽出ウェイト w_i の代わりに $2w_i$ を用いる.推定量 $\hat{\theta}$ の分散 $V(\hat{\theta})$ は次式で推定できる.

$$\hat{V}(\hat{\theta}) = \frac{1}{R} \sum_{r=1}^{R} (\hat{\theta}^{(r)} - \hat{\theta})^2 \tag{11.9}$$

BRR 法に必要な平衡した半標本とは,層 h と $h'(\neq h)$ の全ての組み合わせについて,$\sum_{r=1}^{R} \delta_{rh} \delta_{rh'} = 0$ が成り立つ R 個の半標本の組のことをいう.ただし δ_{rh} は,第 r 半標本に第 h 層の一番目の PSU が含まれていれば 1,そうでなければ -1 という値をとる変数である.

$$\delta_{rh} = \begin{cases} 1, & \text{第 } h \text{ 層の一番目の PSU が第 } r \text{ 半標本に含まれる場合} \\ -1, & \text{そうでない場合} \end{cases}$$
$$\tag{11.10}$$

さらに全ての層において $\sum_{r=1}^{R} \delta_{rh} = 0$ が成り立つとき,**完全に直交した平衡** (full orthogonal balance) という (Plackett and Burman, 1946). 平衡した半標本が完全に直交していれば以下が成り立つ.

$$\frac{1}{R} \sum_{r=1}^{R} \hat{\theta}^{(r)} = \hat{\theta} \tag{11.11}$$

なお完全に直交した平衡を得るには,R は層の数 H よりも大きな 4 の倍数とす

[*4] balanced half-sampling 法とも呼ばれる.

る必要がある (Westat, 2007).

各層の標本 PSU が 2 個のときには,線形化変数を用いる方法よりも,BRR 法の方が $\hat{V}(\hat{\theta})$ は安定する.ただし標本を半分にすることで,$\hat{\theta}$ によっては推定値を求められないことがある.そこで $0 < k \leq 1$ である k を用いて,半標本はウェイトを $(1+k)w_i$,残りの半標本は $(1-k)w_i$ とし,標本全体を用いて推定値を求める方法もある (Judkins, 1990). 通常の BRR 法は $k = 1$ である.なお,BRR 法は"復元抽出"であるので,特に母集団における各層の PSU の数 M_h が少ないと,非復元抽出法では $V(\hat{\theta})$ を過大推定することになる.

11.2.3 ジャックナイフ法

標本 s から抽出した副標本を用いて推定値を求めるのが副標本法であった.逆に標本からその一部を順に取り除き,残りを用いて推定値を求めるのが**ジャックナイフ法** (jackknife technique) である[*5] (Quenouille, 1949; 1956). 第 h 層の標本 PSU が m_h 個あるとき,ここから d_h 個の PSU を取り除いた $\sum_{h=1}^{H} m_h - d_h$ 個の PSU を用いて推定値を求めるのである.ただし第 h 層の PSU を取り除くとき,他の層の PSU は取り除かない.特に $d_h = 1$ を Delete-1 ジャックナイフ法という.

1) m_h 個の PSU から d_h 個を取り除くとき,組み合わせは全部で $_{m_h}C_{d_h} = m_h!/\{(m_h - d_h)!d_h!\}$ 通りとなる.m_h や d_h の値によっては組み合わせの数が膨大となる.そこでこれらの組み合わせの中から無作為に R_h 通りの組み合わせを選ぶ.Delete-1 ジャックナイフ法では m_h 通りの組み合わせしかないので,ふつう $R_h = m_h$ とする.

2) $R = \sum_{h=1}^{H} R_h$ 個の組み合わせのそれぞれに対応した以下のウェイト $w_i^{(h,r)}$ を求める.

$$w_i^{(h,r)} = \begin{cases} 0, & \text{第 } i \text{ 要素が取り除く PSU に含まれるとき} \\ w_i \dfrac{m_h}{m_h - d_h}, & \text{第 } i \text{ 要素が第 } h \text{ 層の取り除かない PSU に含まれるとき} \\ w_i, & \text{第 } i \text{ 要素が第 } h \text{ 層以外に含まれるとき} \end{cases}$$

(11.12)

[*5] 詳細は Shao and Tu (1995) を参照のこと.

w_i は抽出ウェイトである．上記の $w_i^{(h,r)}$ をジャックナイフ反復ウェイト (jackknife replicate weight) と呼ぶ．

3) ジャックナイフ反復ウェイト $w_i^{(h,r)}$ を用いて推定値 $\hat{\theta}^{(h,r)}$ を求める．

4) 次式で $\hat{\theta}$ の分散の推定値 $\hat{V}(\hat{\theta})$ を求める (StataCorp, 2007; Westat, 2007)．

$$\hat{V}(\hat{\theta}) = \sum_{h=1}^{H} (1 - f_{h,\mathrm{I}}) \frac{m_h - d_h}{R_h d_h} \sum_{r=1}^{R_h} \left(\hat{\theta}^{(h,r)} - \hat{\theta}^{(h,*)} \right)^2 \qquad (11.13)$$

ただし $\hat{\theta}^{(h,*)}$ は，$\hat{\theta}^{(h,1)}, \ldots, \hat{\theta}^{(h,R_h)}$ の平均あるいは $\hat{\theta}$ である．また $f_{h,\mathrm{I}} = m_h/M_h$ は第 h 層の PSU の抽出率であり，PSU を復元抽出したときには $f_{h,\mathrm{I}} = 0$ とすればよい．

ジャックナイフ法の利点は，R 通りのジャックナイフ反復ウェイト $w_i^{(h,r)}$ と乗数 $(1 - f_{h,\mathrm{I}})(m_h - d_h)/(R_h d_h)$ さえ計算しておけば，$V(\hat{\theta})$ の推定にあたって抽出単位や層に関する情報はもはや不要なことにある[*6]．したがって例えば抽出単位に関する情報を秘匿してデータを提供したい場合や，国際比較調査など様々なデザインが混在する調査でよく用いられる．なお母集団分位数 $Q_{y,q}$ の $V(\hat{Q}_{y,q})$ の推定には，Delete-1 ジャックナイフ法は不適当であることが知られている (Kover et al., 1988)．

11.2.4　ブートストラップ法

ブートストラップ法 (bootstrap technique) では，無作為な副標本を標本 s から R 個独立に抽出する (Efron, 1979)．Shao and Tu (1995) は，有限母集団から非復元抽出した標本にブートストラップ法を適用する方法として，復元ブートストラップ法 (McCarthy and Snowden, 1985)，リスケーリング・ブートストラップ法 (Rao and Wu, 1988)，ミラーマッチ・ブートストラップ法 (Sitter, 1992)，非復元ブートストラップ法 (Gross, 1980) の四つを紹介している[*7]．以下の方法はリスケーリング・ブートストラップ法の一種である (Rust and Rao, 1996)．

1) 以下の 2) と 3) を独立に R 回繰り返す．
2) 各層において独立に，m_h 個の標本 PSU から $m_h - 1$ 個の PSU を "復元" 単純無作為抽出する．

[*6]　ただし (11.13) 式の $\hat{\theta}^{(h,*)}$ としては $\hat{\theta}$ を用いるものとする．
[*7]　詳細は松田・伴・美添 (2000) を参照のこと．

3) 第 i 要素が第 h 層の第 a PSU に含まれるとき，ウェイトを次式として推定値 $\hat{\theta}^{(r)}$ を求める．

$$w_i^{(r)} = w_i \frac{m_h}{m_h - 1} d_{ha}^{(r)} \qquad (11.14)$$

ただし $d_{ha}^{(r)}$ は第 h 層の第 a PSU が重複して選ばれた回数である．復元抽出なので，同じ PSU が重複する可能性がある．

4) 分散の推定量は次式となる．

$$\hat{V}(\hat{\theta}) = \frac{1}{R-1} \sum_{r=1}^{R} \left(\hat{\theta}^{(r)} - \hat{\theta} \right)^2 \qquad (11.15)$$

11.2.5 一般化分散関数

標本調査の結果としては，母集団特性値 θ の推定値 $\hat{\theta}$ だけではなく，その分散の推定値 $\hat{V}(\hat{\theta})$ や標準誤差の推定値 $\widehat{SE}(\hat{\theta})$ なども必要である．しかしクロス表など多くの推定値があるとき，全ての $\hat{V}(\hat{\theta})$ を示すことは難しい．推定値だけを示す場合に比べ，必要な表示スペースが 2 倍になってしまうからである．また $\hat{V}(\hat{\theta})$ 自体が誤差を含む推定値である．各 $\hat{V}(\hat{\theta})$ の細かな値ではなく，大まかな傾向を知る方がよいこともある．

一般化分散関数 (generalized variance function; **GVF**) とは，推定値 $\hat{\theta}$ や標本サイズ n などと $\hat{V}(\hat{\theta})$ との関係を関数として表現したものである．GVF は調査者が作成し，調査結果とともに提供する．調査結果の利用者は，GVF を使うことで，$\hat{\theta}$ や n などから $\hat{V}(\hat{\theta})$ の大きさをざっと見積もることができる．また GVF が示されていると，同様の調査の標本設計にも役立つ．

GVF としては，例えば以下のようなモデルが使われる[*8]．

$$CV^2(\hat{\theta}) = \beta_0 + \beta_1/\hat{\theta} \qquad (11.16)$$

$$CV^2(\hat{\theta}) = (\beta_0 + \beta_1 \hat{\theta})^{-1} \qquad (11.17)$$

$$CV^2(\hat{\theta}) = \beta_0 + \beta_1/\hat{\theta} + \beta_2/\hat{\theta}^2 \qquad (11.18)$$

ただし $CV(\hat{\theta}) = SE(\hat{\theta})/E(\hat{\theta})$ は推定量の変動係数である．

[*8] その他のモデルや GVF の詳細は Valliant (1987) や Wolter (2007) を参照のこと．

11.3 区間推定

11.3.1 区間推定

第10章までは，母集団特性値 θ を一つの値 $\hat{\theta}$ で推定してきた．これに幅を持たせて推定するのが**区間推定** (interval estimation) である (1.3.5節)．一般に θ に関する**信頼水準** $1-\alpha$ の**信頼区間**は，推定値 $\hat{\theta}$ とその分散の推定値 $\hat{V}(\hat{\theta})$ を用いて次式とすればよい．

$$\left(\hat{\theta} - t_{\alpha/2,\nu} \sqrt{\hat{V}(\hat{\theta})} \,,\, \hat{\theta} + t_{\alpha/2,\nu} \sqrt{\hat{V}(\hat{\theta})} \right) \tag{11.19}$$

$t_{\alpha/2,\nu}$ は自由度 ν の t 分布の上側 $100\alpha/2\%$ 点である．自由度 ν は分散の推定量 $\hat{V}(\hat{\theta})$ の自由度であり，$\hat{V}(\hat{\theta})$ がどのくらいの量のデータを用いて推定されたかによって決まる．具体的には次の 11.3.2 節で説明する．自由度 ν が十分に大きいときには，t 分布の $t_{\alpha/2,\nu}$ の代わりに正規分布の上側 $100\alpha/2\%$ 点 $z_{\alpha/2}$ を用いてもよい．

母集団特性値 θ が母集団割合 p_y のときには，(11.19) 式を用いることも多いが，他に以下の方法もある．まず，復元単純無作為抽出法のときには $(\hat{p}_y - p_y)^2 \leq t_{\alpha/2,\nu}^2 p_y(1-p_y)/n$ を解いて，信頼区間の下限 $L_{\hat{p}_y}$ と上限 $U_{\hat{p}_y}$ を次式で求める方法がある (Wilson, 1927; 竹村, 1991)．

$$L_{\hat{p}_y} \text{ or } U_{\hat{p}_y} = \frac{2n\hat{p}_y + t_{\alpha/2,\nu}^2 \pm t_{\alpha/2,\nu}\sqrt{4n\hat{p}_y(1-\hat{p}_y) + t_{\alpha/2,\nu}^2}}{2(n + t_{\alpha/2,\nu}^2)} \tag{11.20}$$

また $\hat{p}_y$ が 0 または 1 に近いと，(11.19) 式の信頼区間は 0 を下回ったり，1 を上回ったりする．そこで，まず母集団割合 p_y のロジット変換 $\theta = \log\{p_y/(1-p_y)\}$ の信頼区間を求める．

$$L_{\hat{\theta}} \text{ or } U_{\hat{\theta}} = \log\left(\frac{\hat{p}_y}{1-\hat{p}_y}\right) \pm t_{\alpha/2,\nu} \frac{1}{\hat{p}_y(1-\hat{p}_y)} \sqrt{\hat{V}(\hat{p}_y)} \tag{11.21}$$

次にこれを逆変換することで元の割合の単位に戻す方法もある (Thomas, 1989)．

$$\left(\frac{\exp(L_{\hat{\theta}})}{1+\exp(L_{\hat{\theta}})} \,,\, \frac{\exp(U_{\hat{\theta}})}{1+\exp(U_{\hat{\theta}})} \right) \tag{11.22}$$

$\hat{p}_y$ が 0 に近いときの他の方法は，Korn and Graubard (1998; 1999, p.64–68) を参照のこと．

11.3.2 分散の自由度

$V(\hat{\theta})$ の推定に線形化変数 z_i を用いたときには，t 分布の自由度 ν として次式を用いることが多い (Korn and Graubard, 1990).

$$\nu = \sum_{h=1}^{H}(m_h - 1) = 標本 PSU 総数 - 一段目の層の数 \quad (11.23)$$

ただし m_h $(h = 1,\ldots,H)$ は第 h 層の標本 PSU の数である．層化をしない単純無作為抽出法では，標本 PSU 総数は標本サイズ n なので，$\nu = n-1$ となる．層化二段抽出法では $\nu = \sum_{h=1}^{H} m_h - H$ である．自由度 ν の大きさとは，推定値である $\hat{V}(\hat{\theta})$ の安定度を表すものと考えればよい．つまり標本として多数の PSU を選ぶと，推定量の分散 $V(\hat{\theta})$ が小さくなるばかりでなく，その推定値 $\hat{V}(\hat{\theta})$ が安定するため $t_{\alpha/2,\,\nu}$ の値も小さくなり，信頼区間の幅は狭まる．

また層化抽出法において，層の間で分散が大きく異なるときには，**Satterthwaite の方法** (12.4 節) を用いて自由度を次式とする．

$$\nu_s = \left(\sum_{h=1}^{H} \hat{V}(\hat{\theta}_h)\right)^2 \bigg/ \sum_{h=1}^{H} \frac{1}{m_h - 1}\left(\hat{V}(\hat{\theta}_h)\right)^2 \quad (11.24)$$

一般に $\nu_s \leq \nu$ である．つまり分布が歪んでいるときには自由度を小さくし，大きな $t_{\alpha/2,\,\nu_s}$ の値を用いる．なお $\hat{V}(\hat{\theta}_1) = \cdots = \hat{V}(\hat{\theta}_H)$ かつ $m_1 = \cdots = m_H$ のときには $\nu_s = \nu$ となる．

$V(\hat{\theta})$ の推定に BRR 法やジャックナイフ法，ブートストラップ法を用いたときには，反復数 R を用いて $\nu = R-1$ とする．ただしこの値が (11.23) 式の値より大きいときには，ν として (11.23) 式を用いる．

例題 11.3 母集団平均の信頼区間

表 11.2 に示す $n = 120$ 人の標本を用いて，高校生のテスト得点 y の母集団平均 μ_y の 95% 信頼区間を求めてみよう．標本は 8.3.2 節の例題 8.4 に示す $N = 800$ 人の母集団から，学校を抽出単位として $m = 3$ 校を非復元単純無作為集落抽出したものである．母集団における学校数は $M = 20$ 校であり，各校の在籍数は

表 11.2 単純無作為集落抽出標本

学校 a	7	14	19	標本総計
テスト得点総計 $\tau_{y,a}$	1,874	2,349	2,487	6,710
在籍数 N_a	40	40	40	$n = 120$
抽出ウェイト w_a	20/3	20/3	20/3	20

11.3 区間推定

$N_a = 40$ 人である．表 11.2 のテスト得点総計 $\tau_{y,a}$ は学校内の 40 人のテスト得点総計である．なお $n = 120$ 人のテスト得点の標本平均は $\bar{y} = 55.9$ であり，標本分散は $S_y^2 = 11.69^2$ である．

まず母集団平均 μ_y の推定値は次式となる．

$$\hat{\mu}_{y,\mathrm{N}} = \frac{\hat{\tau}_y}{\hat{N}} = \bar{y} = 55.9 \tag{11.25}$$

また $V(\hat{\mu}_{y,\mathrm{N}})$ の推定値は，集落抽出法であるので次式となる．

$$\hat{V}(\hat{\mu}_{y,\mathrm{N}}) \approx \left(1 - \frac{m}{M}\right) \frac{m}{m-1} \sum_{s_\mathrm{I}} w_a^2 z_a^2 = 4.28^2 \tag{11.26}$$

ただし $z_a = (\tau_{y,a} - \hat{\mu}_{y,\mathrm{N}} N_a)/\hat{N}$ である．自由度 $\nu = m - 1 = 2$ の t 分布を利用すると，$t_{.025,2} = 4.30$ なので，μ_y の 95% 信頼区間として次式が得られる．

$$\hat{\mu}_{y,\mathrm{N}} \pm t_{.025,m-1}\sqrt{\hat{V}(\hat{\mu}_{y,\mathrm{N}})} = 55.9 \pm 4.30 \times 4.28 = 55.9 \pm 18.4 \tag{11.27}$$

仮に標本を復元単純無作為抽出していたのであれば，$t_{.025,119} = 1.98$ を用いて信頼区間は以下となる．

$$\bar{y} \pm t_{.025,n-1}\frac{S_y}{\sqrt{n}} = 55.9 \pm 1.98 \times \frac{11.69}{\sqrt{120}} = 55.9 \pm 2.1 \tag{11.28}$$

集落抽出法という標本抽出デザインを考慮すると信頼区間が拡大するのは，級内相関係数 ρ が正であり，デザイン効果が 1 より大きいためである．

$$\mathrm{deft}^2 = \frac{\hat{V}(\hat{\mu}_{y,\mathrm{N}})}{S_y^2/n} = \frac{4.28^2}{1.07^2} = 4.0^2 \tag{11.29}$$

また t 分布の自由度 ν として，標本サイズ n から求めた $n-1 = 119$ ではなく，抽出した集落の数 m から求めた $m - 1 = 2$ を用いるためでもある．

例題 11.4　母集団割合の信頼区間

次に表 11.3 の標本を用いて，男子の母集団割合 p_y の信頼区間を求めてみよう．標本は表 11.2 と同じ学校である．

表 11.3　単純無作為集落抽出標本

学校 a	7	14	19	標本総計
男子人数 $\tau_{y,a}$	21	20	21	62
在籍数 N_a	40	40	40	$n = 120$
抽出ウェイト w_a	20/3	20/3	20/3	20

まず母集団割合 p_y の推定値は次式となる.
$$\hat{p}_{y,\mathrm{N}} = \frac{\hat{\tau}_y}{\hat{N}} = \frac{413.3}{800} = 0.517 \tag{11.30}$$
例題 11.3 と同様に線形化変数を用いると, $\hat{V}(\hat{p}_{y,\mathrm{N}}) = 0.00768^2$ が得られるので, 95% 信頼区間は次式となる.
$$\hat{p}_{y,\mathrm{N}} \pm t_{.025, m-1}\sqrt{\hat{V}(\hat{p}_{y,\mathrm{N}})} = 0.517 \pm 0.033 \tag{11.31}$$
仮に復元単純無作為抽出法であれば, 95% 信頼区間は次式となる.
$$\hat{p}_{y,\mathrm{N}} \pm t_{.025, n-1}\sqrt{\frac{\hat{p}_{y,\mathrm{N}}(1 - \hat{p}_{y,\mathrm{N}})}{n}} = 0.517 \pm 0.090 \tag{11.32}$$
つまり集落抽出法の方が単純無作為抽出法よりも信頼区間が短い. これはどの学校も男女比がほぼ半々であり, デザイン効果が 1 より小さいためである (例題 8.4). 一般には集落抽出法のデザイン効果は 1 より大きく, 母集団割合 p_y についても信頼区間は単純無作為抽出法のときより広くなる.

11.4 非標本誤差

11.4.1 非標本誤差

標本調査の結果には**標本誤差**と**非標本誤差**が含まれる (1.3.2 節). ここまでは推定量の分散 $V(\hat{\theta})$ という形で標本誤差の方だけを扱ってきた. この節では非標本誤差を取り上げ, どのような誤差があるのかを見ていく[*9].

まず**枠**に起因する誤差がある (1.2.2 節). 例えば最新の情報に基づく枠を用意できなかったり, 枠への掲載漏れによって一部の要素は標本となり得なかったりすることがある.

また**無回答** (nonresponse) も非標本誤差の一つである. 調査ではふつう標本の一部は調べることができない. 調査対象までたどり着けなかったり, 調査への協力を拒否されたりするためである. パネル調査で, 調査を繰り返すたびに標本が欠落し無回答が増えていくことは**脱落**あるいは**摩耗** (attrition) という. また調査への協力は得られても, 記入漏れや記入拒否などによって一部の変数が無回答となることがある. 本書では要素単位の無回答 (**unit nonresponse**) を未回収と

[*9] 詳細は Groves (1989), Lessler and Kalsbeek (1992), Federal Committee on Statistical Methodology (2001), Biemer and Lyberg (2003) を参照のこと.

呼び，変数単位の無回答 (**item nonresponse**) を**無記入**と呼ぶ．無回答の影響や対処法については 11.5 節で詳しく見ていく．

仮にデータが得られとしても，そのデータには**測定誤差** (measurement error) が含まれることがある[*10]．本来の正しい値 y_i とは異なる値が記録されてしまうことによる誤差である．例えば一般に回答者は社会的に望ましい回答をする傾向がある．また意図的ではなくとも調査者が回答を誘導してしまうこともある．全ての調査対象が同一の調査項目を同じように解釈するとは限らないし，回答者によっては調査項目の意味を誤解したり，記憶違いによる回答ミスをしたりすることもある．回答者が回答内容をよく吟味せずに答えてしまうことを **satisficing**[*11]といい (Krosnick and Schuman, 1988)，出来事があった時期を実際よりも最近のことと勘違いしてしまうことを **telescoping**[*12]という．毎月の出来事を四半期ごとにパネル調査すると，telescoping によって結果が周期性を持つ．これを**継目効果** (seam effect) と呼ぶ (Callegaro, 2008)．**文脈効果** (context effect) とは，回答者が調査項目や回答選択肢の並び順の影響を受けてしまうことをいう．特に最初の方の選択肢ほど選ばれやすいことを**初頭効果** (primacy effect) といい，その逆を**新近効果** (recency effect) という．一般には初頭効果が見られるが，必ずしも常にそうとは限らない．自由回答法と選択肢回答法とでは，質問内容が同じであっても回答が異なることは多いし，回答選択肢の表現が変われば結果も変わる．回答者が自ら回答を記入する**自記式調査法** (self-administered survey) か，調査員による**調査員調査法** (interviewer-administered survey) かによって回答が異なることもある．

さらにデータの入力ミスや集計ミスなど，データ処理に起因する非標本誤差 (processing error) もある．

一般に標本誤差は標本サイズが大きくなるとともに縮小するのに対し，非標本誤差は標本サイズを大きくしても小さくなるとは限らない．全数調査においても非標本誤差は生じ得るし，むしろ標本サイズが大きくなるほど管理が行き届かなくなるなど，調査実施に伴う非標本誤差は拡大するおそれもある．どのような非

[*10] 詳細は Payne (1951), Schuman and Presser (1981), Sudman et al. (1996), Tourangeau et al. (2000) を参照のこと．
[*11] 必要最低限の成果で満足するの意である．
[*12] 望遠鏡の意である．

標本誤差が存在するのかをよく理解し、それらを最小限にとどめるような調査の実施方法を工夫することが重要である。例えば測定誤差の少ない調査票を作成するには**予備調査** (pilot study) が不可欠である。**split-ballot** とは、二種類の調査票の間で例えば選択肢の順序を替えて、その影響を調べる方法である。さらにWeb 調査では選択肢を無作為に並び替えて提示し、選択肢の順序の影響を排除しようとすることがある。

11.4.2　間接質問法

非常に私的な内容や違法行為の経験の有無など、正直な回答をためらう調査項目については、通常の**直接質問法** (direct questioning technique) ではなく、**無作為化回答法** (randomized response technique) や **Item Count 法**[*13)] (item count technique) といった**間接質問法** (indirect questioning technique) を用いることも選択肢の一つである。回答方法を工夫することで各人の情報を秘匿し、より正直な回答を得ようとするのである。

例として、飲酒運転をしたことがある人の割合 p_y を調べたいものとする[*14)]。このとき無作為化回答法の手順は以下のとおりである (Warner, 1965)。

1) 回答選択肢が異なる質問項目のセットを二つ用意する。
   質問項目 1：あなたは飲酒運転をしたことがありますか。
   　　ア) はい、あります　　イ) いいえ、ありません
   質問項目 2：あなたは飲酒運転をしたことがありますか。
   　　ア) いいえ、ありません　　イ) はい、あります
2) 各回答者が答える質問項目を無作為に決めてもらう。ただし質問項目 1 が選ばれる確率を a とする。例えば、調査員の見えないところでサイコロを振ってもらい、1 か 2 の目が出たら質問項目 1、その他の目が出たら質問項目 2 に答えてもらうことにすれば $a = 2/6$ である。
3) 割り当てられた質問項目に対し、アまたはイという選択肢の記号で回答してもらう。どちらの質問項目が選ばれたのか調査員には分からないため、各回答者の飲酒運転の経験の有無も秘匿される。

[*13)]　Unmatched Count 法と呼ばれることもある。
[*14)]　飲酒運転は違法行為であり、それを容認しているわけではない。

選択肢アと回答する人の割合を $p_ア$ とすると，$p_ア = ap_y + (1-a)(1-p_y)$ であるので，目的とする p_y は次式で推定できる．

$$\hat{p}_y = \frac{a - 1 + \hat{p}_ア}{2a - 1} \tag{11.33}$$

また $\hat{p}_y$ の分散は次式となる．

$$V(\hat{p}_y) = \frac{1}{(2a-1)^2} V(\hat{p}_ア)$$
$$= \frac{N-n}{N-1} \frac{p_y(1-p_y)}{n} + \frac{N-n}{N-1} \frac{a(1-a)}{n(2a-1)^2} \tag{11.34}$$

ただし二つ目の等号は非復元単純無作為抽出法の場合である．第1項は直接質問法を用いたときの分散成分であり，第2項は無作為化回答法を用いることによる分散の増加分となる．

次に，Item Count 法の手順は以下のとおりである (Droitcour et al., 1991).

1) 次の二つの項目リスト A と B を用意する．

A (短リスト)	B (長リスト)
・選挙で棄権したことがある	・選挙で棄権したことがある
・外国に住んでいたことがある	・外国に住んでいたことがある
・携帯電話を 2 台以上持っている	・携帯電話を 2 台以上持っている
・自宅に体脂肪計がある	・自宅に体脂肪計がある
	・飲酒運転をしたことがある

2) 二つの標本 A と B を独立に抽出し，各群に対応する項目リストを割り当てる．
3) どちらの群も，割り当てられた項目リストのなかで「当てはまる項目数」だけを回答してもらう．該当する項目を特定してもらう必要がないので，飲酒運転の経験の有無は基本的に秘匿される．

A 群における当てはまる項目数の平均の推定量を $\hat{\mu}_x$ とし，B 群におけるそれを $\hat{\mu}_z$ とすると，目的とする p_y は次式で推定できる．

$$\hat{p}_y = \hat{\mu}_z - \hat{\mu}_x \tag{11.35}$$

また $\hat{p}_y$ の分散は $V(\hat{p}_y) = V(\hat{\mu}_z) + V(\hat{\mu}_x)$ となる．一般に Item Count 法による $V(\hat{p}_y)$ は，直接質問法による推定量の分散よりもかなり大きくなる．そのため Item Count 法を用いるには十分に大きな標本を用いる必要がある．また「当ては

まる項目数」という回答方法に起因する測定誤差にも注意が必要である (Tsuchiya et al., 2007; 土屋・平井・小野, 2007).

11.5 無　回　答

11.5.1 無回答の影響

無回答が推定値に与える影響は主に二つある．第一は回答標本サイズの縮小にともない，推定量の分散が拡大することである．一般に標本サイズが小さいほど，推定量の分散は大きくなる．

第二は推定値に偏りが生じるおそれがあることである．ここでは無回答が生じるメカニズムとして図 11.5 を考える．サイズ N の母集団は，調査をすれば回答となる層 U_r と，無回答となる層 U_n とから成る．各層のサイズを N_r と N_n とする．サイズ n の抽出標本 s には，U_r からの標本 s_r と U_n からの標本 s_n とが含まれる．このうち回答標本 s_r の回答だけが得られる．これを**無回答に対する決定論的な考え方** (deterministic view of nonresponse) という．

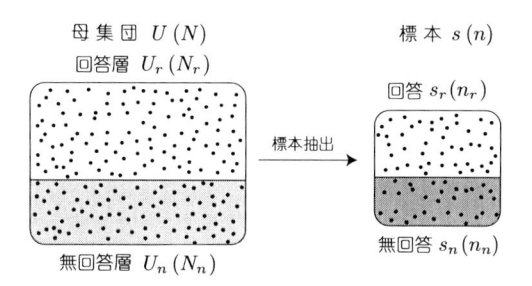

図 11.5　回答層と無回答層

抽出ウェイト w_i は抽出標本 s 全体を用いて計算する (2.3.2 節)．そのため回答標本 s_r だけの抽出ウェイト総計 $\sum_{s_r} w_i$ は，明らかに母集団サイズ N を過小推定する．$\sum_{s_r} w_i y_i$ も τ_y を過小推定することになる．

過小分を補うため，次式のように**回答率**あるいは**回収率**[*15)] (response rate)

[*15)] 回答率の定義は目的等に応じて異なる．詳細は The American Association for Public Opinion Research (2008) を参照のこと．

n_r/n の逆数を乗じることにしよう.

$$\hat{\tau}_{y,\text{RES}} = \frac{n}{n_r} \sum_{s_r} w_i y_i \qquad (11.36)$$

n_r は回答標本 s_r のサイズである. 単純無作為抽出法であれば, $\hat{\tau}_{y,\text{RES}}$ の期待値は $E(\hat{\tau}_{y,\text{RES}}) = N/N_r \tau_{y,r} = N\mu_{y,r}$ となり, その偏りは次式となる.

$$B(\hat{\tau}_{y,\text{RES}}) = \frac{N}{N_r}\tau_{y,r} - (\tau_{y,r} + \tau_{y,n}) = N_n(\mu_{y,r} - \mu_{y,n}) \qquad (11.37)$$

ただし $\tau_{y,r}$ と $\tau_{y,n}$ はそれぞれ回答層 U_r と無回答層 U_n の部分母集団総計であり, $\mu_{y,r}$ と $\mu_{y,n}$ は部分母集団平均である. つまり無回答による偏りは無回答層のサイズ N_n が大きいほど, また回答層と無回答層の間の部分母集団平均の差 $\mu_{y,r} - \mu_{y,n}$ が大きいほど大きくなる. 仮に $\mu_{y,r} = \mu_{y,n}$ であれば, 無回答層 N_n が大きくとも推定量に偏りは生じない. しかし一般には $\mu_{y,r} \neq \mu_{y,n}$ と考えられ, 回答率が偏りの程度を表す一つの指標として用いられることが多い.

したがって推定量の信頼区間を考えるときには, 無回答による偏りを考慮し, 区間幅をより広めに設定する必要がある (Konijn, 1973; 多賀, 1976; Cochran, 1977). 例えばサイズ n の単純無作為抽出標本 s のうち, サイズ n_r の標本 s_r から回答が得られたとしよう. 回答率は n_r/n である. 回答標本 s_r を回答層からの単純無作為抽出標本と考えれば, 母集団が十分に大きいとき, 回答層における割合 $p_{y,r}$ の 95% 信頼区間は次式となる (11.3.1 節).

$$L_{\hat{p}_{y,r}} \text{ or } U_{\hat{p}_{y,r}} = \frac{n_r \hat{p}_{y,r} + 2}{n_r + 4} \pm 2 \frac{\sqrt{n_r \hat{p}_{y,r}(1-\hat{p}_{y,r}) + 1}}{n_r + 4} \qquad (11.38)$$

ただし $\hat{p}_{y,r} = n_r^{-1} \sum_{s_r} y_i$ であり, $t_{\alpha/2,\nu} = 2$ とした. 図 11.6 の太線部分は, $n = 3{,}000$ としたときの各回答率に対応した信頼区間である. 回答率 10% では, $n_r = 300$ となる.

ここで無回答層が全て $y_i = 0$ あるいは全て $y_i = 1$ という極端な場合を考えよう. 母集団全体における割合の推定量は $\hat{p}_y = n_r/n \hat{p}_{y,r} + n^{-1} \sum_{s_n} y_i$ なので, p_y の信頼区間は次式のように広げる必要がある.

$$\left(\frac{n_r}{n} L_{\hat{p}_{y,r}}, \quad \frac{n_r}{n} U_{\hat{p}_{y,r}} + \frac{n_n}{n} \right) \qquad (11.39)$$

ただし n_n は無回答標本 s_n のサイズであり, (11.39) 式の下限は無回答層が全て $y_i = 0$ のとき, 上限は $y_i = 1$ のときである. この信頼区間を図 11.6 の点線部分で示す. 現実には全てが $y_i = 0$ あるいは 1 というのは極端である. (11.39)

式の信頼区間では信頼水準が $1-\alpha$ より大きくなってしまう．しかし推定量に対する無回答の影響の大きさは，この例からも分かろう．

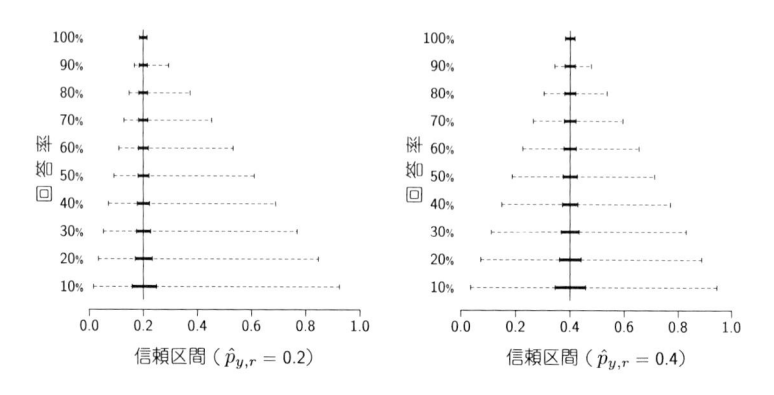

図 11.6 無回答があるときの信頼区間

無回答への対処は，調査実施方法を工夫することで無回答を減らすことが先決であり，最も効果的である．その上で，回答標本のウェイトを調整する方法と，無回答標本に値を代入する方法との大きく二つの対処法がある (Kalton and Kasprzyk, 1986)．前者は主に未回収への対処法である．無記入の補正に用いると，変数ごとにウェイトを変える必要があるからである．後者は主に無記入への対処法であるが，未回収に対して用いることもある．特に例えば大企業など，推定値への影響が大きい要素が未回収となったときには，様々な補助情報を活用して個々の代入値を求めることも多い．以下ではこの二つに再調査を加えた三つの考え方を紹介する[16]．

11.5.2 再　調　査

再調査 (callback) は無回答の一部をさらに調査し，回答を得ることで推定量の偏りを改善する方法である (Hansen and Hurwitz, 1946)．**二相抽出法**の枠組みで考えよう．まず母集団から確率抽出した標本に対して調査を実施したところ，回答層と無回答層が生じたとする．これを二相抽出法における第一相抽出標本 s_{I}

---

[16] 詳細は Madow et al. (1983), Oh and Scheuren (1983), Little and Rubin (2002), Groves et al. (2002), 岩崎 (2002), Särndal and Lundström (2005) を参照のこと．

11.5 無 回 答

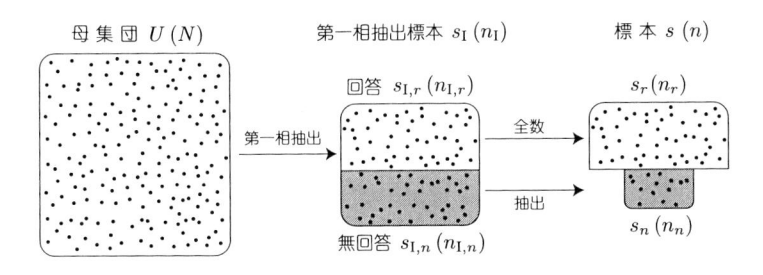

図 11.7 再調査

の二つの層 $s_{I,r}$ と $s_{I,n}$ とみなす．回答層と無回答層のサイズをそれぞれ $n_{I,r}$ と $n_{I,n}$ とする．

次に無回答層からサイズ n_n の第二相標本 s_n を非復元単純無作為抽出し，再調査する．この第二相標本 s_n は，サイズを n_n に限定する代わりに，調査モードを替えるなどあらゆる手段を講じ，多くの労力を割くことで全て回答を得られるものとする．回答層 $s_{I,r}$ については，サイズ $n_r = n_{I,r}$ の第二相標本 s_r を全数抽出したものと考える．

一相目の抽出ウェイトを $w_{I,i}$ とする．二相目の抽出ウェイトは，回答層 s_r は $w_{II,i|I} = 1$ であり，無回答層における回答標本 s_n は $w_{II,i|I} = n_{I,n}/n_n$ である．これらを用いた次式は母集団総計 τ_y の不偏推定量となる．

$$\hat{\tau}_y = \sum_{s_r} w_{I,i} y_i + \sum_{s_n} w_{I,i} \frac{n_{I,n}}{n_n} y_i \tag{11.40}$$

仮に一相目の抽出が非復元単純無作為抽出法であれば，$V(\hat{\tau}_y)$ の推定量は (10.12) 式を用いればよい．

再調査の考え方を利用するには，無回答層から抽出した第二相標本の回答を全て得られることが前提である．また第二相標本の回答を得るために調査モードを替えたときには，その影響も考慮しなければならない．

11.5.3 回 答 確 率

ウェイトを調整する方法には，回答確率を用いる方法とキャリブレーション推定量を用いる方法の主に二つがある．以下は，まず前者である．

図 11.5 では，回答層と無回答層は固定したものと考えた．無回答層の要素は必ず無回答になるという考え方である．しかし各要素の回答・無回答は確率的に

決まると考える方がより実態に即していよう．普段であれば回答する人も，時には都合が悪く無回答となることがある．これを**無回答に対する確率的な考え方** (stochastic view of nonresponse) という．具体的には，標本 s が選ばれたとき，第 i 要素が回答する確率を $\phi_i = \Pr(第 i 要素が回答 |s)$ とする．この ϕ_i を**回答確率** (response probability) と呼ぶ．当然 $0 \leq \phi_i \leq 1$ である．

確率的な考え方の下では，(11.37) 式に対応する推定量の偏りは

$$B(\hat{\tau}_{y,\text{RES}}) \approx N\frac{\sigma_{y\phi}}{\mu_\phi} \tag{11.41}$$

と近似できる (Bethlehem, 2002)．ただし $\sigma_{y\phi}$ は目的とする変数 y_i と回答確率 ϕ_i の母集団共分散であり，μ_ϕ は回答確率の母集団平均である．つまり回答確率 ϕ_i と変数 y_i との相関が高いほど，また回答確率が低いほど偏りは大きくなる．逆に ϕ_i と y_i の相関が低ければ，低い回答率でも偏りは生じない．

回答確率も**二相抽出法**の枠組みで扱えばよい．母集団からの標本抽出が一相目の抽出に相当する．一相目の抽出ウェイトを w_i とする．調査の結果回答となる要素は，第一相標本から包含確率を ϕ_i とした **Poisson 抽出法**で選ばれた第二相標本と考える．二相目の抽出ウェイトは $1/\phi_i$ となる．母集団の全要素が $\phi_i > 0$ のとき，回答標本 s_r に基づく次式は τ_y の不偏推定量となる．

$$\hat{\tau}_{y,\text{RES}} = \sum_{s_r} w_i \frac{1}{\phi_i} y_i \tag{11.42}$$

つまり $1/\phi_i$ を乗じることで抽出ウェイト w_i を調整する．

現実には，絶対に回答はしないという $\phi_i = 0$ の要素が存在すると考えられ，不偏推定量を得ることは難しい．さらに回答確率 ϕ_i はふつう知られていない．(11.42) 式を利用するには，まず回答標本の ϕ_i の推定が必要である．以下では二つの方法を紹介する．

第一は Hartley (1946) あるいは Politz and Simmons (1949) による方法である．個人を対象とした調査において接触のしやすさを ϕ_i とする．具体的には，調査日を含めた最近 6 日間のうち，調査を行った時間帯に対象者が在宅していた日数 x_i を尋ね，$\phi_i = x_i/6$ とする．たまたま当日のみ在宅していたのであれば，回答確率は $\phi_i = 1/6$ と小さい．毎日在宅していれば $\phi_i = 6/6$ と必ず回答となる．

第二の方法では，**回答等質群**[17] (response homogeneity group) というモデ

---

[17] "回答" が同じという意味ではない．weighting (adjustment) class ということもある．

ルを想定する．回答等質群とは回答確率 ϕ_i が等しい要素のグループである．回答となる要素は，各回答等質群内で **Bernoulli 抽出法**により選ばれたものと考える．

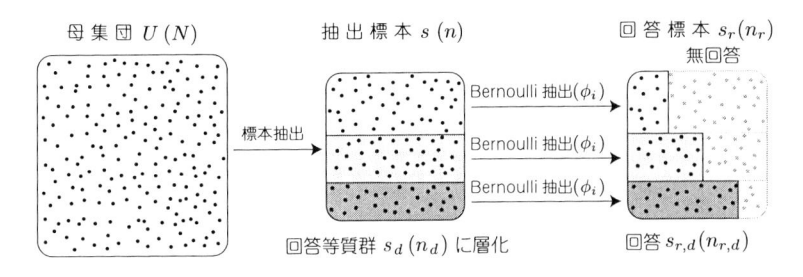

図 **11.8** 回答等質群

このモデルのもとでは，回答確率の推定量 $\hat{\phi}_i$ は，その要素が属す回答等質群 s_d の回答率 $\hat{\lambda}_d = n_{r,d}/n_d$ となる[*18]．

$$\hat{\tau}_{y,\text{RES}} = \sum_{d=1}^{D} \sum_{s_{r,d}} w_i \frac{1}{\hat{\lambda}_d} y_i = \sum_{d=1}^{D} \sum_{s_{r,d}} w_i \frac{n_d}{n_{r,d}} y_i \qquad (11.43)$$

ただし n_d は抽出標本における回答等質群 s_d のサイズであり，$n_{r,d}$ は s_d のうちの回答群 $s_{r,d}$ のサイズである．Politz-Simmons 法は在宅日数で層化し，論理的に ϕ_i を推定していたことになる．

なお ϕ_i が小さな回答等質群では回答標本のサイズ $n_{r,d}$ も小さく，標本誤差が大きくなりやすい．そこで w_i を一定とした**自己加重標本**を抽出する代わりに，予想される回答率 $n_{r,d}/n_d$ の逆数に w_i を比例させ，$w_i n_d/n_{r,d}$ がなるべく一定となるように標本を抽出しておくこともある．例えば回答率が低い若年男性を多めに抽出しておくのである[*19]．

この第二の方法の要は明らかに回答等質群の設定にある．抽出標本 s 全体が一つの回答等質群であれば，回答確率 ϕ_i の推定量は全体の回答率 n_r/n となり，(11.43) 式は (11.36) 式となる．あるいは各年齢層が回答等質群であれば，年齢

[*18] Little and Vartivarian (2003) は単純な回答率 $n_{r,d}/n_d$ と抽出ウェイトを用いた回答率 $\sum_{s_{r,d}} w_i / \sum_{s_d} w_i$ とをシミュレーションによって比較し，回答確率の推定量 $\hat{\phi}_i$ としては前者の方がよいとしている．

[*19] ただし全体の回答率は，必要に応じて $\sum_{s_r} w_i / \sum_s w_i$ などとする．

層ごとの回答率が $\hat{\phi}_i$ となる．しかしいずれの仮定も現実には単純過ぎよう．同じ 20 歳代の中でも回答となりやすい人もいれば，そうでない人もいる．回答等質群への層化には学歴や職業，在宅日数など他の補助変数も取り入れたい．ところが複数の補助変数 $x_{(1)}, \ldots, x_{(K)}$ の組み合わせで回答等質群に層化すると，組み合わせの数が増える．その分各群のサイズは小さくなり，回答率 $\hat{\lambda}_d$ は不安定となる．

この問題は**傾向スコア** (propensity score) の概念を用いることと，無回答の種類を整理することで論じやすくなる．まず傾向スコアとは，補助変数値 $\boldsymbol{x}_i$ に応じた回答の確率 $\lambda_i = \Pr(\text{第 } i \text{ 要素が回答}|\boldsymbol{x}_i)$ である (Rosenbaum and Rubin, 1983)．$\boldsymbol{x}_i$ が同じ要素の間では傾向スコアの値も等しい．例えば補助変数を年齢層のみとすれば，20 歳代の人たちの回答確率 ϕ_i の平均が，20 歳代の傾向スコア λ_i である．逆に傾向スコアの値 λ_i が同じでも，補助変数の値 $\boldsymbol{x}_i$ は異なり得る．20 歳代と 30 歳代の間で傾向スコアは等しい可能性がある．傾向スコアとは，補助変数 $x_{i(1)}, \ldots, x_{i(K)}$ が複数であっても，それらの情報を回答確率という観点から一つの値 λ_i に凝縮し，まとめたものといえる．この λ_i の値は，例えば次式のロジットモデルやプロビットモデルなどを抽出標本の回答・無回答に当てはめ，推定することが多い．

$$\log \frac{\lambda_i}{1 - \lambda_i} = \beta_1 x_{i(1)} + \cdots + \beta_K x_{i(K)} = \boldsymbol{x}_i' \boldsymbol{\beta} \tag{11.44}$$

あるいは**分類樹木** (classification tree; Breiman et al., 1984) を用いることもある．λ_i を推定するこれらの手法は同時に，回答等質群への層化変数の選択にも利用される．なお補助変数が年齢層など一つだけのときには，(11.44) 式による傾向スコアの推定量は年齢層ごとの回答率 $n_{r,d}/n_d$ となる．

次に，無回答は大きく三つに分類できる (Little and Rubin, 2002)．第一の完全に無作為な無回答 (missing completely at random; MCAR) では，回答確率 ϕ_i は目的とする変数 y_i と補助変数 $\boldsymbol{x}_i$ の両方と独立である．そもそも (11.36) 式は偏りを持たず，回答等質群に層化する必要がない．

第二の無作為な無回答 (missing at random; MAR) あるいは無視できる (ignorable) 無回答では，補助変数値 $\boldsymbol{x}_i$ だけに応じて回答確率 ϕ_i が決まる．そのため補助変数を組み合わせれば，標本を回答等質群に層化できる．組み合わせの数が多くなるときは，(11.44) 式などを用いて傾向スコア λ_i を推定し，$\hat{\lambda}_i$ の値

がほぼ等しい要素を一つの回答等質群としてまとめればよい (Little, 1986). 回答確率がほぼ等しい群が得られる. 無作為な無回答では, 補助変数値から定まる傾向スコア λ_i は回答確率 ϕ_i に一致するからである. あるいは回答等質群に層化せず, 推定した $\hat{\lambda}_i$ を (11.42) 式の回答確率 ϕ_i の推定値として直接用いることもある. λ_i を (11.44) 式で推定していれば, (11.42) 式は次式となる.

$$\hat{\tau}_{y,\text{RES}} = \sum_{s_r} w_i \frac{1 + \exp(x_i'\hat{\beta})}{\exp(x_i'\hat{\beta})} y_i \qquad (11.45)$$

第三の無視できない (nonignorable) 無回答では, 補助変数以外の要因も回答確率 ϕ_i に影響する. 補助変数値 x_i が同じ要素の間でも ϕ_i は異なる. そのため補助変数だけでは標本を回答等質群に層化できない. 傾向スコア λ_i を用いても不可能である. 補助変数の情報をまとめただけの λ_i は, ϕ_i とは一致しないからである.

回答等質群のモデルは二番目の無作為な無回答を前提としている. 回答等質群への層化は補助変数を使って行うからである. しかし現実には入手できる補助変数の内容や数は限られている. 無回答は無視できないことが多い. このとき回答等質群のモデルを用いて ϕ_i を推定すると, (11.42) 式の推定量 $\hat{\tau}_{y,\text{RES}}$ の偏りはかえって大きくなることもある. 無回答が無作為に近いとみなしてよいのか, あるいは無視できないのか慎重な判断が求められる. ただしその見極めは非常に難しい.

11.5.4 キャリブレーション

前節の回答等質群は一種の事後層とみなすこともできる. そこで仮に各回答等質群の母集団総計 $\tau_{x,d}$ が知られていれば, これを利用してウェイト w_i/ϕ_i をさらに調整した**事後層化推定量**を構成することができる.

$$\hat{\tau}_{y,\text{PS}} = \sum_{d=1}^{D} \sum_{s_{r,d}} w_i \frac{1}{\phi_i} \frac{\tau_{x,d}}{\sum_{s_{r,d}} w_i/\phi_i x_i} y_i \qquad (11.46)$$

Bernoulli 抽出法は固定サイズデザインではないため, 包含確率の逆数をウェイトとする推定量は, 一般に分散が大きくなりやすい (4.3.2 節). 事後層化推定量では $\tau_{x,d}$ という母集団情報を利用しており, 無回答にともなう偏りを補正するだけでなく, 推定量の分散縮小も期待できる.

さらに回答等質群の中では回答確率 ϕ_i は等しいので, (11.46) 式は次式となる.

$$\hat{\tau}_{y,\mathrm{PS}} = \sum_{d=1}^{D} \sum_{s_{r,d}} w_i \frac{\tau_{x,d}}{\hat{\tau}_{x,d}} y_i = \sum_{d=1}^{D} \sum_{s_{r,d}} w_i \frac{N_d}{\sum_{s_{r,d}} w_i} y_i \qquad (11.47)$$

ただし $\hat{\tau}_{x,d} = \sum_{s_{r,d}} w_i x_i$ であり,二つ目の等号は $x_i = 1\ (i \in U)$ の場合である. (11.47) 式によれば,(11.46) 式の回答確率 ϕ_i の推定は不要である.回答標本とその抽出ウェイトを用いた"ふつうの"事後層化推定量とすればよい.あるいは (11.42) 式と見比べれば,(11.47) 式では回答確率を $\hat{\phi}_i = \hat{\tau}_{x,d}/\tau_{x,d}$ によって推定していると解釈することもできる.

事後層化推定量を用いるときでも,事後層は回答等質群であることを仮定している.回答確率 ϕ_i の推定には適切な補助変数を複数用いるのが望ましいのと同様に,母集団情報もなるべく多く取り込みたい.そのためには**キャリブレーション推定量**が使える (Lundström and Särndal, 1999).事後層化推定量はその特別な場合である (7.3 節).

キャリブレーション推定量を用いれば,様々な方法で母集団情報に対応できる.例えばロジット関数を用いれば,推定量を次式とすることもできる (7.3.1 節).

$$\hat{\tau}_{y,\mathrm{C}} = \sum_{s_r} w_i \frac{1 + \exp(\boldsymbol{x}_i' \hat{\boldsymbol{\beta}})}{\exp(\boldsymbol{x}_i' \hat{\boldsymbol{\beta}})} y_i \qquad (11.48)$$

上式は傾向スコアを用いた (11.45) 式と形式的には一致する.ただし (11.45) 式の $\hat{\boldsymbol{\beta}}$ を求めるには,無回答となった標本の $\boldsymbol{x}_i$ も必要なのに対し,(11.48) 式の $\hat{\boldsymbol{\beta}}$ は回答標本の $\boldsymbol{x}_i$ と母集団統計 $\boldsymbol{\tau}_x$ さえあれば求まる.例えば個人の学歴や職業などは,回答標本からは得られても無回答標本からは得にくい.しかしキャリブレーション推定量では母集団統計さえ入手できれば,それらの補助変数も利用できる.さらに真の母集団統計 τ_x だけでなく,抽出標本から推定した $\hat{\tau}_x$ に対してもウェイトをキャリブレーションすることが可能である[20].ただし多くの情報を使えるからといって,その全てを使うことが必ずしも好ましいとは限らない.キャリブレーションウェイトを点検しながら適切な補助変数を精選するのがよい[21].

ここまでウェイト調整の方法として,回答確率の逆数を用いる方法とキャリブレーション推定量を利用する方法を紹介した.ウェイト調整によって現実にどの

---

[20] Särndal and Lundström (2005) は,母集団情報を InfoU,抽出標本の情報を InfoS と区別している.

[21] 具体的な方法は Särndal and Lundström (2005; 2008) を参照のこと.

程度の偏りを低減できるのかは，調整方法の選択よりも補助変数の選択の方が大きく影響する (土屋, 2006)．無回答の発生メカニズムをよく調べ理解した上で，どのような補助変数を用いれば，そのメカニズムを適切に反映できるのか知恵を絞る必要がある．また利用できる補助変数は一般に限られている．無回答は無視できないことが多く，ウェイトを調整しても無回答による偏りは排除しきれないことが多い．適切な補助変数を工夫する努力と同時に，そもそも無回答を減らす工夫が不可欠である．

例題 11.5　年齢層を回答等質群としたウェイト調整

表 11.4 を用いてウェイト調整の方法を具体的に比較してみよう．$n_I = 420$ の標本は $N = 9{,}554$ の母集団から単純無作為抽出したものとする．抽出ウェイトは $w_i = N/n_I = 9{,}554/420$ $(i \in s_I)$ となる．調査で回答となった標本は $n = 236$ である．ウェイト調整の補助変数としては年齢層のサイズを用いる．

表 11.4　年齢層を回答等質群としたウェイト調整

	20 歳代	30 歳代	40 歳代	50 歳代	60 歳代	70 歳代	全体
母集団 N_h	1,523	1,811	1,556	1,890	1,589	1,185	9,554
抽出標本 $n_{I,h}$	73	75	69	86	71	46	420
回答標本 n_h	26	38	38	52	49	33	236
回答確率の逆数 $1/\hat{\phi}_i$	2.808	1.974	1.816	1.654	1.449	1.394	
g ウェイト g_i	2.575	2.095	1.800	1.598	1.426	1.579	

回答確率を用いる考え方では，各年齢層内で回答確率 ϕ_i は一定と仮定する．例えば 20 歳代の $n_{I, 20\text{歳代}} = 73$ 人は同じ回答確率を持ち，Bernoulli 抽出法によって $n_{20\text{歳代}} = 26$ 人が回答となったと考える．20 歳代の回答確率の推定値は $\hat{\phi}_i = 26/73$ $(i \in s_{I, 20\text{歳代}})$ である．抽出ウェイトには $1/\hat{\phi}_i = 2.808$ を乗じる．

また年齢層だけを補助変数としたキャリブレーション推定量は事後層化推定量となる．回答標本から推定した 20 歳代の母集団サイズは $\hat{N}_{20\text{歳代}} = 26 \times 9{,}554/420 = 591$ である．抽出ウェイト w_i に乗じる g ウェイトは $g_i = N_{20\text{歳代}}/\hat{N}_{20\text{歳代}} = 1{,}523/591 = 2.575$ となる．

11.5.5　代　入　法

代入法あるいは**補定** (imputation) は主に無記入への対処法である．無記入と

なった部分に何らかの方法で値を埋め込むのである．適切な値を代入できれば，無記入によって生じる推定量の偏りや，推定量の分散の拡大を抑えることができる．さらにデータセットが"きれい"になることで，多変量解析法などの適用が容易になる．

一方で不適切な代入法を用いると，推定量はかえって偏るおそれがある．また代入値が含まれたデータを，はじめから無記入がなかったものとして分析すると，結果の精度を過大評価してしまう．そのためどの値が無記入であったのか区別できるようにしておくことが必要である．また社会調査などの意見や態度に関する項目では，無記入は"無記入"あるいは"わからない (Don't Know; DK)"という一つの選択肢を選んだものとして扱うことも多い．質問に対して答え (られ) なかったということ自体が有用な情報となるからである．

代入法の具体的な方法は数多く提案されている．以下では考え方を大きく五つに分け，概観する[*22]．

- **演繹による方法**：deductive imputation は，論理的にあるいは合理的な推論に基づき代入値を定める．例えば毎月の売上高が記入されていれば，一年分の売上高が無記入でも値は求まる．
- **外部情報による方法**：exact match imputation は，無記入となった要素の情報を，例えば行政記録など当該調査以外の情報源から探し出し，代入値を定める方法である．
- **回答の中で代入値を探す方法**：hot-deck imputation は，要素を順に見ていき，変数 y が無記入の要素が見つかれば，その直前の並びで回答があった要素の変数値 y_i を代入値とする[*23]．random imputation は，回答のあった要素の中から無作為に代入値を選び出す．年齢層が同じ要素など，選び出す対象を無記入の要素に似た要素群に限ることも多い．distance function matching は，補助変数 x を用いて無記入の要素に最もよく似た要素 (nearest neighbor) を見つけ，その変数値 y_i を代入値とする．

[*22] 詳細は Fellegi and Holt (1976), Kalton and Kasprzyk (1982), Rubin (1987) を参照のこと．
[*23] deck とは電算処理のための穿孔カードである．データを読み込みながら代入値の候補を更新し，無記入が見つかるたびにそれを埋め込んでいくのである．なお，回答の中で代入値を探す方法を一般に hot-deck imputation ということもある．これに対しデータを読み込む前に，他の情報源から代入値を定めておく方法を cold-deck imputation という．

- **代入値を作り出す方法：** mean imputation は，回答があった要素について変数 y の平均を求め，代入値とする．年齢層別の平均など，平均を求める対象を限定することも多い．regression imputation は，補助変数 x から変数 y を予測する回帰式を作成し，これを用いて代入値を求める．残差項に相当する値を無作為に加えることもある．
- **多重代入法：** multiple imputation (Rubin, 1977; 1978; 1996) は，一つの無記入に対し複数の代入値を用意する．これによって代入値の不確かさの程度を表すことができる．一方で複数の代入値の管理は煩雑となる．

12

クロス表

クロス表の推定や検定においても，標本抽出デザインを考慮することが必要である．章の前半ではクロス表の推定方法を説明し，一般化デザイン効果を導入する．一般化デザイン効果は，複数の推定量があるときのデザイン効果である．章の後半では標本抽出デザインを考慮した適合度検定，等質性の検定，独立性の検定の考え方を順に説明していく．

12.1 クロス表

12.1.1 クロス表の推定

表12.1は，『ここに仕事について，ふだん話題になることがあります．あなたは，どれに1番関心がありますか？』という質問に対する以下の四つの回答選択肢と，回答者の性別とのクロス表の例である．
 1 かなりよい給料がもらえること
 2 倒産や失業の恐れがない仕事
 3 気の合った人たちと働くこと
 4 やりとげたという感じがもてる仕事
"かなりよい給料がもらえること" の割合は男性の方が高く，例えば "気の合った人たちと働くこと" は女性の方が高いように見える．

表 12.1 クロス表

	1 よい給料	2 失業のない	3 気の合った	4 やりとげた	合 計
男性	4.5 %	8.6 %	11.4 %	21.6 %	46.2 %
女性	3.7 %	10.6 %	15.3 %	24.3 %	53.8 %
合計	8.2 %	19.1 %	26.7 %	45.9 %	100.0 %

出典：統計数理研究所 日本人の国民性第11次全国調査を改編

この調査の回答者は，全国の成人から層化二段抽出法により選ばれた $n = 1,192$ 人である．表12.1は標本におけるクロス表ではなく，約1億人から成る母集団におけるクロス表を推定したものである．$r\ (=1,\ldots,R)$ 行 $c\ (=1,\ldots,C)$ 列

のセル (r,c) の母集団割合 p_{rc} を推定するには，以下の二値変数を用いればよい (5.3.2 節).

$$y_{i,rc} = \begin{cases} 1, & \text{第 } i \text{ 要素がセル } (r,c) \text{ に該当する場合} \\ 0, & \text{その他} \end{cases} \quad (12.1)$$

表 12.1 のように全てのセルの合計が 100% となる割合の推定量は次式となる.

$$\hat{p}_{rc} = \sum_s w_i y_{i,rc} / \sum_s w_i = \hat{N}_{rc}/\hat{N} \quad (12.2)$$

ただし $\hat{N}_{rc}$ はセル (r,c) に該当する母集団人数の推定量であり，$\hat{N}$ は母集団人数の推定量である．行ごとあるいは列ごとに合計が 100% となるようにするには，(12.2) 式の分母を適当に変えればよい．

12.1.2 一般化デザイン効果

第 10 章までは，一つの母集団特性値 θ の推定量 $\hat{\theta}$ や，その分散の推定量 $\hat{V}(\hat{\theta})$ を考えてきた．クロス表では各セルの割合が一つの母集団特性値となるため，複数の母集団特性値を同時に扱うことになる．ここではクロス表の話はひとまず脇におき，一般に母集団特性値が $\theta_1, \ldots, \theta_P$ と全部で P 個あるときの推定量やその分散，さらにデザイン効果を考えることにする．

まず P 個の母集団特性値を並べたベクトルを $\boldsymbol{\theta}$ とし，各母集団特性値の推定量 $\hat{\theta}_1, \ldots, \hat{\theta}_P$ を並べたベクトルを $\hat{\boldsymbol{\theta}}$ とする．

$$\boldsymbol{\theta} = (\theta_1 \ \cdots \ \theta_P)', \quad \hat{\boldsymbol{\theta}} = (\hat{\theta}_1 \ \cdots \ \hat{\theta}_P)' \quad (12.3)$$

次に，次式を二つの推定量 $\hat{\theta}_p$ と $\hat{\theta}_q$ の共分散 (covariance of estimators) という．

$$C(\hat{\theta}_p, \hat{\theta}_q) = \sum_{\mathcal{S}} p_{(t)} \left\{ \hat{\theta}_{p(t)} - E(\hat{\theta}_p) \right\} \left\{ \hat{\theta}_{q(t)} - E(\hat{\theta}_q) \right\} \quad (12.4)$$

ただし $\hat{\theta}_{p(t)}$ は標本 $s_{(t)}$ に基づく母集団特性値 θ_p の推定量であり，$\hat{\theta}_{q(t)}$ は θ_q の推定量である．推定量の共分散が大きいということは，ある標本 $s_{(t)}$ に基づく母集団特性値 θ_p の推定値 $\hat{\theta}_p$ が大きければ，別の母集団特性値 θ_q の推定値 $\hat{\theta}_q$ も大きく，$\hat{\theta}_p$ が小さければ $\hat{\theta}_q$ も小さいということを意味する．また，推定量 $\hat{\theta}_p$ の分散 $V(\hat{\theta}_p)$ および推定量 $\hat{\theta}_p$ と $\hat{\theta}_q$ の共分散 $C(\hat{\theta}_p, \hat{\theta}_q)$ を並べた行列を推定量 $\hat{\boldsymbol{\theta}}$ の分散共分散行列 (variance-covariance matrix of estimators) という．

$$\boldsymbol{V}(\hat{\boldsymbol{\theta}}) = \begin{pmatrix} V(\hat{\theta}_1) & C(\hat{\theta}_1, \hat{\theta}_2) & \cdots & C(\hat{\theta}_1, \hat{\theta}_P) \\ C(\hat{\theta}_2, \hat{\theta}_1) & V(\hat{\theta}_2) & \cdots & C(\hat{\theta}_2, \hat{\theta}_P) \\ \vdots & \vdots & \ddots & \vdots \\ C(\hat{\theta}_P, \hat{\theta}_1) & C(\hat{\theta}_P, \hat{\theta}_2) & \cdots & V(\hat{\theta}_P) \end{pmatrix} \qquad (12.5)$$

さらに $\boldsymbol{V}(\hat{\boldsymbol{\theta}})$ の各要素をその推定量で置き換えた行列を $\hat{\boldsymbol{V}}(\hat{\boldsymbol{\theta}})$ とする.

一つの母集団特性値の推定量の分散 $V(\hat{\theta})$ を近似推定するには, 線形化変数 z_i を用いた (5.2.1 節). 同様に $\boldsymbol{V}(\hat{\boldsymbol{\theta}})$ を近似推定するには, $\hat{\boldsymbol{\theta}}$ の各推定量の線形化変数を並べた線形化変数ベクトル $\boldsymbol{z}_i$ を用いればよい.

$$\boldsymbol{z}_i = \frac{\partial}{\partial w_i}\hat{\boldsymbol{\theta}} = \left(\frac{\partial}{\partial w_i}\hat{\theta}_1 \;\; \cdots \;\; \frac{\partial}{\partial w_i}\hat{\theta}_P\right)' \qquad (12.6)$$

$\hat{\boldsymbol{V}}(\hat{\boldsymbol{\theta}})$ は $\hat{\boldsymbol{\tau}}_z = \sum_s w_i \boldsymbol{z}_i$ の分散共分散行列 $\hat{\boldsymbol{V}}(\hat{\boldsymbol{\tau}}_z)$ として近似することができる. 例えば復元抽出標本では次式となる.

$$\hat{\boldsymbol{V}}(\hat{\boldsymbol{\theta}}) \approx \hat{\boldsymbol{V}}(\hat{\boldsymbol{\tau}}_z) = \frac{n}{n-1}\sum_s \left(w_i \boldsymbol{z}_i - \frac{1}{n}\hat{\boldsymbol{\tau}}_z\right)\left(w_i \boldsymbol{z}_i - \frac{1}{n}\hat{\boldsymbol{\tau}}_z\right)' \qquad (12.7)$$

ところで 4.4 節ではデザイン効果 Deft^2 を次式で定義した.

$$\mathrm{Deft}^2 = \frac{V_{\mathrm{DES}}(\hat{\theta})}{V_{\mathrm{SIR}}(\hat{\theta})} \qquad (12.8)$$

ただし $V_{\mathrm{SIR}}(\hat{\theta})$ は復元単純無作為抽出法における推定量の分散であり, $V_{\mathrm{DES}}(\hat{\theta})$ は実際の標本抽出デザインに基づく推定量の分散である. これを拡張し, P 個の推定量から成るベクトル $\hat{\boldsymbol{\theta}}$ があるとき, 次式を**一般化デザイン効果行列** (generalized design effect matrix) と呼ぶ.

$$\boldsymbol{\Delta} = \boldsymbol{V}_{\mathrm{SIR}}(\hat{\boldsymbol{\theta}})^{-1}\boldsymbol{V}_{\mathrm{DES}}(\hat{\boldsymbol{\theta}}) \qquad (12.9)$$

ただし $\boldsymbol{V}_{\mathrm{SIR}}(\hat{\boldsymbol{\theta}})$ と $\boldsymbol{V}_{\mathrm{DES}}(\hat{\boldsymbol{\theta}})$ は, それぞれ復元単純無作為抽出法と実際の標本抽出デザインにおける $\hat{\boldsymbol{\theta}}$ の分散共分散行列である. また一般化デザイン効果行列 $\boldsymbol{\Delta}$ の P 個の固有値 $\delta_1, \ldots, \delta_P$ を**一般化デザイン効果** (generalized design effect) という. 一般化デザイン効果はこの後, 検定統計量の Rao-Scott 修正で用いられる.

12.2 適合度検定

12.2.1 適合度検定

ここからは母集団割合に関する**統計的仮説検定** (statistical hypothesis testing) の方法を考えていく．複数の母集団割合等を比較し，値が同じとみてよいかどうか確かめるのである．比較の内容に応じて**適合度検定**，**等質性の検定**，**独立性の検定**の大きく三つがある[*1]．なお，以下では仮説検定に関する初歩的な知識を前提とする．必要に応じて統計学の入門書を参照のこと．

まず最も基本的な**適合度検定** (goodness-of-fit test) である．表 12.2 には標本調査に基づく各年齢層の母集団割合 p_c ($c=1,\ldots,C$) の推定値 $\hat{p}_c$ を示す．この値を基に，例えば 1 年前に全数調査で調べた割合 $p_c^{(0)}$ から p_c が変わっていないかどうか確かめることが目的である．ここで $p_c^{(0)}$ は誤差のない固定値として扱う．二つの標本調査の間で母集団割合を比較するのは等質性の検定である．

表 12.2 年齢層の分布

	20 歳代	30 歳代	40 歳代	50 歳代	60 歳代	70 歳代	全体
推定値 $\hat{p}_c$	10.2 %	17.5 %	16.4 %	22.5 %	21.2 %	12.2 %	100.0 %
全数調査値 $p_c^{(0)}$	17.3 %	18.6 %	16.2 %	19.9 %	16.3 %	11.7 %	100.0 %

出典：統計数理研究所　日本人の国民性第 11 次全国調査

帰無仮説は以下となる．

$$H_0 : \boldsymbol{p} = \boldsymbol{p}^{(0)} \tag{12.10}$$

ただし $\boldsymbol{p} = (p_1 \cdots p_{C-1})'$ と $\boldsymbol{p}^{(0)} = (p_1^{(0)} \cdots p_{C-1}^{(0)})'$ である．最後の p_C が含まれないのは，他の $C-1$ 個が全て $p_c = p_c^{(0)}$ であれば必然的に $p_C = p_C^{(0)}$ となるからである．検定統計量としては Pearson の χ^2 検定統計量 Q と尤度比検定統計量 G がよく用いられる．

$$Q = n \sum_{c=1}^{C} \frac{(\hat{p}_c - p_c^{(0)})^2}{p_c^{(0)}}, \quad G = 2n \sum_{c=1}^{C} \hat{p}_c \log\left(\hat{p}_c \big/ \hat{p}_c^{(0)}\right) \tag{12.11}$$

復元単純無作為抽出標本であれば，標本サイズ n が大きいとき，(12.11) 式

[*1] 詳細は Rao and Thomas (1988; 1989; 2003) や Lehtonen and Pahkinen (2004) を参照のこと．

の Q と G は帰無仮説の下でいずれも自由度 $C-1$ の χ^2 分布に従う．そこで $Q > \chi^2_{\alpha,\,C-1}$ あるいは $G > \chi^2_{\alpha,\,C-1}$ のとき帰無仮説を棄却すればよい．ただし $\chi^2_{\alpha,\,C-1}$ は自由度 $C-1$ の χ^2 分布の上側 $100\alpha\%$ 点である．

しかし他の標本抽出デザインの下では，(12.11) 式の検定統計量は χ^2 分布に従わない．そのため単純無作為抽出法のときと同じ検定を行うと，第 1 種の過誤の確率が α とならない．特に集落抽出法や多段抽出法では級内相関係数 ρ が正であることが多く，過誤の確率が α より大きくなってしまう (Kish and Frankel, 1974)．主な対処法としては大きく四つある．Wald 検定，Bonferroni 検定，Rao-Scott 修正，Fay のジャックナイフ法 (Fay, 1979; 1985) である．本書ではこのうち最初の三つを紹介する．方法間の比較は最後にまとめる．

12.2.2　Wald 検定

- (無修正) Wald 検定

第一の方法は **Wald 検定** (Wald's test) である (Wald, 1943; Koch et al., 1975)．次式の検定統計量 W が自由度 $C-1$ の χ^2 分布の上側 $100\alpha\%$ 点 $\chi^2_{\alpha,\,C-1}$ を上回ったときに帰無仮説を棄却する．

$$W = (\hat{\boldsymbol{p}} - \boldsymbol{p}^{(0)})' \hat{\boldsymbol{V}}_{\mathrm{DES}}^{-1}(\hat{\boldsymbol{p}})(\hat{\boldsymbol{p}} - \boldsymbol{p}^{(0)}) > \chi^2_{\alpha,\,C-1} \qquad (12.12)$$

なお，$\hat{\boldsymbol{V}}_{\mathrm{DES}}(\hat{\boldsymbol{p}})$ の自由度 ν (11.3.2 節) が小さいときには ($\nu < 50$ など)，次式の F 検定とする方がよい．

$$FW = \frac{1}{C-1}W > F_{\alpha,\,C-1,\,\nu} \qquad (12.13)$$

ただし ν は 標本 PSU 数 − 層数 あるいは Satterthwaite の方法で求めた自由度である．

- 修正 Wald 検定

$C-1$ が大きく，かつ分散の自由度 ν が小さいときには，(12.13) 式の FW を用いても無修正の Wald 検定では有意になりすぎる．そこで次式の修正した検定統計量 FW^* を用いる (Fellegi, 1980)．

$$FW^* = \frac{\nu - (C-1) + 1}{\nu(C-1)}W > F_{\alpha,\,C-1,\,\nu-(C-1)+1} \qquad (12.14)$$

12.2.3　Bonferroni 検定

Bonferroni 検定 (Bonferroni test) では，$C-1$ 個の帰無仮説 $H_0 : p_c = p_c^{(0)}$ ($c = 1, \ldots, C-1$) に対して個別に Wald 検定を行い，そのうち一つでも帰無仮説が棄却されれば帰無仮説 $H_0 : \boldsymbol{p} = \boldsymbol{p}^{(0)}$ を棄却する (Miller, 1981). ただし個別の検定の有意水準は $\alpha/(C-1)$ とする．

$$W_c = \frac{(\hat{p}_c - p_c^{(0)})^2}{\hat{V}(\hat{p}_c)} > \chi^2_{\alpha/(C-1),\ 1} \text{ あるいは } F_{\alpha/(C-1),\ 1,\ \nu} \tag{12.15}$$

分散の自由度 ν が小さいときには F 検定とする方がよい．また $\hat{p}_c$ をロジット変換 (11.3.1 節) した上で検定統計量を求めることもある (Thomas, 1989).

12.2.4　Rao-Scott 修正

Rao-Scott 修正 (Rao-Scott correction) では，標本サイズが大きいとき，(12.11) 式の検定統計量 Q や G が帰無仮説の下で次式の分布に従うことを利用する (Rao and Scott, 1981; 1984; 1987).

$$\delta_1 W_1 + \cdots + \delta_{C-1} W_{C-1} = \sum_{c=1}^{C-1} \delta_c W_c \tag{12.16}$$

ただし $W_1, \ldots, W_{C-1}$ はそれぞれ独立に自由度 1 の χ^2 分布に従う $C-1$ 個の確率変数である．また $\delta_1, \ldots, \delta_{C-1}$ は**一般化デザイン効果**であり，$(C-1) \times (C-1)$ の**一般化デザイン効果行列**

$$\boldsymbol{\Delta} = n \left(\mathrm{diag}(\boldsymbol{p}^{(0)}) - \boldsymbol{p}^{(0)} \boldsymbol{p}^{(0)\prime} \right)^{-1} \boldsymbol{V}_{\mathrm{DES}}(\hat{\boldsymbol{p}}) \tag{12.17}$$

の固有値である．単純無作為抽出法では一般化デザイン効果が全て $\delta_c = 1$ ($c = 1, \ldots, C-1$) となり，帰無仮説の下で検定統計量 Q や G は自由度 $C-1$ の χ^2 分布に従う．しかし一般化デザイン効果が 1 より大きいと，帰無仮説の下でも Q や G の分散は χ^2_{C-1} 分布の分散より大きくなる．

- **一次修正 (first-order correction)**

そこで Rao-Scott の一次修正では，(12.11) 式の検定統計量 Q や G を修正した次式を用いる．

$$Q_1 = \frac{Q}{\hat{\delta}_\cdot} > \chi^2_{\alpha,\ C-1}, \quad G_1 = \frac{G}{\hat{\delta}_\cdot} > \chi^2_{\alpha,\ C-1} \tag{12.18}$$

ただし $\hat{\delta}_\cdot$ は一般化デザイン効果の推定値 $\hat{\delta}_1, \ldots, \hat{\delta}_{C-1}$ の平均である．

$$\hat{\delta}_{\cdot} = \frac{1}{C-1}\sum_{c=1}^{C-1}\hat{\delta}_c = \frac{1}{C-1}\mathrm{tr}\hat{\boldsymbol{\Delta}} \qquad (12.19)$$

一次修正の利点は，各割合の推定量 $\hat{p}_c$ のデザイン効果が得られていれば，(12.18) 式の検定統計量を求められる点である．一般化デザイン効果の和 $\sum_{c=1}^{C-1}\hat{\delta}_c$ は，各推定量のデザイン効果の和 $\mathrm{tr}\hat{\boldsymbol{\Delta}}$ に等しいからである．

- **二次修正 (second-order correction)**

一般化デザイン効果 $\hat{\delta}_1,\ldots,\hat{\delta}_{C-1}$ の値が大きく異なるときには，Satterthwaite の方法 (12.4 節) で調整した χ^2 分布を用いる．

$$Q_2 = \frac{Q}{w} = \frac{Q_1}{1+\hat{a}^2} > \chi^2_{\alpha,\,f}, \qquad G_2 = \frac{G}{w} = \frac{G_1}{1+\hat{a}^2} > \chi^2_{\alpha,\,f} \qquad (12.20)$$

ただし w と f はそれぞれ

$$w = \sum_{c=1}^{C-1}\hat{\delta}_c^2 \bigg/ \sum_{c=1}^{C-1}\hat{\delta}_c = \frac{\mathrm{tr}\hat{\boldsymbol{\Delta}}^2}{\mathrm{tr}\hat{\boldsymbol{\Delta}}} \qquad (12.21)$$

$$f = \left(\sum_{c=1}^{C-1}\hat{\delta}_c\right)^2 \bigg/ \sum_{c=1}^{C-1}\hat{\delta}_c^2 = \frac{(\mathrm{tr}\hat{\boldsymbol{\Delta}})^2}{\mathrm{tr}\hat{\boldsymbol{\Delta}}^2} \qquad (12.22)$$

であり，$\hat{a}^2$ は一般化デザイン効果の変動係数 $\hat{a}^2 = (C-1)^{-1}\sum_{c=1}^{C-1}(\hat{\delta}_c - \hat{\delta}_{\cdot})^2/\hat{\delta}_{\cdot}^2$ である．$\hat{a}^2 \approx 0$ であれば，二次修正の検定統計量は $Q_2 \approx Q_1$ あるいは $G_2 \approx G_1$ となる．

さらに $\hat{\boldsymbol{V}}_{\mathrm{DES}}(\hat{\boldsymbol{p}})$ の自由度 ν があまり大きくないときには，Q_2 や G_2 をその自由度 f でさらに割り，F 検定とする (Rao and Thomas, 1989)．

$$FQ_2 = \frac{Q_2}{f} = \frac{Q}{\mathrm{tr}\hat{\boldsymbol{\Delta}}} > F_{\alpha,\,f,\,\nu f}, \qquad FG_2 = \frac{G_2}{f} = \frac{G}{\mathrm{tr}\hat{\boldsymbol{\Delta}}} > F_{\alpha,\,f,\,\nu f} \qquad (12.23)$$

12.2.5 検定方法間の比較

これまでに説明してきた検定方法をシミュレーションで比較した研究はいくつか行われている．主なものとしては Thomas and Rao (1987)，Fay (1987)，Graubard and Korn (1993)，Thomas et al. (1996) がある．これらは適合度検定に限らず，クロス表の検定や回帰係数の検定に関しても比較を行っている．詳細は各文献を参照のこと．

シミュレーション結果によれば，必ずしもどの検定方法が最適か一概に決める

ことはできない.少なくとも分散の自由度 ν が小さいときには,Wald 検定は避けるのがよい.特に $C-1$ が大きいときには,無修正の Wald 検定は使うべきではない.また Rao-Scott 修正では二次修正を使うのがよいであろう.Bonferroni 検定は一見すると簡便すぎる方法のように思えるが,悪い選択ではない.特に $\nu < C-2$ となるときを含め,C に比べて ν が小さいときには修正 Wald 検定の一つの代替となる (Korn and Graubard, 1999).ただし,カテゴリカルな説明変数を用いた回帰分析において,回帰係数を Bonferroni 検定するときには注意が必要である (13.1.4 節).

12.3 クロス表の検定

12.3.1 等質性の検定

次は**等質性の検定** (test of homogeneity) である.R 個の母集団からそれぞれ独立に抽出された標本を用いて,R 個の母集団の間で割合が等しいかどうかを検定する.

表 12.3 割合の等質性

	1 よい給料	2 失業のない	3 気の合った	4 やりとげた	合 計 (n_r)
1993 年	12.6 %	20.6 %	32.3 %	34.5 %	100.0 % (1,834)
1998 年	7.6 %	24.4 %	30.1 %	37.9 %	100.0 % (2,575)
2003 年	8.2 %	19.1 %	26.7 %	45.9 %	100.0 % (1,165)

出典 : 統計数理研究所 日本人の国民性より改編

例えば表 12.3 は 5 年ごとに実施した標本調査に基づく割合の推定値である."気の合った人たちと働くこと"の割合が減少し,"やりとげたという感じがもてる仕事"の割合が増えている.調査年の間でこれらの母集団割合が等しいかどうかを検定することがここでの目的となる.層化抽出を行った一回の標本調査において,層の間での割合を比較することも等質性の検定の一例である.

母集団 U_r $(r = 1, \ldots, R)$ における母集団割合を並べたベクトルを $\boldsymbol{p}_r = (p_{r1} \cdots p_{r,C-1})'$ とする.帰無仮説は以下となる.

$$H_0 : \boldsymbol{p}_1 = \boldsymbol{p}_2 = \cdots = \boldsymbol{p}_R \tag{12.24}$$

Pearson の χ^2 検定統計量は次式となる.

$$Q = \sum_{r=1}^{R} n_r \sum_{c=1}^{C} \frac{(\hat{p}_{rc} - \hat{p}_{+c})^2}{\hat{p}_{+c}} \tag{12.25}$$

ただし n_r を母集団 U_r からの標本のサイズとし，$n = \sum_{r=1}^{R} n_r$ とすると，$\hat{p}_{+c} = n^{-1} \sum_{r=1}^{R} n_r \hat{p}_{rc}$ である．単純無作為抽出標本であれば，帰無仮説の下で (12.25) 式の検定統計量 Q は自由度 $P = (R-1)(C-1)$ の χ^2 分布に従う．しかし他の標本抽出デザインでは，適合度検定のときと同様に，他の検定統計量を用いる必要がある．

- **Wald 検定**

まず Wald 検定統計量は次式となる．

$$W = \hat{q}' \hat{V}_{\mathrm{DES}}^{-1}(\hat{q}) \hat{q} > \chi^2_{\alpha,\ P} \tag{12.26}$$

ただし $\hat{q} = ((\hat{p}_1 - \hat{p}_R)'\ (\hat{p}_2 - \hat{p}_R)'\ \cdots\ (\hat{p}_{R-1} - \hat{p}_R)')'$ であり，$\hat{q}$ の分散の推定量 $\hat{V}_{\mathrm{DES}}(\hat{q})$ は次式となる．

$$\hat{V}_{\mathrm{DES}}(\hat{q}) = \bigoplus_{r=1}^{R-1} \hat{V}_{\mathrm{DES}}(\hat{p}_r.) + \mathbf{11}' \otimes \hat{V}_{\mathrm{DES}}(\hat{p}_R) \tag{12.27}$$

$\bigoplus$ はブロック対角行列の作成記号であり，$\otimes$ はクロネッカー積である．また $\mathbf{1}$ は全ての要素を 1 とした $(R-1)$ 次元ベクトルである．

F 検定あるいは修正 Wald 検定の検定統計量は次式のとおりである．

$$FW = \frac{1}{P} W > F_{\alpha,\ P,\ \nu} \tag{12.28}$$

$$FW^* = \frac{\nu - P + 1}{\nu P} W > F_{\alpha,\ P,\ \nu-P+1} \tag{12.29}$$

適合度検定のときと同じく，特に ν が小さいときには修正 Wald 検定とするのがよい．

- **Rao-Scott 修正**

一般化デザイン効果行列の推定量は次式となる．

$$\hat{\boldsymbol{\Delta}} = n \left(\boldsymbol{A} \otimes \hat{\boldsymbol{P}}_+^{-1} \right) \hat{\boldsymbol{V}}_{\mathrm{DES}}(\hat{q}) \tag{12.30}$$

ただし $\boldsymbol{n} = (n_1\ \cdots\ n_{R-1})'$ と $\hat{\boldsymbol{p}}_+ = (\hat{p}_{+1}\ \cdots\ \hat{p}_{+,C-1})'$ とすると，$\boldsymbol{A} = \mathrm{diag}(\boldsymbol{n}) - \boldsymbol{n}\boldsymbol{n}'$ と $\hat{\boldsymbol{P}}_+ = \mathrm{diag}(\hat{\boldsymbol{p}}_+) - \hat{\boldsymbol{p}}_+ \hat{\boldsymbol{p}}_+'$ である．Rao-Scott 修正では適合度検定のときと同様に，$(R-1)(C-1)$ 個の一般化デザイン効果を用いて (12.25) 式の検定統計量 Q を一次修正あるいは二次修正すれば

よい.

12.3.2 独立性の検定

最後は**独立性の検定** (test of independence) である. 12.1.1 節の表 12.1 において,男女間での割合の差の有無を調べるのがその一例である.等質性の検定と異なり,標本は行ごとあるいは列ごとに独立に抽出したものではない.

帰無仮説は以下となる.

$$H_0 : \boldsymbol{\theta} = \boldsymbol{0} \tag{12.31}$$

ただし $p_{r+} = \sum_{c=1}^{C} N_{rc}/N$ と $p_{+c} = \sum_{r=1}^{R} N_{rc}/N$ とすると,$\boldsymbol{\theta}$ は次式のとおりである.

$$\boldsymbol{\theta}_{P\times 1} = \begin{pmatrix} p_{11} - p_{1+}p_{+1} \\ p_{12} - p_{1+}p_{+2} \\ \vdots \\ p_{R-1,C-1} - p_{R-1,+}p_{+,C-1} \end{pmatrix} \tag{12.32}$$

Pearson の χ^2 検定統計量は次式となる.

$$Q = n\hat{\boldsymbol{\theta}}' \left(\hat{\boldsymbol{P}}_r^{-1} \otimes \hat{\boldsymbol{P}}_c^{-1} \right) \hat{\boldsymbol{\theta}} = n \sum_{r=1}^{R} \sum_{c=1}^{C} \frac{(\hat{p}_{rc} - \hat{p}_{r+}\hat{p}_{+c})^2}{\hat{p}_{r+}\hat{p}_{+c}} \tag{12.33}$$

ただし $\hat{\boldsymbol{p}}_r = (\hat{p}_{1+} \cdots \hat{p}_{R-1,+})$ と $\hat{\boldsymbol{p}}_c = (\hat{p}_{+1} \cdots \hat{p}_{+,C-1})$ とすると $\hat{\boldsymbol{P}}_r = \mathrm{diag}(\hat{\boldsymbol{p}}_r) - \hat{\boldsymbol{p}}_r\hat{\boldsymbol{p}}_r'$, $\hat{\boldsymbol{P}}_c = \mathrm{diag}(\hat{\boldsymbol{p}}_c) - \hat{\boldsymbol{p}}_c\hat{\boldsymbol{p}}_c'$ である.

- **Wald 検定**

Wald 検定統計量は次式となる.

$$W = \hat{\boldsymbol{\theta}}' \hat{\boldsymbol{V}}_{\mathrm{DES}}(\hat{\boldsymbol{\theta}})^{-1} \hat{\boldsymbol{\theta}} > \chi^2_{\alpha,\,P} \tag{12.34}$$

F 検定あるいは修正 Wald 検定の検定統計量は,(12.28) 式あるいは (12.29) 式と同様である.

- **Rao-Scott 修正**

Rao-Scott 修正を行うための一般化デザイン効果行列の推定量は次式となる.

$$\hat{\boldsymbol{\Delta}} = \left(\hat{\boldsymbol{P}}_r^{-1} \otimes \hat{\boldsymbol{P}}_c^{-1} \right) \hat{\boldsymbol{V}}_{\mathrm{DES}}(\hat{\boldsymbol{\theta}}) \tag{12.35}$$

これを用いて (12.33) 式の検定統計量 Q を一次修正あるいは二次修正すれ

ばよい．
なお以上の説明は，各要素が行および列ともにそれぞれいずれか一つのカテゴリにのみ該当する場合である．複数回答への拡張は Decady and Thomas (2000) や Thomas and Decady (2004) を参照のこと．

例題 12.1 クロス表の独立性の検定

表 12.4 は，表 12.1 に示したクロス表を用いて，性別によって回答分布が異なるかどうかを各手法によって検定した結果である．PSU 総数は 299 であり，層数は 5 なので分散の自由度は $\nu = 299 - 5 = 294$ である．表 12.1 の結果では検定方法の間で得られる結論に違いはない．

表 12.4 クロス表の独立性の検定

検定手法	検定統計量	p 値
(無修正) Wald 検定 W	$\chi_3^2 = 5.1911$	.158
(無修正) Wald 検定 FW	$F_{3,294} = 1.7304$	.161
修正 Wald 検定 FW^*	$F_{3,292} = 1.7186$	.163
Rao-Scott の一次修正 Q_1	$\chi_3^2 = 4.8117$	.186
Rao-Scott の二次修正 Q_2	$\chi_{2.97}^2 = 4.7385$	.189
Rao-Scott の二次修正 FQ_2	$F_{2.97, 873.48} = 1.6039$	.187

12.4 補遺

Satterthwaite の方法 (Satterthwaite, 1946) は，それぞれ独立に χ^2 分布に従う確率変数の和の分布を近似する方法である．K 個の確率変数 $W_1, \ldots, W_K$ がそれぞれ独立に自由度 $f_1, \ldots, f_K$ の χ^2 分布に従うものとする．

$$W_k \sim \chi_{f_k}^2, \quad (k = 1, \ldots, K) \tag{12.36}$$

これらを $c_1, \ldots, c_K$ で重みづけた新たな確率変数 Z を考える．

$$Z = \sum_{k=1}^{K} c_k W_k \tag{12.37}$$

重みが $c_1 = \cdots = c_K = c$ と一定であれば，$c^{-1} Z$ は自由度 $f = \sum_{k=1}^{K} f_k$ の χ^2 分布に従う．しかし重みが一定ではないときには，確率変数 Z が従う分布は明らかではない．

そこで Z にある係数 w^{-1} を乗じた確率変数 $w^{-1}Z$ の分布を，自由度 ν の χ^2 分布で近似することにする．ただし係数 w^{-1} と自由度 ν は，$w^{-1}Z$ の分布と，近似する χ^2 分布との間で期待値と分散が一致するよう定める．具体的には以下のとおりである．

自由度 f_k の χ^2 分布の期待値と分散はそれぞれ f_k と $2f_k$ であるので，確率変数 $w^{-1}Z$ の期待値と分散はそれぞれ以下のとおりとなる．

$$E(w^{-1}Z) = w^{-1}\sum_{k=1}^{K} c_k f_k, \quad V(w^{-1}Z) = 2w^{-2}\sum_{k=1}^{K} c_k^2 f_k \qquad (12.38)$$

これらが自由度 ν の χ^2 分布の期待値 ν と分散 2ν に一致するよう w と ν を定めると以下が得られる．

$$w = \sum_{k=1}^{K} c_k^2 f_k \bigg/ \sum_{k=1}^{K} c_k f_k \qquad (12.39)$$

$$\nu = \left(\sum_{k=1}^{K} c_k f_k\right)^2 \bigg/ \sum_{k=1}^{K} c_k^2 f_k = \left(\sum_{k=1}^{K} c_k f_k\right)^2 \bigg/ \sum_{k=1}^{K} \frac{1}{f_k}(c_k f_k)^2 \qquad (12.40)$$

例題 12.2 　平均の差の検定 (Welch の方法)

一般に二つの母集団の平均差の検定において，2 群の母集団分散が等しくないと考えられるときには Welch の方法 (Welch, 1936) を用いることが多い．これは Satterthwaite の方法を利用したものといえる．検定統計量の分母の分布を，Satterthwaite の方法を用いた χ^2 分布で近似するのである．

二つの母集団の平均の推定量をそれぞれ $\hat{\mu}_1 = \bar{x}_1$ と $\hat{\mu}_2 = \bar{x}_2$ とする．それらの分散の推定量を $\hat{V}(\hat{\mu}_1) = S_1^2/n_1$ と $\hat{V}(\hat{\mu}_2) = S_2^2/n_2$ とし，さらにそれらの自由度を $f_1 = n_1 - 1$ と $f_2 = n_2 - 1$ とする．Welch の方法では帰無仮説の下での検定統計量

$$t = \frac{\hat{\mu}_1 - \hat{\mu}_2}{\sqrt{\hat{V}(\hat{\mu}_1) + \hat{V}(\hat{\mu}_2)}} = \frac{\bar{x}_1 - \bar{x}_2}{\sqrt{S_1^2/n_1 + S_2^2/n_2}} \qquad (12.41)$$

の分布を，自由度 ν の t 分布で近似するのである．

$$\nu = \frac{\left(\hat{V}(\hat{\mu}_1) + \hat{V}(\hat{\mu}_2)\right)^2}{\frac{1}{f_1}\hat{V}(\hat{\mu}_1)^2 + \frac{1}{f_2}\hat{V}(\hat{\mu}_2)^2} = \frac{\left(S_1^2/n_1 + S_2^2/n_2\right)^2}{\frac{1}{n_1-1}\left(S_1^2/n_1\right)^2 + \frac{1}{n_2-1}\left(S_2^2/n_2\right)^2} \qquad (12.42)$$

13

回　帰　分　析

　回帰分析は変数間の関係を調べる方法としてしばしば用いられる．章の前半では標本調査における回帰モデルの考え方を整理する．次に標本抽出デザインを考慮した回帰係数の推定量や検定方法を説明する．最後にはロジスティック回帰分析にも触れる．

13.1　重回帰分析

13.1.1　重回帰モデル

　まずこの 13.1.1 節では，標本調査に限らず，重回帰モデルに関する標準的な議論を整理しておく．必要に応じて統計学や回帰分析に関する入門書を参照のこと．変数 y を基準変数とし，変数ベクトル $\boldsymbol{x}$ を説明変数，変数 e を誤差変数として以下のモデルを考える．

$$y = \boldsymbol{x}'\boldsymbol{\beta} + e, \quad e \sim N(0, \sigma^2) \tag{13.1}$$

ただし誤差変数 e は独立に平均 0，分散 σ^2 の正規分布に従うものとする．この仮定の下で回帰係数ベクトル $\boldsymbol{\beta}$ に関する**尤度** (likelihood) は次式のとおりである．

$$L(\boldsymbol{\beta}) = \prod_{i=1}^{N} \frac{1}{\sqrt{2\pi}\sigma} \exp\left\{-\frac{(y_i - \boldsymbol{x}_i'\boldsymbol{\beta})^2}{2\sigma^2}\right\} \tag{13.2}$$

$L(\boldsymbol{\beta})$ を最大にする最尤推定量 $\hat{\boldsymbol{\beta}}$ は，以下の**推定方程式** (estimating equation, score function) を解くことによって求められる．

$$\begin{aligned}\boldsymbol{G}(\boldsymbol{\beta}) &= \frac{\partial}{\partial \boldsymbol{\beta}} \ln L(\boldsymbol{\beta}) \\ &= \sum_U \frac{\boldsymbol{x}_i(y_i - \boldsymbol{x}_i'\boldsymbol{\beta})}{\sigma^2} = -\frac{1}{\sigma^2}(\boldsymbol{X}'\boldsymbol{X}\boldsymbol{\beta} - \boldsymbol{X}'\boldsymbol{y}) = \boldsymbol{0}\end{aligned} \tag{13.3}$$

ただし $\boldsymbol{X} = (\boldsymbol{x}_1 \cdots \boldsymbol{x}_N)'$，$\boldsymbol{y} = (y_1 \cdots y_N)'$ である．

　最尤推定量 $\hat{\boldsymbol{\beta}}$ の分散は，一般に次式で近似することができる．

$$V(\hat{\boldsymbol{\beta}}) \approx \left\{ -\frac{\partial \boldsymbol{G}(\boldsymbol{\beta})}{\partial \boldsymbol{\beta}'} \right\}^{-1} = -\boldsymbol{J}^{-1}(\boldsymbol{\beta}) \tag{13.4}$$

これをモデルに基づく推定量 (model-based estimator) あるいはナイーブな推定量 (naive estimator) などと呼ぶことがある．(13.3) 式の $\boldsymbol{G}(\boldsymbol{\beta})$ を用いると以下となる．

$$V(\hat{\boldsymbol{\beta}}) = \sigma^2(\boldsymbol{X}'\boldsymbol{X})^{-1} \tag{13.5}$$

13.1.2 デザインに基づく考え方とモデルに基づく考え方

これまで本書では，確率的に変動するのは全ての可能な標本 $\mathcal{S}$ から選ばれる標本 s と考えてきた．推定量の分散 $V(\hat{\theta})$ とは，選ばれる標本の違いに由来するものである．仮に全数調査であれば，推定量の分散は $V(\hat{\theta}) = 0$ であり，確率分布を考える必要はない．したがって誤差が正規分布に従うという (13.1) 式の考え方とは相容れない．

そこで標本調査において (13.1) 式のようなモデルを扱うときには，考え方を整理する必要がある．以下では**デザインに基づく考え方** (design-based approach) と**モデルに基づく考え方** (model-based approach) とに分けていく．

まずデザインに基づく考え方では，第 i 要素の変数値 y_i は固定したものと考え，y_i に対して分布の仮定は置かない．これまで本書が一貫して採用してきた考え方である．この考え方の下では，回帰係数 $\boldsymbol{\beta}$ も母集団特性値の一つである．ただし母集団総計 τ_y や母集団平均 μ_y のような陽に表される特性値とは異なり，$\boldsymbol{\beta}$ は母集団における以下の推定方程式を満たす解として陰に定める[*1)] (Kish and Frankel, 1974)．

$$\boldsymbol{G}(\boldsymbol{\beta}) = \sum_U \frac{\boldsymbol{x}_i(y_i - \boldsymbol{x}_i'\boldsymbol{\beta})}{\sigma^2} = \sum_U \boldsymbol{g}(y_i, \boldsymbol{x}_i, \boldsymbol{\beta}) = \boldsymbol{0} \tag{13.6}$$

つまり (13.3) 式は (13.1) 式の仮定から導かれたものであるが，その仮定はもはや考慮しない．そして (13.1) 式のモデルの真偽とは無関係に，(13.6) 式を満たす値として母集団特性値 $\boldsymbol{\beta}$ を記述的に定義する．確率的に変動するのは選ばれる標本 s である．

一方モデルに基づく考え方では，有限母集団 U 自体が**超母集団** (superpopu-

[*1)] (13.3) 式では $\boldsymbol{\beta} = (\boldsymbol{X}'\boldsymbol{X})^{-1}\boldsymbol{X}'\boldsymbol{y}$ と陽に表せるが，この後ロジスティック回帰分析などにも一般化できるよう推定方程式のまま定義しておく．

lation) から確率的に生じたものと考える. 有限母集団における $y_1, \ldots, y_N$ を, (13.1) 式の重回帰モデルによる一つの実現値と考えるのである. したがってモデルが正しいことが前提である. 回帰係数 $\boldsymbol{\beta}$ はこの実現値を生み出すときのモデルパラメータであり, 誤差変数 e_i が確率的に変動し, したがって第 i 要素の変数値 y_i も確率的に変動する.

例えば 12.1.1 節の表 12.1 の例で考えてみよう. デザインに基づく考え方では, 調査時点で母集団を固定する. 調査の目的は, この特定の母集団の人々における性別と "よい給料" との関係を記述した $\boldsymbol{\beta}$ を知ることである. これに対しモデルに基づく考え方では, 調査時点での母集団は, (13.1) 式の重回帰モデルなどによって偶然生じたものに過ぎないと考える. 目的とするのは調査時点で観察される変数間の関係というよりは, その関係をもたらす源として背後に想定したモデルのパラメータ $\boldsymbol{\beta}$ である. "よい給料" を選ぶ実在の人と性別との間の関係ではなく, "よい給料" を選ぶような人というものと性別との間のより一般的な関係である. モデルに基づく考え方については本書の範囲を超えるので, これ以上は触れない[*2].

13.1.3 回帰係数の推定

最初に (13.6) 式に限らず, 一般に推定方程式を満たす $\boldsymbol{\beta}$ の推定量 $\hat{\boldsymbol{\beta}}$ とその分散共分散行列 $\boldsymbol{V}(\hat{\boldsymbol{\beta}})$ を推定することを考えよう (Binder, 1983). まず $\boldsymbol{\beta}$ を推定するには, 母集団における推定方程式 $\boldsymbol{G}(\boldsymbol{\beta})$ を推定した上で, それを解けばよい. 一般に $\boldsymbol{G}(\boldsymbol{\beta})$ は各要素の $\boldsymbol{g}(y_i, \boldsymbol{x}_i, \boldsymbol{\beta})$ の母集団総計として表せる. そのため $\boldsymbol{G}(\boldsymbol{\beta})$ の線形推定量は, 抽出ウェイト w_i を用いた次式となる.

$$\hat{\boldsymbol{G}}(\boldsymbol{\beta}) = \sum_s w_i \boldsymbol{g}(y_i, \boldsymbol{x}_i, \boldsymbol{\beta}) = \boldsymbol{0} \tag{13.7}$$

$\boldsymbol{\beta}$ の推定量 $\hat{\boldsymbol{\beta}}$ は (13.7) 式を解くことで得られる.

次は $V(\hat{\boldsymbol{\beta}})$ の推定量である. $\hat{\boldsymbol{G}}(\boldsymbol{\beta})$ を $\hat{\boldsymbol{\beta}}$ の周りで Taylor 展開すると, $\hat{\boldsymbol{G}}(\hat{\boldsymbol{\beta}}) = \boldsymbol{0}$ なので次式が得られる.

$$\hat{\boldsymbol{G}}(\boldsymbol{\beta}) \approx \hat{\boldsymbol{G}}(\hat{\boldsymbol{\beta}}) + \frac{\partial \hat{\boldsymbol{G}}(\boldsymbol{\beta})}{\partial \boldsymbol{\beta}'}(\boldsymbol{\beta} - \hat{\boldsymbol{\beta}}) = \frac{\partial \hat{\boldsymbol{G}}(\boldsymbol{\beta})}{\partial \boldsymbol{\beta}'}(\boldsymbol{\beta} - \hat{\boldsymbol{\beta}}) \tag{13.8}$$

[*2] 詳細は Skinner et al. (1989), Hedayat and Sinha (1991), Särndal et al. (1992), Thompson (1997), Lohr (1999), Chambers and Skinner (2003) を参照のこと.

13.1 重回帰分析

$\hat{J}(\beta) = \partial \hat{G}(\beta)/\partial \beta'$ とおくと $\hat{\beta} - \beta$ は次式で近似できる.

$$\hat{\beta} - \beta \approx -\left\{\frac{\partial \hat{G}(\beta)}{\partial \beta'}\right\}^{-1} \hat{G}(\beta) = -\hat{J}^{-1}(\beta)\hat{G}(\beta) \tag{13.9}$$

つまり $\hat{\beta}$ の分散共分散行列 $V(\hat{\beta})$ は次式で近似推定できる.

$$\hat{V}(\hat{\beta}) \approx \left.\left\{-\hat{J}^{-1}(\beta)\right\} V\left\{\hat{G}(\beta)\right\} \left\{-\hat{J}^{-1}(\beta)\right\}'\right|_{\beta=\hat{\beta}} \tag{13.10}$$

これをデザインに基づく推定量 (design-based estimator) あるいは頑健な推定量 (robust estimator) やサンドウィッチ推定量 (sandwitch estimator) などと呼ぶ. 推定量が頑健というのは, (13.1) 式の正規分布のような仮定を置かないという意味で頑健ということである. 標本抽出デザインを考慮しなくともよいという意味ではない. (13.10) 式に含まれる $V\{\hat{G}(\beta)\}$ は, 実際の標本抽出デザインに基づき適切に推定する必要がある.

次に (13.6) 式の場合について考えよう. 推定方程式の推定量は次式となる.

$$\hat{G}(\beta) = \frac{X_s' W y_s - X_s' W X_s \beta}{\sigma^2} = 0 \tag{13.11}$$

ただし X_s や y_s は, X や y のうち標本となった要素だけから成る行列あるいはベクトルであり, W は抽出ウェイトを対角要素とする $n \times n$ の対角行列である. これを解くと次式が得られる.

$$\hat{\beta} = (X_s' W X_s)^{-1} X_s' W y_s \tag{13.12}$$

また (13.11) 式では, $\hat{J}(\beta)$ は次式となる.

$$\hat{J}(\beta) = \frac{\partial \hat{G}(\beta)}{\partial \beta'} = -\frac{X_s' W X_s}{\sigma^2} \tag{13.13}$$

$\sum_s w_i g(y_i, x_i, \hat{\beta}) = 0$ であることに注意すると, 例えば復元抽出法のときの $V\{\hat{G}(\hat{\beta})\}$ の推定量は, (12.7) 式の z_i を $g(y_i, x_i, \hat{\beta})$ で置き換えた次式となる.

$$\hat{V}\left\{\hat{G}(\hat{\beta})\right\} = \frac{n}{n-1} \sum_s w_i^2 \left(\frac{y_i - x_i'\hat{\beta}}{\sigma^2}\right)^2 x_i x_i' \tag{13.14}$$

したがって $V(\hat{\beta})$ の推定量は次式となる.

$$\hat{V}(\hat{\beta}) = \frac{n}{n-1}(X_s' W X_s)^{-1} X_s' W E^2 W X_s (X_s' W X_s)^{-1} \tag{13.15}$$

ただし E は $y_i - x_i'\hat{\beta}$ を対角要素とする $n \times n$ の対角行列である.

13.1.4 回帰係数に関する仮説検定

まず回帰係数 β_p の信頼区間は次式とすればよい.

$$\hat{\beta}_p \pm t_{\alpha/2,\ \nu}\sqrt{\hat{V}(\hat{\beta}_p)} \tag{13.16}$$

ただし t 分布の自由度は $\nu = $ 標本 PSU の数 $-$ 層の数 である.

次に回帰係数 $\boldsymbol{\beta}$ の全て,あるいはその一部の P 個の回帰係数が全て 0 という帰無仮説を検定することを考えよう.つまり帰無仮説は以下となる.

$$H_0: \boldsymbol{\beta}_{P\times 1} = \mathbf{0} \tag{13.17}$$

第 12 章のクロス表の検定のときと同様に,以下では Wald 検定,Bonferroni 検定,Rao-Scott 修正の三つを紹介する[*3].

- **Wald 検定**

  Wald 検定では,(13.10) 式で推定した $\hat{\boldsymbol{V}}_{\mathrm{DES}}(\hat{\boldsymbol{\beta}})$ を用いて検定統計量を構成する.

$$W = \hat{\boldsymbol{\beta}}'\hat{\boldsymbol{V}}_{\mathrm{DES}}^{-1}(\hat{\boldsymbol{\beta}})\hat{\boldsymbol{\beta}} > \chi^2_{\alpha,\ P} \tag{13.18}$$

分散の自由度 ν が小さいときには F 検定とする方がよい.

$$FW = \frac{1}{P}W > F_{\alpha,\ P,\ \nu} \tag{13.19}$$

さらに,P が大きく ν が小さいときには,修正 Wald 検定とする方がよい.

$$FW^* = \frac{\nu - P + 1}{\nu P}W \sim F_{\alpha,\ P,\ \nu-P+1} \tag{13.20}$$

- **Bonferroni 検定**

  Bonferroni 検定では,P 個の回帰係数それぞれについて,有意水準を α/P とした Wald 検定を行う (Korn and Graubard, 1990).

$$W_c = \frac{\hat{\beta}_c^2}{\hat{V}(\hat{\beta}_c)} > \chi^2_{\alpha/P,\ 1} \text{ あるいは } F_{\alpha/P,\ 1,\ \nu} \tag{13.21}$$

ただし説明変数がカテゴリカルな変数であり,$\boldsymbol{x}_i$ をダミー変数とするときには注意が必要である.ダミー変数では回帰係数の絶対値というよりは,その差に意味があるからである.

[*3] 詳細な説明は Skinner et al. (1989), StataCorp. (2007), Research Triangle Institute (2008) を参照のこと.またシミュレーションに基づく検定方法間の比較は Graubard and Korn (1993) を参照のこと.

- **Rao-Scott 修正**

Rao-Scott 修正では，まず復元単純無作為抽出法の場合の推定量の分散 $\hat{V}_{\mathrm{SIR}}(\hat{\boldsymbol{\beta}})$ に基づき検定統計量を構成する．

$$Q = \hat{\boldsymbol{\beta}}' \hat{V}_{\mathrm{SIR}}^{-1}(\hat{\boldsymbol{\beta}}) \hat{\boldsymbol{\beta}} \tag{13.22}$$

次にこの Q を，一般化デザイン効果の推定量 $\hat{\delta}_1, \ldots, \hat{\delta}_P$ で修正する．ただし $\hat{\delta}_1, \ldots, \hat{\delta}_P$ は一般化デザイン効果行列の推定量 $\hat{\boldsymbol{\Delta}}$ の固有値である．

$$\hat{\boldsymbol{\Delta}} = \hat{V}_{\mathrm{SIR}}^{-1}(\hat{\boldsymbol{\beta}}) \hat{V}_{\mathrm{DES}}(\hat{\boldsymbol{\beta}}) \tag{13.23}$$

一次修正では検定統計量 Q を $\hat{\delta}_1, \ldots, \hat{\delta}_P$ の平均で割る．

$$Q_1 = \frac{Q}{\mathrm{tr}\hat{\boldsymbol{\Delta}}/P} > \chi^2_{\alpha,\, P} \tag{13.24}$$

また，二次修正では Satterthwaite の方法を利用する．

$$Q_2 = \frac{Q}{w} > \chi^2_{\alpha,\, f} \quad \text{あるいは} \quad FQ_2 = \frac{Q_2}{f} = \frac{Q}{\mathrm{tr}\hat{\boldsymbol{\Delta}}} > F_{\alpha,\, f,\, \nu f} \tag{13.25}$$

ただし $w = \mathrm{tr}\hat{\boldsymbol{\Delta}}^2/\mathrm{tr}\hat{\boldsymbol{\Delta}}$, $f = (\mathrm{tr}\hat{\boldsymbol{\Delta}})^2/\mathrm{tr}\hat{\boldsymbol{\Delta}}^2$ である．

例題 13.1　回帰分析

9.2.1 節の表 9.1 に示す二段抽出標本を用いて，身長を基準変数とし，体重を説明変数とした単回帰分析を行ってみよう．回帰係数の推定値は (13.12) 式を用いると，表 13.1 あるいは表 13.2 のとおりとなる．

表 13.1 には，二段抽出という標本抽出デザインを考慮せずに，次式を用いて求めた $\hat{\beta}_{体重}$ の標準誤差の推定値も合わせて示してある．

$$\hat{V}(\hat{\boldsymbol{\beta}}) = \hat{\sigma}^2 (\boldsymbol{X}_s' \boldsymbol{W} \boldsymbol{X}_s)^{-1} \tag{13.26}$$

ただし $\hat{\sigma}^2 = (\boldsymbol{y}_s - \boldsymbol{X}_s\hat{\boldsymbol{\beta}})'(\boldsymbol{y}_s - \boldsymbol{X}_s\hat{\boldsymbol{\beta}})/(n-2)$ であり，$\boldsymbol{W}$ は $\boldsymbol{1}'\boldsymbol{W}\boldsymbol{1} = n$ となるよう基準化してある．検定統計量 $t = \hat{\beta}_{体重}/\sqrt{\hat{V}(\hat{\beta}_{体重})} = 0.6577$ を用いて自由度 $n - 2 = 26$ の t 検定を行うと，$\beta_{体重} = 0$ という帰無仮説は棄却されない．

表 13.1　単回帰分析の結果 (モデルに基づく推定値)

説明変数	$\hat{\beta}$	標準誤差	検定統計量	p 値
定数項	157.39252			
体重	0.10279	0.15628	$t_{26} = 0.6577$	.516

表 13.2 には標本抽出デザインを考慮した $\hat{\beta}_{体重}$ の標準誤差の推定結果を示す．標本は $m = 3$ の学校を PSU として抽出しているため，F 検定の分母の自由度は $\nu = 3 - 1 = 2$ である．$\beta_{体重} = 0$ という帰無仮説は有意水準 10% で棄却される．また表 13.2 には決定係数の値 $R^2 = .01646$ も示してある．身長と体重の母集団相関係数の推定値は $\hat{\rho}_{xy} = \sqrt{.01646} = .128$ となる．

表 13.2 単回帰分析の結果 (デザインに基づく推定値)

説明変数	$\hat{\beta}$	標準誤差	検定統計量	p 値
定数項	157.39252			
体重	0.10279	0.02800	$F_{1,2} = 13.4765$	.067

決定係数 $R^2 = 0.01646$

表 13.3 は体重と性別の二変数を説明変数として用いた結果である．ただし性別は女であれば 1，そうでなければ 0 という二値変数である．また $\hat{\beta}$ の標準誤差は標本抽出デザインを考慮して推定した結果である．$\beta_{体重} = 0$ という帰無仮説は棄却されず，表 13.2 の結果は性別の間での体重の違いを反映したものであることが分かる．

表 13.3 重回帰分析の結果

説明変数	$\hat{\beta}$	標準誤差	検定統計量	p 値
定数項	168.90165			
体重	-0.01529	0.12015	$F_{1,2} = 0.0162$	.910
性別 (女)	-10.20006	0.31126	$F_{1,2} = 1073.9139$	.001

例題 13.2　部分母集団平均の差の検定

単回帰分析を利用すると，二つの部分母集団平均の差の検定を行うことができる．例えば 9.2.1 節の表 9.1 に示す二段抽出標本において，平均身長の男女差の有無を検定したいものとしよう．そのためには身長を基準変数とし，性別を説明変数とした単回帰分析を行えばよい．ただし性別は女を 1 とする二値変数である．

表 13.4 に示す回帰係数の推定値 $\hat{\beta}_{性別 (女)} = -10.15357$ は，男女間での平均身長の差の推定値となる．$\hat{\beta}_{性別 (女)}$ の標準誤差とは，男女差についての標準誤差である．p 値から分かるように，当然のことながら有意な男女差が認められる．

表 13.4 男女差の検定のための単回帰分析

説明変数	$\hat{\beta}$	標準誤差	検定統計量	p 値
定数項	167.99205			
性別 (女)	-10.15357	0.18188	$F_{1,2} = 3116.5547$	.000

13.2 ロジスティック回帰分析

13.2.1 ロジスティック回帰分析

基準変数が連続量ではなく，例えば "賛成" と "反対" あるいは "当てはまる" と "当てはまらない" など，二つの値のみをとるときには**ロジスティック回帰分析** (logistic regression analysis) を用いることが多い．

$$p = \Pr(y = 1|\boldsymbol{x}) = \frac{\exp(\boldsymbol{x}'\boldsymbol{\beta})}{1 + \exp(\boldsymbol{x}'\boldsymbol{\beta})} \tag{13.27}$$

ただし基準変数 y は，例えば "賛成" であれば 1，そうでなければ 0 という値をとる二値変数である．

重回帰分析のときと同様に考えていくと，まず尤度は以下となる．

$$L(\boldsymbol{\beta}) = \prod_{i=1}^{N} p_i^{y_i}(1-p_i)^{1-y_i} \tag{13.28}$$

母集団における推定方程式は，尤度 $L(\boldsymbol{\beta})$ の対数を $\boldsymbol{\beta}$ で偏微分すればよい．

$$\boldsymbol{G}(\boldsymbol{\beta}) = \frac{\partial}{\partial \boldsymbol{\beta}} \ln L(\boldsymbol{\beta}) = \sum_U \boldsymbol{g}(y_i, \boldsymbol{x}_i, \boldsymbol{\beta}) = \boldsymbol{0} \tag{13.29}$$

ただし $\boldsymbol{g}(y_i, \boldsymbol{x}_i, \boldsymbol{\beta})$ は以下のとおりである．

$$\boldsymbol{g}(y_i, \boldsymbol{x}_i, \boldsymbol{\beta}) = \left(y_i - \frac{\exp(\boldsymbol{x}_i'\boldsymbol{\beta})}{1 + \exp(\boldsymbol{x}_i'\boldsymbol{\beta})}\right) \boldsymbol{x}_i \tag{13.30}$$

13.2.2 回帰係数の推定

標本調査の目的は，(13.29) 式を満たす $\boldsymbol{\beta}$ を推定することとなる．そのためには標本に基づく推定方程式

$$\hat{\boldsymbol{G}}(\boldsymbol{\beta}) = \sum_s w_i \boldsymbol{g}(y_i, \boldsymbol{x}_i, \boldsymbol{\beta}) = \boldsymbol{0} \tag{13.31}$$

を満たす $\boldsymbol{\beta}$ を，例えば以下の Newton-Raphson 法などの繰り返し計算により求めればよい．

$$\boldsymbol{\beta}^{(j+1)} = \boldsymbol{\beta}^{(j)} - \hat{\boldsymbol{J}}^{-1}(\boldsymbol{\beta}^{(j)}) \hat{\boldsymbol{G}}(\boldsymbol{\beta}^{(j)}) \tag{13.32}$$

ただし $\boldsymbol{\beta}^{(j)}$ は j 番目の繰り返しによる値であり，$\hat{\boldsymbol{J}}(\boldsymbol{\beta}^{(j)})$ は以下のとおりである.

$$\hat{\boldsymbol{J}}(\boldsymbol{\beta}^{(j)}) = \left.\frac{\partial \hat{\boldsymbol{G}}(\boldsymbol{\beta})}{\partial \boldsymbol{\beta}'}\right|_{\boldsymbol{\beta}=\boldsymbol{\beta}^{(j)}} = -\boldsymbol{X}_s' \boldsymbol{W} \hat{\boldsymbol{\Sigma}}^{(j)} \boldsymbol{W} \boldsymbol{X}_s \tag{13.33}$$

$\hat{\boldsymbol{\Sigma}}^{(j)}$ は対角要素を $\hat{p}_i^{(j)}(1-\hat{p}_i^{(j)})/w_i$ とする対角要素であり，$\hat{p}_i^{(j)}$ は $\boldsymbol{\beta}^{(j)}$ を用いた (13.27) 式による値である.

$\hat{\boldsymbol{\beta}}$ の分散は (13.10) 式を用いて推定することができる.

例題 13.3 ロジスティック回帰分析

表 12.1 に示す質問項目に対して，"やりとげたという感じがもてる仕事" と回答する人の属性をロジスティック回帰分析を用いて調べてみよう．基準変数 y は "やりとげた感じ" を選べば 1，そうでなければ 0 という値をとる．説明変数は区市郡と年齢層とする．標本は層化二段抽出されたものである．標本における PSU 数は 299，層数は 5 なので分散の自由度は $\nu = 299 - 5 = 294$ である.

標本抽出デザインを考慮した回帰係数の推定値 $\hat{\boldsymbol{\beta}}$ とその標準誤差の推定値は表 13.5 のとおりである．区市郡については，郡部ほど回帰係数の値が小さくなり，"やりとげた感じ" を選ぶ人が少ないことを示す．また 40〜50 歳代の回帰係数は正であり，他の年齢層よりも'やりとげた感じ'を選ぶ人が若干多い.

表 13.5 ロジスティック回帰分析の結果

説明変数	$\hat{\beta}$	標準誤差	修正 Wald 検定統計量	p 値
定数項	0.0338			
区市郡			$F_{3,292} = 3.0204$	.030
市部 (20 万人以上)	−0.1931	0.2276		
市部 (20 万人未満)	−0.3622	0.2261		
郡部	−0.6321	0.2388		
年齢層			$F_{2,293} = 1.6324$	.197
40〜50 歳代	0.2471	0.1416		
60〜70 歳代	0.0919	0.1572		

表 13.5 には，各説明変数についてカテゴリの回帰係数が全て 0 という帰無仮説を検定するための修正 Wald 検定統計量 FW^* の値も示す．区市郡は 5% 水準で有意であるが，年齢層は有意ではない.

参 考 文 献

注）[p.] は本書中における引用箇所を示す．

岩崎学 (2002). 不完全データの統計解析. エコノミスト社. [p.200]
木村和範 (2001). 標本調査法の生成と展開. 北海道大学図書刊行会. [p.13]
鈴木義一郎 (1981). 例解標本調査論. 実教出版. [p.4]
鈴木達三・高橋宏一 (1998). 標本調査法. 朝倉書店. [p.4, p.157]
多賀保志 (1976). サンプル調査の理論. サイエンス社. [p.27, p.199]
竹内啓 (1973). 数理統計学の方法的基礎. 東洋経済新報社. [p.75]
竹村彰通 (1991). 現代数理統計学. 創文社. [p.191]
土屋隆裕 (2006). 「調査への指向性」変数を用いた調査不能バイアス補正の試み―「日本人の国民性調査」データへの適用―, 日本統計学会誌, 第 36 巻, 1–23. [p.207]
土屋隆裕・平井洋子・小野滋 (2007). 個別面接聴取法における Item Count 法の諸問題と実用化可能性, 統計数理, 第 55 巻, 159–175. [p.198]
津村善郎 (1956). 標本調査法. 岩波書店. [p.4]
津村善郎・築林昭明 (1986). 標本調査法. 岩波書店. [p.4]
豊田秀樹 (1998). 調査法講義. 朝倉書店. [p.4]
西平重喜 (1985). 統計調査法. 培風館. [p.4]
畑村又好・奥野忠一 (1949). 標本調査法入門. 小石川書房. [p.4]
林知己夫 編 (2002). 社会調査ハンドブック. 朝倉書店. [p.4]
林知己夫 監 多賀保志 編 (1985). 調査とサンプリング. 同文書院. [p.4]
原純輔・海野道郎 (2004). 社会調査演習 第 2 版. 東京大学出版会. [p.4]
前田忠彦・中村隆 (2000). 近年 5 回の国民性調査の標本設計と標本精度について, 統計数理, 第 48 巻, 147–178. [p.183]
松田芳郎・伴金美・美添泰人 編 (2000). ミクロ統計の集計解析と技法. 日本評論社. [p.4, p.189]
Aoyama, H. (1954). A study of the stratified random sampling. *Annals of the Institute of Statistical Mathematics*, **6**, 1–36. [p.106]
Ardilly, P. and Tillé, Y. (2006). *Sampling Methods. Exercises and Solutions*. Springer: New York. [p.90, p.114]
Bankier, M.D. (1988). Power allocations: Determining sample sizes for subnational areas. *The American Statistician*, **42**, 174–177. [p.103]
Bethlehem, J. (2002). Weighting nonresponse adjustments based on auxiliary information.

In *Survey Nonresponse*. (eds. R.M.Groves et al.), pp. 275–288. John Wiley & Sons: New York. [p.202]

Biemer, P.P. and Lyberg, L.E. (2003). *Introduction to Survey Quality*. John Wiley & Sons: New Jersey. [p.194]

Binder, D.A. (1983). On the variances of asymptotically normal estimators from complex surveys. *International Statistical Review*, **51**, 279–292. [p.224]

Binder, D.A. (1996). Linearization methods for single phase and two-phase samples: A cookbook approach. *Survey Methodology*, **22**, 17–22. [p.81]

Binder, D.A., Babyak, C., Brodeur, M., Hidiroglou, M. and Jocelyn, W. (1997). Variance estimation for two-phase stratified sampling. *Proceedings of the Survey Research Methods Section, American Statistical Association*, 267–272. [p.172]

Brackstone, G.J. and Rao, J.N.K. (1979). An investigation of raking ratio estimators. *Sankhyā, Series C*, **41**, 97–114. [p.117]

Breiman, L., Friedman, J.H., Olshen, R.A. and Stone, C.J. (1984). *Classification and Regression Trees*. Wadsworth: California. [p.204]

Brewer, K.R.W. (1963a). A model of systematic sampling with unequal probabilities. *Australian Journal of Statistics*, **5**, 5–13. [p.62]

Brewer, K.R.W. (1963b). Ratio estimation and finite populations: Some results deducible from the assumption of an underlying stochastic process. *Australian Journal of Statistics*, **5**, 93–105. [p.71]

Brewer, K.R.W. (1979). A class of robust sampling designs for large scale surveys. *Journal of the American Statistical Association*, **74**, 911–915. [p.125]

Brewer, K.R.W., Early, L.J. and Hanif, M. (1984). Poisson, modified Poisson and collocated sampling. *Journal of Statistical Planning and Inference*, **10**, 15–30. [p.59]

Brewer, K.R.W., Early, L.J. and Joyce, S.F. (1972). Selecting several samples from a single population. *Australian Journal of Statistics*, **14**, 231–239. [p.59]

Brewer, K.R.W. and Hanif, M. (1983). *Sampling with Unequal Probabilities*. Springer-Verlag: New York. [p.58]

Callegaro, M. (2008). Seam effects in longitudinal surveys. *Journal of Official Statistics*, **24**, 387–409. [p.195]

Cassel, C.M., Särndal, C.-E. and Wretman, J.H. (1976). Some results on generalized difference estimation and generalized regression estimation for finite populations. *Biometrika*, **63**, 615–620. [p.124]

Cassel, C.M., Särndal, C.-E. and Wretman, J.H. (1977). *Foundations of Inference in Survey Sampling*. John Wiley & Sons: New York. [p.124]

Chambers, R.L. and Skinner, C.J. (eds.) (2003). *Analysis of Survey Data*. John Wiley & Sons: Chichester. [p.224]

Chaudhuri, A. and Vos, J.M.E. (1988). *Unified Theory and Strategies of Survey Sampling*. North-Holland: Amsterdam. [p.58]

Cochran, W.G. (1961). Comparison of methods for determining stratum boundaries. *Bulletin of the International Statistical Institute*, **38**, 345–358. [p.106]

Cochran, W.G. (1977). *Sampling Techniques*. 3rd ed. John Wiley & Sons: New York.

参 考 文 献

[p.72, p.80, p.105, p.113, p.178, p.199]
Cornfield, J. (1951). Modern methods in the sampling of human populations. *American Journal of Public Health*, **41**, 654–661. [p.183]
Dalenius, T. and Hodges, J.L. (1959). Minimum variance stratification. *Journal of the American Statistical Association*, **54**, 88–101. [p.106]
Decady, Y.J. and Thomas, D.R. (2000). A simple test of association for contingency tables with multiple column responses. *Biometrics*, **56**, 893–896. [p.220]
Deming, W.E. (1956). On simplifications of sampling design through replication with equal probabilities and without stages. *Journal of the American Statistical Association*, **51**, 24–53. [p.186]
Deming, W.E. and Stephan, F.F. (1940). On a least squares adjustment of a sampled frequency table when the expected marginal totals are known. *The Annals of Mathematical Statistics*, **11**, 427–444. [p.116]
Demnati, A. and Rao, J.N.K. (2004). Linearization variance estimators for survey data. *Survey Methodology*, **30**, 17–26. [p.80, p.81]
Deville, J.-C. (1999). Variance estimation for complex statistics and estimators: Linearization and residual techniques. *Survey Methodology*, **25**, 193–203. [p.81]
Deville, J.-C. and Särndal, C.-E. (1992). Calibration estimators in survey sampling. *Journal of the American Statistical Association*, **87**, 376–382. [p.130, p.133]
Deville, J.-C., Särndal, C.-E. and Sautory, O. (1993). Generalized raking procedures in survey sampling. *Journal of the American Statistical Association*, **88**, 1013–1020. [p.130]
Droitcour, J., Caspar, R.A., Hubbard, M.L., Parsley, T.L., Visscher, W. and Ezzati, T.M. (1991). The item count technique as a method of indirect questioning: A review of its development and a case study application. In *Measurement Errors in Surveys*. (eds. P.P.Biemer et al.), pp. 185–210. John Wiley & Sons: New York. [p.197]
Duncan, G.J. and Kalton, G. (1987). Issues of design and analysis of surveys across time. *International Statistical Review*, **55**, 97–117. [p.175]
Durbin, J. (1953). Some results in sampling theory when the units are selected with unequal probabilities. *Journal of the Royal Statistical Society, Series B*, **15**, 262–269. [p.58]
Durbin, J. (1967). Design of multistage surveys for the estimation of sampling errors. *Applied Statistics*, **16**, 152–164. [p.62]
Eckler, A.R. (1955). Rotation sampling. *Annals of Mathematical Statistics*, **26**, 664–685. [p.178]
Efron, B. (1979). Bootstrap methods: Another look at the jackknife. *Annals of Statistics*, **7**, 1–26. [p.189]
Ekman, G. (1959). An approximation useful in univariate stratification. *Annals of Mathematical Statistics*, **30**, 219–229. [p.106]
Elliott, M.R. (2008). Model averaging methods for weight trimming. *Journal of Official Statistics*, **24**, 517–540. [p.133]
EU 統計局 (2003). 統計品質に関する用語集 (対訳：独立行政法人統計センター研究センター) http://www.nstac.go.jp/services/pdf/skk-yogosyu3.pdf (2009 年 5 月 13 日). [p.ii]
Fan, C.T., Muller, M.E. and Rezucha, I. (1962). Development of sampling plans by us-

ing sequential (item by item) selection technique and digital computers. *Journal of the American Statistical Association*, **57**, 387–402. [p.40]

Fay, R.E. (1979). On adjusting the Pearson chi-square statistic for clustered sampling. *Proceedings of the Social Statistics Section, American Statistical Association*, 402–406. [p.214]

Fay, R.E. (1985). A jackknifed chi-squared test for complex samples. *Journal of the American Statistical Association*, **80**, 148–157. [p.214]

Fay, R.E. (1987). Additional evaluation of chi-square methods for complex surveys. *Proceedings of the Survey Research Methods Section, American Statistical Association*, 680–685. [p.216]

Federal Committee on Statistical Methodology (2001). *Measuring and Reporting Sources of Error in Surveys*, Working Paper 31. Statistical Policy Office, Office of Information and Regulatory Affairs, Office of Management and Budget: Washington, DC. [p.194]

Fellegi, I.P. (1980). Approximate tests of independence and goodness of fit based on stratified multistage samples. *Journal of the American Statistical Association*, **75**, 261–268. [p.214]

Fellegi, I.P. and Holt, D. (1976). A systematic approach to automatic edit and imputation. *Journal of the American Statistical Association*, **71**, 17–35. [p.208]

Folsom, R.E. (1991). Exponential and logistic weight adjustment for sampling and nonresponse error reduction. *Proceedings of the Social Statistics Section, American Statistical Association*, 197–202. [p.130, p.133]

Folsom, R.E. and Singh, A.C. (2000). The generalized exponential model for sampling weight calibration for extreme values, nonresponse, and poststratification. *Proceedings of the Survey Research Methods Section, American Statistical Association*, 598–603. [p.130, p.133]

Glasser, G.J. (1962). On the complete coverage of large units in a statistical study. *Review of the International Statistical Institute*, **30**, 28–32. [p.105]

Goodman, L.A. (1960). On the exact variance of products. *Journal of the American Statistical Association*, **55**, 708–713. [p.72]

Goodman, R. and Kish, L. (1950). Controlled selection—A technique in probability sampling. *Journal of the American Statistical Association*, **45**, 350–372. [p.63]

Graubard, B.I. and Korn, E.L. (1993). Hypothesis testing with complex survey data: The use of classical quadratic test statistics with particular reference to regression problems. *Journal of the American Statistical Association*, **88**, 629–641. [p.216, p.226]

Gross, S. (1980). Median estimation in sample surveys. *Proceedings of the Survey Research Methods Section, American Statistical Association*, 181–184. [p.189]

Groves, R.M. (1989). *Survey Errors and Survey Costs*. John Wiley & Sons: New York. [p.194]

Groves, R.M., Dillman, D.A., Eltinge, J.L. and Little, R.J.A. (eds.) (2002). *Survey Nonresponse*. John Wiley & Sons: New York. [p.200]

Groves, R.M., Fowler, F.J.Jr., Couper, M.P., Lepkowski, J.M., Singer, E. and Tourangeau, R. (2004). *Survey Methodology*. John Wiley & Sons: New Jersey. [p.2]

参 考 文 献

Hájek, J. (1964). Asymptotic theory of rejective sampling with varying probabilities from a finite population. *The Annals of Mathematical Statistics*, **35**, 1491–1523. [p.58]

Hájek, J. (1971). Comment on a paper by D.Basu. In *Foundations of Statistical Inference*. (eds. V.P.Godambe and D.A.Sprott), pp.236. Holt, Rinehart and Winston: Toronto. [p.71]

Hanif, M. and Brewer, K.R. (1980). Sampling with unequal probabilities without replacement: A review. *International Statistical Review*, **48**, 317–335. [p.58]

Hansen, M.H. and Hurwitz, W.N. (1943). On the theory of sampling from finite population. *Annals of Mathematical Statistics*, **14**, 333–362. [p.31]

Hansen, M.H. and Hurwitz, W.N. (1946). The problem of non-response in sample surveys. *Journal of the American Statistical Association*, **41**, 517–529. [p.200]

Hansen, M.H., Hurwitz, W.N. and Madow, W.G. (1953). *Sample Survey Methods and Theory, Vol. I and II*. John Wiley & Sons: New York. [p.105, p.186]

Hansen, M.H., Hurwitz, W.N., Nisselson, H. and Steinberg, J. (1955). The redesign of the census current population survey. *Journal of the American Statistical Association*, **50**, 701–719. [p.176]

Hartley, H.O. (1946). Discussion of paper by F.Yates. *Journal of the Royal Statistical Society*, **109**, 37–38. [p.202]

Hartley, H.O. and Rao, J.N.K. (1962). Sampling with unequal probabilities and without replacement. *Annals of Mathematical Statistics*, **33**, 350–374. [p.63]

Hartley, H.O. and Ross, A. (1954). Unbiased ratio estimators. *Nature*, **174**, 270–271. [p.74, p.75]

Hedayat, A.S. and Sinha, B.K. (1991). *Design and Inference in Finite Population Sampling*. John Wiley & Sons: New York. [p.62, p.224]

Hidiroglou, M.A. (1986). The construction of a self-representing stratum of large units in survey design. *The American Statistician*, **40**, 27–31. [p.105]

Horvitz, D.G. and Thompson, D.J. (1952). A generalization of sampling without replacement from a finite universe. *Journal of the American Statistical Association*, **47**, 663–685. [p.26, p.29]

Jensen, A. (1926). Report on the representative method in statistics. *Bulletin of the International Statistical Institute*, **22**, Liv.1, 359–380. [p.13]

Judkins, D.R. (1990). Fay's method for variance estimation. *Journal of Official Statistics*, **6**, 223–239. [p.188]

Kalton, G. and Kasprzyk, D. (1982). Imputing for missing survey responses. *Proceedings of the Survey Research Methods Section, American Statistical Association*, 22–31. [p.208]

Kalton, G. and Kasprzyk, D. (1986). The treatment of missing survey data. *Survey Methodology*, **12**, 1–16. [p.200]

Kasprzyk, D., Duncan, G., Kalton, G. and Singh, M.P. (eds.) (1989). *Panel Surveys*. John Wiley & Sons: New York. [p.176]

Kish, L. (1965). *Survey Sampling*. John Wiley & Sons: New York. [p.12, p.66, p.67, p.105]

Kish, L. (1979). Samples and censuses. *International Statistical Review*, **47**, 99–109.   [p.2]
Kish, L. (1987). *Statistical Design for Research*. John Wiley & Sons: New York.   [p.66, p.175, p.176]
Kish, L. (1992). Weighting for unequal P_i. *Journal of Official Statistics*, **8**, 183–200.   [p.133]
Kish, L. and Frankel, M.R. (1974). Inference from complex samples. *Journal of the Royal Statistical Society, Series B*, **36**, 1–37.   [p.185, p.214, p.223]
Kish, L. and Verma, V. (1983). Censuses and samples: Combined uses and designs. *Bulletin of the International Statistical Institute, Book 1*, **44**, 66–82.   [p.2]
Koch, G.G., Freeman, D.H.Jr. and Freeman, J.L. (1975). Strategies in the multivariate analysis of data from complex surveys. *International Statistical Review*, **43**, 59–78.   [p.214]
Konijn, H.S. (1973). *Statistical Theory of Sample Survey Design and Analysis*. North-Holland: New York.   [p.72, p.199]
Korn, E.L. and Graubard, B.I. (1990). Simultaneous testing of regression coefficients with complex survey data: Use of Bonferroni t statistics. *The American Statistician*, **44**, 270–276.   [p.192, p.226]
Korn, E.L. and Graubard, B.I. (1998). Confidence intervals for proportions with very small expected number of positive counts estimated from survey data. *Survey Methodology*, **24**, 193–201.   [p.191]
Korn, E.L. and Graubard, B.I. (1999). *Analysis of Health Surveys*. John Wiley & Sons: New York.   [p.191, p.217]
Kover, J., Rao, J.N.K. and Wu, C.F.J. (1988). Bootstrap and other methods to measure errors in survey estimates. *Canadian Journal of Statistics*, **16**(Suppl.), 25–45.   [p.189]
Krosnick, J.A. and Schuman, H. (1988). Attitude intensity, importance, and certainty and susceptibility to response effects. *Journal of Personality and Social Psychology*, **54**, 940–952.   [p.195]
Kruskal, W. and Mosteller, F. (1980). Representative sampling IV: The history of the concept in statistics, 1895–1939. *International Statistical Review*, **48**, 169–195.   [p.13]
Lahiri, D.B. (1951). A method of sample selection providing unbiased ratio estimates. *Bulletin of the International Statistical Institute*, **33**, 133–140.   [p.53, p.75]
Lavallée, P. and Hidiroglou, M.A. (1987). On the stratification of skewed populations. *Survey Methodology*, **14**, 33–43.   [p.106]
Lehtonen, R. and Pahkinen, E. (2004). *Practical Methods for Design and Analysis of Complex Surveys*. 2nd ed. John Wiley & Sons: Chichester.   [p.55, p.213]
Lessler, J.T. and Kalsbeek, W.D. (1992). *Nonsampling Error in Surveys*. John Wiley & Sons: New York.   [p.194]
Levy, P.S. and Lemeshow, S. (1999). *Sampling of Populations: Methods and Applications*. 3rd ed. John Wiley & Sons: New York.   [p.106]
Little, R.J.A. (1986). Survey nonresponse adjustments for estimates of means. *International Statistical Review*, **54**, 139–157.   [p.205]
Little, R.J.A. and Rubin, D.B. (2002). *Statistical Analysis with missing data*. 2nd ed. John

Wiley & Sons: New Jersey. [p.200, p.204]
Little, R.J.A. and Vartivarian, S. (2003). On weighting the rates in non-response weights. *Statistics in Medicine*, **22**, 1589–1599. [p.203]
Lohr, S.L. (1999). *Sampling: Design and Analysis*. Duxbury Press: California. [p.75, p.80, p.224]
Longford, N.T. (2005). *Missing Data and Small-Area Estimation*. Springer: New York. [p.49]
Lumley, T. (2009). "survey: analysis of complex survey sample." R package version 3.14. [p.107]
Lundström, S. and Särndal, C.-E. (1999). Calibration as a standard method for treatment of nonresponse. *Journal of Official Statistics*, **15**, 305–327. [p.206]
Madow, W.G. (1949). On the theory of systematic sampling, II. *The Annals of Mathematical Statistics*, **20**, 333–354. [p.63]
Madow, W.G. and Madow, L.H. (1944). On the theory of systematic sampling, I. *The Annals of Mathematical Statistics*, **15**, 1–24. [p.45]
Madow, W.G., Nisselson, H. and Olkin, I. (eds.) (1983). *Incomplete Data in Sample Surveys, Volume 1, Report and Case Studies*. Academic Press: New York. [p.200]
Madow, W.G. and Olkin, I. (eds.) (1983). *Incomplete Data in Sample Surveys, Volume 3, Proceedings of the Symposium*. Academic Press: New York. [p.200]
Madow, W.G., Olkin, I. and Rubin, D.B. (eds.) (1983). *Incomplete Data in Sample Surveys, Volume 2, Theory and Bibliographies*. New York: Academic Press. [p.200]
Mahalanobis, P.C. (1939). A sample survey of the acreage under jute in Bengal. *Sankhya*, **4**, 511–531. [p.186]
McCarthy, P.J. (1966). Replication: An approach to the analysis of data from complex surveys. *Vital and Health Statistics*, Series 2, No. 14. National Center for Health Statistics: Maryland. [p.187]
McCarthy, P.J. (1969). Pseudo-replication: Half samples. *Review of the International Statistical Institute*, **37**, 239–264. [p.187]
McCarthy, P.J. (1993). Standard error and confidence interval estimation for the median. *Journal of Official Statistics*, **9**, 673–689. [p.95]
McCarthy, P.J. and Snowden, C.B. (1985). The bootstrap and finite population sampling. *Vital and Health Statistics*, Series 2, No. 95. National Center for Health Statistics: Washington, DC. [p.189]
Midzuno, H. (1952). On the sampling system with probability proportional to sum of sizes. *Annals of the Institute of Statistical Mathematics*, **3**, 99–107. [p.62]
Miller, R.G. (1981). *Simultaneous Statistical Inference*. 2nd ed. Springer-Verlag: New York. [p.215]
Neyman, J. (1934). On the two different aspects of the representative method: The method of stratified sampling and the method of purposive selection. *Journal of the Royal Statistical Society*, **97**, 558–625. [p.13, p.102]
Neyman, J. (1938). Contribution to the theory of sampling human populations. *Journal of the American Statistical Association*, **33**, 101–116. [p.171]

Oh, H.L. and Scheuren, F.J. (1983). Weighting adjustment for unit nonresponse. In *Incomplete Data in Sample Surveys, Volumn.2.* (eds. W.G.Madow et al.), pp.143–184. Academic Press: New York.　　[p.115, p.200]

Oh, H.L. and Scheuren, F.J. (1987). Modified raking ratio estimation. *Survey Methodology*, **13**, 209–219.　　[p.116]

Ohlsson, E. (1995). Coordination of samples using permanent random numbers. In *Business Survey Methods*. (eds. B.G.Cox et al.), pp.153–169.John Wiley & Sons: New York. [p.175]

Olkin, I. (1958). Multi-variate ratio estimation for finite populations. *Biometrika*, **45**, 154–165.　　[p.72]

Patterson, H.D. (1950). Sampling on successive occasions with partial replacement of units. *Journal of the Royal Statistical Society, Series B*, **12**, 241–255.　　[p.176, p.178]

Payne, S.L. (1951). *The Art of Asking Questions*. Princeton University Press: Princeton. [p.195]

Plackett, R.L. and Burman, J.P. (1946). The design of optimum multifactorial experiments. *Biometrika*, **33**, 305–325.　　[p.187]

Platek, R. and Särndal, C.-E. (2001). Can a statistician deliver? *Journal of Official Statistics*, **17**, 1–20.　　[p.2]

Politz, A. and Simmons, W. (1949). An attempt to get the "not at homes" into the sample without callbacks. *Journal of the American Statistical Association*, **44**, 9–16.　　[p.202]

Quenouille, M.H. (1949). Approximate tests of correlation in time series. *Journal of the Royal Statistical Society, B*, **11**, 68–84.　　[p.188]

Quenouille, M.H. (1956). Notes on bias in estimation. *Biometrika*, 43, 353–360.　　[p.188]

Raj, D. (1964). On double sampling for pps estimation. *The Annals of Mathematical Statistics*, **35**, 900–902.　　[p.171]

Rao, J.N.K. (1965). On two simple schemes of unequal probability sampling without replacement. *Journal of the Indian Statistical Association*, **3**, 173–180.　　[p.62]

Rao, J.N.K. (1973). On double sampling for stratification and analytical surveys. *Biometrika*, **60**, 125–133.　　[p.171]

Rao, J.N.K. (2003). *Small Area Estimation*. John Wiley & Sons: New Jersey.　　[p.49]

Rao, J.N.K. and Graham, J.E. (1964). Rotation design or sampling on repeated occasions. *Journal of the American Statistical Association*, **59**, 492–509.　　[p.178]

Rao, J.N.K., Hartley, H.O. and Cochran, W.G. (1962). A simple procedure of unequal probability sampling without replacement. *Journal of the Royal Statistical Society B*, **24**, 482–491.　　[p.65]

Rao, J.N.K. and Scott, A.J. (1981). The analysis of categorical data from complex sample surveys: Chi-squared tests for goodness of fit and independent in two-way tables. *Journal of the American Statistical Association*, **76**, 221–230.　　[p.215]

Rao, J.N.K. and Scott, A.J. (1984). On chi-squared tests for multiway contingency tables with cell proportions estimated from survey data. *The Annals of Statistics*, **12**, 46–60. [p.215]

Rao, J.N.K. and Scott, A.J. (1987). On simple adjustments to chi-square tests with sample survey data. *The Annals of Statistics*, **15**, 385–397. [p.215]

Rao, J.N.K. and Thomas, D.R. (1988). The analysis of cross-classified categorical data from complex sample surveys. *Sociological Methodology*, **18**, 213–269. [p.213]

Rao, J.N.K. and Thomas, D.R. (1989). Chi-squared tests for contingency table. In *Analysis of Complex Surveys*. (eds. C.J.Skinner et al.), pp.89–114. John Wiley & Sons: Chichester. [p.213, p.216]

Rao, J.N.K. and Thomas, D.R. (2003). Analysis of categorical response data from complex surveys: An appraisal and update. In *Analysis of Survey Data*. (eds. T.L.Chambers and C.J.Skinner), pp.85–108. John Wiley & Sons: Chichester. [p.213]

Rao, J.N.K. and Wu, C.F.J. (1988). Resampling inference with complex survey data. *Journal of the American Statistical Association*, **83**, 231–241. [p.189]

Research Triangle Institute (2008). *SUDAAN Language Manual, Release 10.0*. Research Triangle Institute: Research Triangle Park, NC. [p.58, p.133, p.159, p.226]

Robson, D.S. (1957). Applications of multivariate polykays to the theory of unbiased ratio-type estimation. *Journal of the American Statistical Association*, **52**, 511–522. [p.75]

Rosenbaum, P.R. and Rubin, D.B. (1983). The central role of the propensity score in observational studies for causal effects. *Biometrika*, **70**, 41–55. [p.204]

Rubin, D.B. (1977). Formalizing subjective notions about the effect of nonrespondents in sample surveys. *Journal of the American Statistical Association*, **72**, 538–543. [p.209]

Rubin, D.B. (1978). Multiple imputations in sample surveys—A phenomenological Bayesian approach to nonresponse. *Proceedings of the Survey Research Methods Section, American Statistical Association*, 20–34. [p.209]

Rubin, D.B. (1987). *Multiple Imputation for Nonresponse in Surveys*. John Wiley & Sons: New York. [p.208]

Rubin, D.B. (1996). Multiple Imputation after 18+ years. *Journal of the American Statistical Association*, **91**, 473–489. [p.209]

Rust, K.F. and Rao, J.N.K. (1996). Variance estimation for complex surveys using replication techniques. *Statistical Methods in Medical Research*, **5**, 283–310. [p.185, p.189]

Sampford, M.R. (1967). On sampling without replacement with unequal probabilities of selection. *Biometrika*, **54**, 499–513. [p.61]

Särndal, C.E. (1980). On π inverse weighting versus best linear unbiased weighting in probability sampling. *Biometrika*, **67**, 639–650. [p.125]

Särndal, C.-E. and Lundström, S. (2005). *Estimation in Surveys with Nonresponse*. John Wiley & Sons: Chichester. [p.200, p.206, p.206]

Särndal, C.-E. and Lundström, S. (2008). Assessing auxiliary vectors for control of nonresponse bias in the calibration estimator. *Journal of Official Statistics*, **24**, 167–191. [p.206]

Särndal, C.-E. and Swensson, B. (1987). A general view of estimation for two phases of selection with applications to two-phase sampling and nonresponse. *International Statistical Review*, **55**, 279–294. [p.174]

Särndal, C.-E., Swensson, B., and Wretman, J. (1992). *Model Assisted Survey Sampling*. Springer-Verlag: New York. [p.114, p.124, p.129, p.145, p.170, p.178, p.224]

Satterthwaite, F.E. (1946). An approximate distribution of estimates of variance components. *Biometrics Bulletin*, **2**, 110–114.　[p.220]

Schuman, H. and Presser, S. (1981). *Questions and Answers in Attitude Surveys*. Academic Press: New York.　[p.195]

Sen, A.R. (1953). On the estimate of the variance in sampling with varying probabilities. *Journal of the Indian Society of Agricultural Statistics*, **5**, 119–127.　[p.29]

Shah, B.V. (2004). Comment (on Demnati and Rao). *Survey Methodology*, **30**, 29.　[p.80, p.81]

Shao, J. and Tu, D. (1995). *The Jackknife and Bootstrap*. Springer-Verlag: New York. [p.185, p.188, p.189]

Singh, D. and Chaudhary, F.S. (1986). *Theory and Analysis of Sample Survey Designs*. Wiley Eastern Limited: New Delhi.　[p.106]

Sitter, R.R. (1992). A resampling procedure for complex survey data. *Journal of the American Statistical Association*, **87**, 755–765.　[p.189]

Skinner, C.J., Holt, D. and Smith, T.M.F. (eds.) (1989). *Analysis of Complex Surveys*. John Wiley & Sons: Chichester.　[p.224, p.226]

Srinath, K.P. and Carpenter, R.M. (1995). Sampling methods for repeated business surveys. In *Business Survey Methods*. (eds. B.G.Cox et al.), pp.171–183. John Wiley & Sons: New York.　[p.175]

StataCorp. (2007). *Stata Statistical Software: Release 10*. StataCorp LP: College Station, TX.　[p.189, p.226]

Stevens, W.L. (1952). Samples with the same number in each stratum. *Biometrika*, **39**, 414–417.　[p.103]

Sudman, S., Bradburn, N.M. and Schwarz, N. (1996). *Thinking About Answers*. John Wiley & Sons: New York.　[p.195]

Sukhatme, P.V., Sukhatme, B.V., Sukhatme, S. and Asok, C. (1984). *Sampling Theory of Surveys with Applications*. 3rd ed. New Delhi: Indian Society of Agricultural Statistics. [p.27]

Sunter, A.B. (1977a). Response burden, sample rotation, and classification renewal in economic surveys. *International Statistical Review*, **45**, 209–222.　[p.176]

Sunter, A.B. (1977b). List sequential sampling with equal or unequal probabilities without replacement. *Applied Statistics*, **26**, 261–268.　[p.39, p.61]

Sunter, A.B. (1986). Solution to the problem of unequal probability sampling without replacement. *International Statistical Review*, **54**, 33–50.　[p.61]

The American Association for Public Opinion Research (2008). *Standard Definitions: Final Dispositions of Case Codes and Outcome Rates for Surveys. 5th edition*. AAPOR: Lenexa, Kansas.　[p.198]

Thomas, D.R. (1989). Simultaneous confidence intervals for proportions under cluster sampling. *Survey Methodology*, **15**, 187–201.　[p.191, p.215]

Thomas, D.R. and Decady, Y.J. (2004). Testing for association using multiple response survey data: Approximate procedures based on the Rao-Scott approach. *International Journal of Testing*, **4**, 43–59.　[p.220]

Thomas, D.R. and Rao, J.N.K. (1987). Small-sample comparisons of level and power for simple goodness-of-fit statistics under cluster sampling. *Journal of the American Statistical Association*, **82**, 630–636.　[p.216]

Thomas, D.R., Singh, A.C. and Roberts, G.R. (1996). Tests of independence on two-way tables under cluster sampling: An evaluation. *International Statistical Review*, **64**, 295–311.　[p.216]

Thompson, M.E. (1997). *Theory of Sample Surveys*. Chapman & Hall: London.　[p.224]

Thompson, S.K. (2002). *Sampling*. 2nd ed. John Wiley & Sons: New York.　[p.124, p.169]

Tillé, Y. (2006). *Sampling Algorithms*. Springer: New York.　[p.39, p.58]

Tourangeau, R., Rips, L.J. and Rasinski, K. (2000). *The Psychology of Survey Response*. Cambridge University Press: Cambridge.　[p.195]

Tschuprow, A. (1923). On the mathematical expectation of the moments of frequency distributions in the case of correlated observations. *Metron*, **2**, 646–683.　[p.102]

Tsuchiya, T., Hirai, Y., and Ono, S. (2007). A study on the properties of the item count technique. *Public Opinion Quarterly*, **71**, 253–272.　[p.198]

Tukey, J.W. (1968). Discussion on Kish, L. and Frankel, M. *Proceedings of the Social Statistics Section, American Statistical Association*, 32.　[p.66]

Valliant, R. (1987). Generalized variance functions in stratified two-stage sampling. *Journal of the American Statistical Association*, **82**, 499–508.　[p.190]

Vanderhoeft, C. (2001). Generalised calibration at Statistics Belgium. *Statistics Belgium Working Paper*, No.3.　[p.133]

Wald, A. (1943). Tests of statistical hypotheses concerning several parameters when the number of observations is large. *Transactions of the American Mathematical Society*, **54**, 426–482.　[p.214]

Wald, A. (1947). *Sequential Analysis*. Chapman & Hall: New York.　[p.168]

Warner, S.L. (1965). Randomized response: A survey technique for eliminating evasive answer bias. *Journal of the American Statistical Association*, **60**, 63–69.　[p.196]

Welch, B.L. (1936). Note on an extension of the L_1 test. *Statistical Research Memoirs, University London*, **1**, 52–56.　[p.221]

Westat (2007). *WESVAR 4.3 User's Guide*. Westat: Rockville, MD.　[p.188, p.189]

Wilson, E.B. (1927). Probable inference, the law of succession, and statistical inference. *Journal of the American Statistical Association*, **22**, 209–212.　[p.191]

Wolter, K.M. (1979). Composite estimation in finite populations. *Journal of the American Statistical Association*, **74**, 604–613.　[p.176]

Wolter, K.M. (2007). *Introduction to Variance Estimation*. 2nd ed. Springer-Verlag: New York.　[p.47, p.185, p.190]

Woodruff, R.S. (1952). Confidence intervals for medians and other position measures. *Journal of the American Statistical Association*, **47**, 635–646.　[p.95]

Woodruff, R.S. (1971). A simple method for approximating the variance of a complicated estimate. *Journal of the American Statistical Association*, **66**, 411–414.　[p.80]

Wright, R.L. (1983). Finite population sampling with multivariate auxiliary information.

Journal of the American Statistical Association, **78**, 879–884.   [p.125]

Yates, F. and Grundy, P.M. (1953). Selection without replacement from within strata with probability proportional to size. *Journal of the Royal Statistical Society. Series B.*, **15**, 253–261.   [p.29]

索　　引

A

accuracy　23
all possible samples　10
attrition　194
auxiliary variable　6

B

balanced half-samples　187
Balanced Repeated Replication 法　187
Bernoulli 抽出法　59, 203
bias　20
Bonferroni 検定　215, 226
Brewer の方法　62
BRR 法　187

C

calibration
　　—— equation　130
　　—— estimator　130
　　—— weight　130
callback　200
census　8
classification tree　204
cluster　136
　　—— sampling　136
　　—— size　137
coefficient of variation　22

collocated sampling　59
combined ratio estimator　109
combined regression estimator　130
confidence interval　24
confidence level　24
consistency　21
consistent estimator　21
context effect　195
covariance of estimators　211
cum $\sqrt{f}$ rule　106
cumulative total method　14

D

degree of precision desired　180
design effect　66
design weight　33
design-based approach　223
difference estimator　120
direct questioning technique　196
domain　6
double sampling　168
draw by draw procedure　39
duplicate listings　9
Durbin の方法　62

E

effective sample size　10, 67
Ekman 法　106
element　5

equal allocation　103
error　17
estimate　17
estimating equation　222
estimation　16
estimator　16
　　design-based ——— 225
　　model-based ——— 223
　　naive ——— 223
expected value　20

F

finite population　5
　　——— correction term　42
fixed sample size design　11
fpc　42
frame　9
　　——— population　9
full orthogonal balance　187

G

generalized design effect　212
　　——— matrix　212
generalized regression estimator　124
generalized variance function　190
goodness-of-fit test　213
GVF　190
g ウェイト　127, 131

H

half-sample　187
Hansen-Hurwitz 推定量　31
Hartley-Ross 推定量　75
HH 推定量　31
homogeneity coefficient　145
Horvitz-Thompson 推定量　26
HT 推定量　26

I

imputation　207
inclusion probability　14
　　first-order ——— 14
　　second-order ——— 14
indirect questioning technique　196
interpenetrating subsamples　186
interval estimation　191
interviewer-administered survey　195
intraclass correlation coefficient　145
IPF　116
Item Count 法　196
item nonresponse　195
Iterative Proportional Fitting　116

J

jackknife replicate weight　189
jackknife technique　188

L

Lahiri の方法　53
likelihood　222
linear estimator　34
linearized variable　81
logistic regression analysis　229

M

MAR　204
MCAR　204
mean square error　23
measurement error　195
Midzuno の方法　62, 75
missing
　　——— at random　204
　　——— completely at random　204
model-based approach　223
multi-phase sampling　168

索　引

multi-stage sampling　150
multiple imputation　209
multivariate ratio estimator　72

N

Neyman 割当　102
nonignorable　205
nonprobability sampling　13
nonresponse　194
　　deterministic view of ——　198
　　stochastic view of ——　202
nonsampling error　17

O

optimum allocation　102
overcoverage　9

P

panel survey　176
parameter　6
pilot study　196
Poisson 抽出法　12, 29, 58, 202
population　5
　　—— characteristic　6
　　—— coefficient of variation　73
　　—— correlation coefficient　92
　　—— covariance　92
　　—— mean　84
　　—— median　93
　　—— proportion　87
　　—— quantile　94
　　—— ratio　71
　　—— size　5
　　—— total　26
　　—— variance　89
poststratification　111
　　—— weight　113
poststratified estimator　112
power allocation　103

precision　22
primacy effect　195
primary sampling unit　150
probability proportional-to-size sampling　52
probability proportionate to sum of sizes sampling　63
probability sample　12
probability sampling　12
processing error　195
product estimator　72
propensity score　204
proportional allocation　102
PSU　150
purposive sampling　13

Q

quota sampling　13

R

raking　115
　　—— ratio estimator　117
random groups technique　186
random sample　12
random sampling　12
random sorting procedure　39
random start　45
randomized response technique　196
Rao-Hartley-Cochran
　　——推定量　65
　　——の方法　65
Rao-Scott 修正　215, 227
Rao の方法　62
ratio estimator　71
recency effect　195
regression estimator　124
relative variance　22
reliability　22
relvariance　22
repeated survey　175

索　引

respondent burden　176
response homogeneity group　202
response probability　202
response rate　198
RHC 推定量　65
robust estimator　225
rotation sampling　176

S

Sampford の方法　61
sample　8
—— size　8
—— survey　8
sampling　10
—— design　12
—— error　17
—— fraction　10
—— interval　45
—— unit　9
—— weight　33
—— with replacement　10
—— without replacement　10
sandwitch estimator　225
satisficing　195
Satterthwaite の方法　192, 220
score function　222
seam effect　195
secondary sampling unit　150
selection-rejection procedure　40
self-administered survey　195
self-selection　13
self-weighting sample　103
separate ratio estimator　109
separate regression estimator　130
sequential sampling　168
simple random sampling
—— with replacement　40
—— without replacement　39
size of stratum　99
small area　6
snowball sampling　13

split-ballot　196
SSU　150
standard error　22
statistic　16
statistical hypothesis testing　213
statistical information　1
stratification variable　97
stratified sampling　97
stratum　97
—— mean　99
—— total　99
—— variance　99
—— weight　99
subpopulation　6
Sunter の方法　61
superpopulation　224
systematic sampling　45

T

target population　9
telescoping　195
tertiary sampling unit　150
test of homogeneity　217
test of independence　219
three-stage sampling　150
TSU　150
two-phase sampling　168
two-stage cluster sampling　150
two-stage sampling　150

U

ultimate sampling unit　150
unbiased estimator　21
unbiasedness　21
undercoverage　9, 15
unit nonresponse　194
USU　150

索　引

V

variable　6
variance of an estimator　22
variance-covariance matrix of estimators　211
voluntary response　13

W

Wald 検定　214, 226
weighted sample mean　85

あ　行

一致推定量　21
一致性　21
一般化回帰推定量　77, 124, 131
一般化デザイン効果　212, 215, 227
　　——行列　212, 215, 227
一般化分散関数　190

ウェイト
　g——　127, 131
　キャリブレーション——　130
　事後層化——　113
　ジャックナイフ反復——　189
　抽出——　33
　デザイン——　33

応募法　13

か　行

回帰推定量　124
　一般化——　77, 124, 131
回収率　198
回答確率　202
回答者の負担　176
回答等質群　202
回答率　198

確率抽出法　12
確率標本　12
確率比例抽出法　35, 52
加重標本平均　85
偏り　20
間接質問法　196
完全に直交した平衡　187

機縁法　13
期待値　20
規模比例確率抽出法　52
キャリブレーション
　　——ウェイト　130
　　——推定量　35, 128, 130, 131, 206
　　——方程式　130
級内相関係数　145
均等割当　103

区間推定　191

傾向スコア　204
継続調査　175
系統抽出法　29, 45, 63, 141
結合回帰推定量　130
結合比推定量　109

誤差　2, 17
　非標本——　17, 35, 194
　標本——　17, 194
　——評価　4
固定サイズデザイン　11, 12, 28
個別回帰推定量　130
個別比推定量　109

さ　行

再調査　200
最適割当　102
差分推定量　120
三段抽出法　150

自記式調査法　195

自己加重標本　103, 153, 203
事後層化　111
　　——ウェイト　113
　　——推定量　79, 112, 126, 205
悉皆調査　8
自動加重標本　103
四分位数　8
ジャックナイフ反復ウェイト　189
ジャックナイフ法　188
集落　9, 53, 136
　　——サイズ　137
集落抽出法　12, 53, 136, 150
初頭効果　195
新近効果　195
信頼区間　24, 191, 199
信頼水準　24, 191
信頼性　22

推定　3, 16
推定値　17
推定方程式　8, 222
推定量　16
　　頑健な——　225
　　サンドウィッチ——　225
　　デザインに基づく——　225
　　ナイーブな——　223
　　モデルに基づく——　223
　　——の共分散　211
　　——の相対分散　22
　　——の分散　22
　　——の分散共分散行列　211
スタート番号　45
全ての可能な標本　10

正確度　23
精度　22
積推定量　72, 126
線形化変数　81
線形推定量　34
選出棄却法　40, 61
全数調査　2, 8

層　97
　　——ウェイト　99
　　——サイズ　99
　　——総計　99
　　——分散　99
　　——平均　99
層化抽出法　42, 46, 52, 97
層化変数　97
総規模比例抽出法　12, 63, 75
相互貫入副標本法　186
層別抽出法　97
測定誤差　17, 195

た　行

代入法　207
多重代入法　209
多相抽出法　168
多段抽出法　150, 168
脱落　194
多変量比推定量　72
単純無作為抽出法　11, 29, 35
　　非復元——　12, 39
　　復元——　40

逐一法　39
逐次抽出法　168
抽出ウェイト　33
抽出間隔　45
抽出台帳　9
抽出単位　8, 135
　　第一次——　150
　　第二次——　150
　　第三次——　150
　　最終——　150
抽出法
　　Bernoulli——　59, 203
　　Poisson——　12, 29, 58, 202
　　確率比例——　35, 52
　　規模比例確率——　52
　　系統——　29, 45, 63, 141
　　三段——　150

索　　引

集落―― 12, 53, 136, 150
層化―― 42, 46, 52, 97
総規模比例―― 12, 63, 75
層別―― 97
多相―― 168
多段―― 150, 168
単純無作為―― 11, 29, 35
逐次―― 168
等間隔―― 45
二重―― 168
二相―― 168, 200, 202
二段―― 53, 150
二段集落―― 150
配列―― 59
非復元単純任意―― 39
非復元単純無作為―― 12, 39
復元単純任意―― 40
復元単純無作為―― 40
ローテーション―― 176
抽出率　10
調査員調査法　195
超母集団　223
直接質問法　196

継目効果　195

適合度検定　213
デザインウェイト　33
デザイン効果　66, 104, 146, 183, 212
デザインに基づく考え方　223

等間隔抽出法　45
統計情報　1
統計的仮説検定　213
統計量　16
等質性係数　145
等質性の検定　213, 217
独立性の検定　213, 219

な　行

二重抽出法　168

二相抽出法　168, 200, 202
二段集落抽出法　150
二段抽出法　53, 150

は　行

配列抽出法　59
パネル調査　176
半標本　187
　平衡した――　187

非確率抽出法　13
比推定量　21, 36, 60, 63, 70, 71, 108, 125
非標本誤差　17, 35, 194
非復元抽出法　10, 26
百分位数　8
標準誤差　22
　――率　22
標本　1, 2, 8
　――サイズ　8
標本誤差　17, 194
標本抽出　3, 10
　――デザイン　12
標本調査　2, 8
　――理論　2
比例割当　102

ブートストラップ法　189
復元抽出法　10
副標本法　185
部分母集団　6, 47, 79, 98, 112
不偏推定量　21, 26
不偏性　21
文脈効果　195
分類樹木　204

平均二乗誤差　23
べき乗割当　103
変数　6
変動係数　22

包含確率　14, 26, 30

一次の—— 14
　　二次の—— 14
母集団 2, 5
　　——回帰直線 71
　　——共分散 7, 71, 92
　　——サイズ 5
　　——相関係数 7, 71, 92
　　——総計 7, 26
　　——中央値 8, 93
　　——特性値 6
　　——比 7, 71
　　——標準偏差 7
　　——分位数 7, 94, 189
　　——分散 7, 89
　　——平均 7, 84
　　——変動係数 73
　　——割合 7, 87
補助変数 6
補定 207

ま　行

摩耗 194

未回収 194

無回答 17, 35, 194
　　——に対する確率的な考え方 202
　　——に対する決定論的な考え方 198
無記入 195
無作為化回答法 196
無作為ソート法 39
無作為抽出法 12
無作為標本 12

目標精度 180
目標母集団 9
モデルに基づく考え方 223

や　行

有意抽出法 13
有限母集団 5
　　——修正項 42
有効標本サイズ 10, 67, 148
尤度 222
雪だるま法 13

要素 5
予備調査 196

ら　行

累計法 14, 30, 53
累積 $\sqrt{f}$ 法 106

レイキング 115
　　——比推定量 117, 132

ローテーション抽出法 176
ロジスティック回帰分析 229

わ　行

枠 9, 194
　　——母集団 9
割当法 13

著者略歴

つち や たか ひろ
土屋 隆裕

1969年　東京都に生まれる
1994年　東京大学大学院教育学研究科
　　　　博士課程中退
現　在　情報・システム研究機構
　　　　統計数理研究所准教授
　　　　博士（教育学）

統計ライブラリー
概説 標本調査法

定価はカバーに表示

2009 年 8 月 25 日　初版第 1 刷
2019 年 5 月 25 日　　　第 5 刷

著　者　土　屋　隆　裕
発行者　朝　倉　誠　造
発行所　株式会社　朝　倉　書　店

東京都新宿区新小川町6-29
郵便番号　162-8707
電　話　03(3260)0141
FAX　03(3260)0180
http://www.asakura.co.jp

〈検印省略〉

© 2009 〈無断複写・転載を禁ず〉

中央印刷・渡辺製本

ISBN 978-4-254-12791-1　C 3341　Printed in Japan

JCOPY ＜出版者著作権管理機構 委託出版物＞

本書の無断複写は著作権法上での例外を除き禁じられています．複写される場合は，そのつど事前に，出版者著作権管理機構（電話 03-5244-5088, FAX 03-5244-5089, e-mail: info@jcopy.or.jp）の許諾を得てください．

好評の事典・辞典・ハンドブック

数学オリンピック事典	野口 廣 監修	B5判 864頁
コンピュータ代数ハンドブック	山本 慎ほか 訳	A5判 1040頁
和算の事典	山司勝則ほか 編	A5判 544頁
朝倉 数学ハンドブック［基礎編］	飯高 茂ほか 編	A5判 816頁
数学定数事典	一松 信 監訳	A5判 608頁
素数全書	和田秀男 監訳	A5判 640頁
数論<未解決問題>の事典	金光 滋 訳	A5判 448頁
数理統計学ハンドブック	豊田秀樹 監訳	A5判 784頁
統計データ科学事典	杉山高一ほか 編	B5判 788頁
統計分布ハンドブック（増補版）	蓑谷千凰彦 著	A5判 864頁
複雑系の事典	複雑系の事典編集委員会 編	A5判 448頁
医学統計学ハンドブック	宮原英夫ほか 編	A5判 720頁
応用数理計画ハンドブック	久保幹雄ほか 編	A5判 1376頁
医学統計学の事典	丹後俊郎ほか 編	A5判 472頁
現代物理数学ハンドブック	新井朝雄 著	A5判 736頁
図説ウェーブレット変換ハンドブック	新 誠一ほか 監訳	A5判 408頁
生産管理の事典	圓川隆夫ほか 編	B5判 752頁
サプライ・チェイン最適化ハンドブック	久保幹雄 著	B5判 520頁
計量経済学ハンドブック	蓑谷千凰彦ほか 編	A5判 1048頁
金融工学事典	木島正明ほか 編	A5判 1028頁
応用計量経済学ハンドブック	蓑谷千凰彦ほか 編	A5判 672頁

価格・概要等は小社ホームページをご覧ください．